Mohamed Lamine Tounsi

Modélisation des dispositifs planaires micro-ondes anisotropes

Mohamed Lamine Tounsi

Modélisation des dispositifs planaires micro-ondes anisotropes

Application aux circuits multicouches

Presses Académiques Francophones

Impressum / Mentions légales

Bibliografische Information der Deutschen Nationalbibliothek: Die Deutsche Nationalbibliothek verzeichnet diese Publikation in der Deutschen Nationalbibliografie; detaillierte bibliografische Daten sind im Internet über http://dnb.d-nb.de abrufbar.
Alle in diesem Buch genannten Marken und Produktnamen unterliegen warenzeichen-, marken- oder patentrechtlichem Schutz bzw. sind Warenzeichen oder eingetragene Warenzeichen der jeweiligen Inhaber. Die Wiedergabe von Marken, Produktnamen, Gebrauchsnamen, Handelsnamen, Warenbezeichnungen u.s.w. in diesem Werk berechtigt auch ohne besondere Kennzeichnung nicht zu der Annahme, dass solche Namen im Sinne der Warenzeichen- und Markenschutzgesetzgebung als frei zu betrachten wären und daher von jedermann benutzt werden dürften.

Information bibliographique publiée par la Deutsche Nationalbibliothek: La Deutsche Nationalbibliothek inscrit cette publication à la Deutsche Nationalbibliografie; des données bibliographiques détaillées sont disponibles sur internet à l'adresse http://dnb.d-nb.de.
Toutes marques et noms de produits mentionnés dans ce livre demeurent sous la protection des marques, des marques déposées et des brevets, et sont des marques ou des marques déposées de leurs détenteurs respectifs. L'utilisation des marques, noms de produits, noms communs, noms commerciaux, descriptions de produits, etc, même sans qu'ils soient mentionnés de façon particulière dans ce livre ne signifie en aucune façon que ces noms peuvent être utilisés sans restriction à l'égard de la législation pour la protection des marques et des marques déposées et pourraient donc être utilisés par quiconque.

Coverbild / Photo de couverture: www.ingimage.com

Verlag / Editeur:
Presses Académiques Francophones
ist ein Imprint der / est une marque déposée de
OmniScriptum GmbH & Co. KG
Heinrich-Böcking-Str. 6-8, 66121 Saarbrücken, Deutschland / Allemagne
Email: info@presses-academiques.com

Herstellung: siehe letzte Seite /
Impression: voir la dernière page
ISBN: 978-3-8416-2899-2

TABLES DES MATIERES

Chapitre 2 - Analyse des circuits hyperfréquences réalisés sur des substrats à anisotropie non-diagonale : cas du régime quasi-statique

Chapitre 3 - Modélisation en mode hybride des circuits planaires micro-ondes à anisotropie diagonale

Chapitre 4 Modélisation des circuits à anisotropie non diagonale en configuration multicouche

Liste des figures

13

isotrope ($\varepsilon_c=\varepsilon_y=3.75$) et un substrat à anisotropie uniaxiale ($\varepsilon_c=3. \varepsilon_y=3.5$)

Fig. 5.50 Variation de la permittivité effective en fonction de la fréquence pour la ligne à ailette bilatérale (2a=3.556 mm, b=7.112 mm, h_1=3.429 mm, h_2=0.254 mm, s=1.0 mm) pour un substrat isotrope ($\varepsilon_c=\varepsilon_y$=2.45) et deux substrats à anisotropie uniaxiale: PTFE cloth (ε_c=2.89 ε_y=2.45) et nitrure de bore (ε_c=5.12, ε_y=3.4).

Fig. 5.51 Variation de la longueur d'onde normalisée en fonction de la largeur de fente s pour la structure slotline/microstrip couplée (2a=32.8 mm, b=34.44mm, $a/h_2=h_1/h_2=h_3/h_2$=10, w/h_2=1.2, $s'/2h_2$ =0.2) pour trois différents types de substrats isotropes.

Fig. 5.52 Variation de la longueur d'onde normalisée en fonction de la fréquence normalisée b/λ_0 pour la structure ligne coplanaire/microstrip pour les deux modes pair et impair (2a=3.556 mm, 2b=7.112 mm, h_2/b=0.03515, $2w'/h_2$=0.1) pour un substrat isotrope RT-Duroid ($\varepsilon_c=\varepsilon_y$=2.45)

Fig. 5.53 Variation de la longueur d'onde normalisée en fonction de la fréquence normalisée b/λ_0 pour la structure CPW/slotline pour les deux modes pair et impair(2a=3.556 mm, 2b=7.112 mm, h_2/b=0.03515, $2w'/h_2$=0.1) pour un substrat isotrope RT-Duroid ($\varepsilon_c=\varepsilon_y$=2.45)

Fig. 5.54 Convergence de la permittivité effective vis-à-vis du nombre de fonctions de base (2a=7.112 mm, 2b=3.556 mm, NTF=1000, s=0.1778mm, w=0.025mm, h=0.25mm, fr=40GHz)

Fig. 5.55 Convergence de la permittivité effective vis-à-vis du nombre de raies spectrales (2a=7.112 mm, 2b=3.556 mm, NTF=1000, s=0.1778mm, w=0.025mm, h=0.25mm, fr=40GHz)

Fig. 5.56 Dépendance de la longueur d'onde normalisée par rapport à la fréquence normalisée (2a=7.112 mm, 2b=3.556 mm, ε_r=2.22, s=0.1778mm, w=0.025mm, h=0.25mm)

Fig. 5.57 Dépendance de la longueur d'onde normalisée par rapport à la fréquence normalisée (a=0.718 cm, b=0.3556 cm, ε_r=2.22, w/h=0.1,h=0.25 mm)

Liste des tableaux

Liste des acronymes

ANN   Artificial Neural Networks

AsGa (GaAs)   Arséniure de Gallium

CAO   Conception Assistée par Ordinateur

CIM   Circuit Intégré Micro-onde

CIMM   Circuit Intégré Monolithique Micro-onde

CPW   Guide d'ondes coplanaire

EM   Electromagnétique

FDTD   Finite Difference Temporel Domain

GGG   Gadolinium Galium Garnet

LCB   Coupleur bilatéral à 4 lignes

LCBS   Coupleur bilatéral suspendu

LCI   Lignes Couplées Inversées

LCS   Lignes Couplées Suspendues

LSE   Longitudinal Section Electric

LSM   Longitudinal Section Magnetic

MADS   Méthode d'Approche dans le Domaine Spectral

MDF   Méthode des Différences Finies

MDL   Méthode Des Lignes

MDM   Méthode Des Moments

MEF   Méthode des Eléments Finis

MIS   Métal-Isolant-Semiconducteur

OEM   Ondes Electro-Magnétiques

PTFE   PolyTétraFluoroEthylène

RF   Radiofréquences

SDA   Spectral Domain Approach

SOS   Silicon-On-Saphire

TE   Transverse Electrique

TEM	Transverse Electrique Magnétique
TF	Transformée de Fourier
TL	Ligne de Transmission
TLM	Transmission Line Matrix
TM	Transverse Magnétique
TTL	Transverse Technique Lines
UHF	Ultra High Frequencies
VHF	Very High Frequencies
YBCO	Yttrium Barium Cuive Oxygène
YIG	Yttrium Iron Garnet (Ferrite de grenat d'Yttrium-Fer)

Introduction générale

Dans ce siècle de l'information, le monde connaît une course frénétique vers les hautes technologies. La conception de circuits à haute intégration associée à une miniaturisation de plus en plus avancée, constituent les principales tendances actuelles de l'industrie des radiofréquences (RF) et micro-ondes, conduisant à des contraintes de plus en plus sévères lors de la réalisation de ces circuits en raison du rôle prépondérant que joue la propagation des ondes électromagnétiques (EM).

Les circuits intégrés micro-ondes (CIMs) sont généralement constitués de différents niveaux de conducteurs et de diélectriques superposés. Depuis leur apparition dans les années cinquante, ils ont joué un rôle important dans l'avènement des technologies radiofréquences (RF) et micro-ondes. Ces progrès n'auraient pas été possibles sans le développement des dispositifs à semi-conducteurs et des lignes de transmission planaires (TLs). En parallèle avec ces avancées, de nombreuses méthodes numériques ont été développées pour l'analyse et la conception des circuits passifs dans la gamme des fréquences RF/micro-ondes. Une fois ces circuits réalisés, il devient difficile sinon impossible de les retoucher en cas d'imperfection d'où la nécessité de disposer de méthodes précises de caractérisation qui incluent les effets des matériaux dans la conception de ces structures.

C'est ainsi que le caractère anisotrope peut être introduit involontairement lors du processus de fabrication ou de manière délibérée pour réaliser certaines fonctions électroniques en hyperfréquences, tels que les circuits non-réciproques servant à réaliser des dispositifs de traitement du signal tels que les circulateurs, les isolateurs, certains déphaseurs ou encore les filtres accordables. Négliger l'anisotropie de certains substrats conduit à introduire des erreurs significatives dans la conception. D'où la nécessité de décrire précisément les caractéristiques anisotropes de ces structures dans le but d'obtenir un modèle le plus précis possible.

Dans la pratique, la conception et le développement de tels circuits se heurtent à une multitude de problèmes liés à la complexité de leurs structures ainsi qu'à la nature hybride du champ électromagnétique mis en jeu.

La méthode d'analyse dans le domaine spectral constitue l'une des méthodes les plus utilisées pour l'analyse des circuits planaires en raison des performances qui seront mises en avant dans cette thèse. La méthode spectrale est une technique parfaitement adaptée à l'étude des circuits planaires hyperfréquences. Elle résout les équations de Maxwell par la technique des transformées de Fourier, permettant de ramener les problèmes complexes rencontrés dans le domaine spatial conventionnel à des formes simples et faciles à manipuler dans le domaine spectral. Les composantes du champ électromagnétique peuvent être exprimées en termes de spectre continu ou discret selon que la structure étudiée soit ouverte ou fermée.

En ce qui concerne les structures anisotropes, la formulation spectrale correspondante n'étant pas encore généralisée à ce jour pour le cas multicouche, nous devons développer une théorie générale qui doit prendre en considération cet aspect en régime dispersif où les modes de propagation supportés par les circuits seront purement hybrides et dans lesquels aucune hypothèse simplificatrice sur les composantes du champ ne sera admise à priori.

Dans le premier chapitre, nous passerons en revue les différents effets présents dans les substrats anisotropes (nitrure de bore, l'Epsilam 10 et le saphir) utilisés dans les circuits intégrés micro-ondes. Des formules de conception pour les circuits conçus à base de ces matériaux existent mais présentent l'inconvénient d'être empiriques et spécifiques à une bande fréquentielle donnée ou à une gamme de variation ciblée pour l'impédance caractéristique Z_c. De plus, elles ne peuvent être généralisées à tous les types de substrats anisotropes. Par ailleurs, d'autres facteurs aussi importants que le blindage, le couplage et l'influence des métallisations doivent être pris en compte dans la modélisation de ces circuits, tout comme leur aspect multicouche. Bien sûr, ceci exige une étude rigoureuse basée sur des méthodes numériques appropriées susceptibles d'assurer la meilleure précision possible dans des temps de calcul raisonnables et non contraignantes pour la conception.

Ainsi, la première étape consistera à passer en revue, dans *le premier chapitre*, les différentes techniques numériques de modélisation électromagnétique capables de calculer de tels effets dans les CIMs, en mettant en évidence leurs avantages et inconvénients, pour ensuite choisir la méthode optimale selon des critères qui seront mentionnés et dont dépend l'efficacité de ces méthodes pour l'application envisagée. Nous montrerons ainsi que la méthode d'approche dans le domaine spectral (MADS) est apte à monter en fréquence et permet de réaliser un bon compromis entre la précision, le temps de calcul et l'encombrement mémoire pour l'application spécifique aux circuits multicouches anisotropes. Cette méthode a été retenue pour l'analyse en mode hybride. Un programme à base de la MADS sera développé pour l'analyse des CIMs.

Par contre, la méthode variationnelle dans le domaine de Fourier a été choisie en régime quasi-statique. C'est ainsi que dans *le chapitre deux*, nous nous intéresserons au volet modélisation de ces circuits en régime quasi-statique à l'aide de la méthode variationnelle dans le domaine de Fourier. L'application concernera les coupleurs unilatéraux et les coupleurs à deux niveaux de métallisation (à 2 ou 4 rubans).

Notons qu'en dépit du fait que l'analyse quasi-statique présente l'avantage d'avoir des temps de calcul faibles et ne nécessite pas de gros moyens informatiques (économique), il n'en demeure pas moins qu'elle reste limitée en fréquence (inférieure à 10 GHz en général selon le type de substrats) et ne prend pas en considération un facteur important qui est la dispersion. C'est la raison pour laquelle, il est impératif que l'analyse effectuée soit étendue au mode hybride en tenant compte de l'effet des métallisations et la supraconductivité des rubans. Ceci a fait l'objet *du chapitre trois* qui ciblera les circuits hyperfréquences sur des substrats anisotropes biaxiaux (à anisotropie diagonale).

Cette étude sera ensuite étendue, *dans le chapitre quatre*, aux circuits à anisotropie non diagonale notamment les circuits à ferrites.

Enfin, *le chapitre cinq* nous permettra de présenter des résultats de simulation permettant de valider notre travail. La validation se fera par comparaison de nos résultats avec ceux obtenus par un outil de simulation de réseaux de neurones et par les résultats publiés disponibles dans la littérature spécialisée.

Dans ce siècle de l'information, le monde connaît une course frénétique sans cesse croissante vers les technologies de pointe. La conception des circuits à haute intégration associée à une miniaturisation de plus en plus avancée, constituent l'une des principales tendances actuelles de l'industrie RF et micro-onde, conduisant à des contraintes de plus en plus sévères lors de la réalisation de ces circuits en raison du rôle prépondérant que joue la propagation des ondes EM. Dans ce chapitre, nous allons présenter un aperçu sur les techniques numériques d'analyse EM utilisées pour calculer de tels effets dans les CIMs en mettant en relief leurs avantages et inconvénients, spécifiques pour une application donnée.

1.1. Introduction

Depuis leur apparition dans les années cinquante, les circuits intégrés ont joué un rôle important dans l'avènement des technologies RF/micro-ondes. Ces progrès n'auraient pas été possibles sans le développement des dispositifs à semi-conducteurs et des lignes de transmission planaires. Ces structures sont l'épine dorsale des CIMs et constituent un sujet de recherche toujours d'actualité pour les ingénieurs de conception. En parallèle avec ces avancées, de nombreuses méthodes numériques ont été développées pour l'analyse et la conception des circuits passifs dans la gamme des fréquences RF/micro-ondes. Une fois ces circuits réalisés, il devient difficile sinon impossible de les retoucher en cas d'imperfection d'où la nécessité de disposer de méthodes précises de caractérisation qui incluent les effets EM dans la conception de ces structures.

Alternativement, ces méthodes ont aidé à la recherche et au développement des lignes planaires. Ces lignes ont non seulement réalisé leur objectif fondamental qui est de fournir des signaux, mais ont également été exploitées pour créer divers dispositifs RF/micro-ondes. En outre, chaque méthode doit être la plus efficace possible du point de vue temps de calcul et de stockage mémoire bien que les développements récents des ordinateurs imposent des restrictions moins sévères à ces méthodes.

De part leur encombrement réduit, leur poids et leur facilité de fabrication empruntée à la technologie classique des circuits basse fréquence, ces structures sont largement exploitées dans le milieu industriel. Le développement des lignes est allé de pair avec celui des circuits actifs micro-ondes pour les faibles puissances. Ces composants sont déposés sur un substrat diélectrique à structure plane et il fallait, des lignes présentant également une structure à symétrie plane.

Les CIMs sont constitués par une multitude de structures microstrip pouvant constituer des composants passifs classiques (inductance, résistance, capacité) ou typiques aux hyperfréquences (filtres, coupleurs...) ou plus simplement des éléments de connexion entre circuits. Ces éléments passifs sont constitués par des lignes en court circuit ou en circuit ouvert ou par des éléments à constantes localisées. Les composants actifs sont des puces comportant la partie utile de l'élément actif, dépouillée de tout boîtier et avec des connexions aussi réduites que possible. Les éléments actifs (semi-conducteurs) sont aisément incorporés au substrat qui leur offre un support mécanique et un chemin pour l'évacuation de la chaleur.

Dans les CIMs, la moindre imperfection ou discontinuité peut provoquer le rayonnement d'une partie de la puissance qui lui est fournie. Ce rayonnement augmente avec la fréquence et l'épaisseur du substrat et diminue avec la permittivité relative [1]. Pour éliminer le phénomène de rayonnement, le circuit doit être enfermé dans un boîtier métallique.

Ces circuits sont constitués de conducteurs (cuivre, aluminium ou or) gravés sur la face supérieure d'un substrat diélectrique (fig. 1.1). La face inférieure, généralement complètement métallisée, constitue le plan de masse. Les principales caractéristiques de ces circuits sont les suivantes:

- Les dimensions du substrat dans les directions transverses (x, y) (figure 1.1).
- La nature des diélectriques intervenant dans la structure

- L'épaisseur des conducteurs qui est plus ou moins négligeable par rapport à l'épaisseur du substrat diélectrique
- La nature des phénomènes étudiés (propagation guidée, rayonnement…).

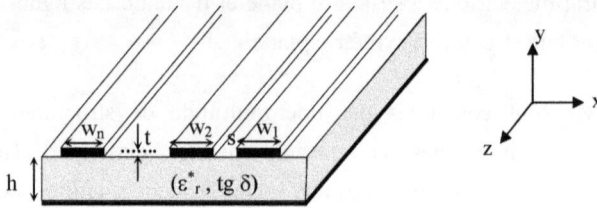

Figure 1.1 Exemple de structure d'un circuit CIM

Dans ce cadre, il faut tenir compte:

- du facteur de pertes, tanδ, qui découle d'une permittivité complexe du substrat diélectrique telle que: $\varepsilon^* = \varepsilon' - j\,\varepsilon'' = \varepsilon'\,(1 - j\,tan\delta)$

- de l'épaisseur du ruban conducteur pouvant présenter une profondeur de pénétration à laquelle peut être associée une résistance de surface calculée à partir de l'effet pelliculaire.

1.2. Modes de propagation

Du fait du caractère inhomogène de certains circuits, les équations de Maxwell associées aux relations de continuité (sur les interfaces diélectriques) mettent en évidence l'existence de composantes longitudinales non nulles pour les champs électriques et magnétiques ($E_z \neq 0$, $H_z \neq 0$). Par conséquent, aucun mode de propagation TE, TM et encore moins TEM n'est possible [2].

Pour l'analyse de certains circuits spécifiques, il faut faire un choix approprié de la méthode de modélisation qui satisfait au mieux au cahier des charges imposé. Evidemment, ce choix n'est pas unique, c'est la raison pour laquelle le concepteur doit faire une évaluation critique de chaque méthode destinée à modéliser ces structures. Parmi les techniques très diverses d'étude de ces circuits, nous distinguons par ordre croissant de complexité:

a) les techniques non dispersives (dites aussi quasi-TEM);
b) les techniques dispersives approchées;
c) les techniques dynamiques complètes;

Les modèles statiques/quasi-TEM sont ceux pour lesquels les dimensions des circuits sont bien inférieures à la longueur d'onde. Dans ce contexte, l'hypothèse quasi-TEM assimile la ligne microstrip à une ligne bifilaire classique et le résonateur à un condensateur plan. Les premières analyses des lignes microstrip s'inspirent des méthodes utilisées pour la ligne triplaque équilibrée et considèrent un mode de propagation TEM [2].

Le modèle dispersif se réfère à toute approche permettant de prédire les variations de l'impédance caractéristique, la vitesse de phase, la permittivité effective d'un circuit et plus généralement les paramètres S (coefficients de réflexion et de transmission) en fonction de la fréquence. Le qualificatif "dynamique" est réservé aux modèles dispersifs où aucune hypothèse simplificatrice n'est admise à priori sur les conditions de propagation.

Il est à signaler que les méthodes dispersives sont plus encombrantes et moins rapides que les méthodes quasi-statiques mais restent plus rigoureuses vu qu'elles prennent en compte certains paramètres généralement négligés en mode quasi-TEM et qui peuvent influencer la propagation sur les circuits. L'étude des méthodes à 2 dimensions servira de base de départ pour l'étude des structures à 3 dimensions.

Les théories dynamiques mettent en évidence l'existence d'un mode dominant ayant une fréquence de coupure nulle: il s'agit d'un mode quasi-TEM dont la vitesse de phase reste pratiquement constante en basse fréquence.

27

Dans ce qui suit, nous allons donner un aperçu non exhaustif sur les techniques numériques d'analyse des CIMs particulièrement les circuits passifs constitués à base de lignes planaires.

1.3. Comportement dispersif des CIMs

L'effet dispersif se traduit par la non linéarité de la fréquence du signal excitant le circuit en fonction de la constante de phase β (fig. 1.2) . La relation entre la longueur d'onde et la fréquence devient donc très compliquée [1].

Par ailleurs, lorsque la fréquence augmente, les champs auront tendance à se concentrer essentiellement dans la région située au-dessous de la bande conductrice, c'est à dire dans le substrat. La permittivité effective va donc croître en fonction de la fréquence selon [1] :

$$\varepsilon_e(f) = \left(\frac{c}{v_p(f)} \right)^2$$

où c est la célérité de la lumière et $v_p(f)$ la vitesse de phase. Aux basses fréquences, $\varepsilon_e(f)$ se réduit à celle du mode quasi-TEM statique.

Lorsque la fréquence augmente à l'infini, $\varepsilon_e(f)$ tend vers la permittivité relative du substrat (fig. 1.3). Entre ces deux limites $\varepsilon_e(f)$ varie de façon continue. $\varepsilon_e(f)$ se situe donc à l'intérieur des limites de l'intervalle $[\varepsilon_e(0), \varepsilon_r]$.

D'autre part, de nombreuses approches ont été préconisées vis à vis du problème dynamique de l'impédance caractéristique et il a été établi des fonctions (de la fréquence) très différentes. Aucune n'étant vraiment fiable, certains concepteurs des CIMs utilisent souvent le calcul en mode quasi-statique pour Z_c.

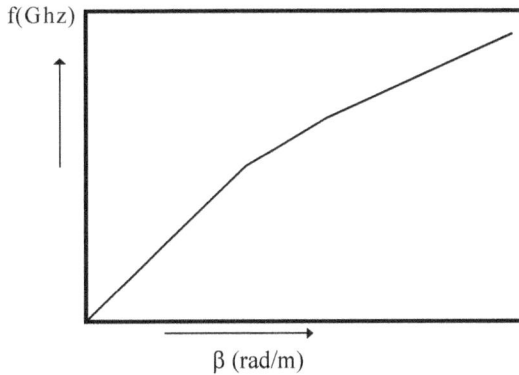

Figure 1.2 Diagramme de dispersion d'une ligne microruban

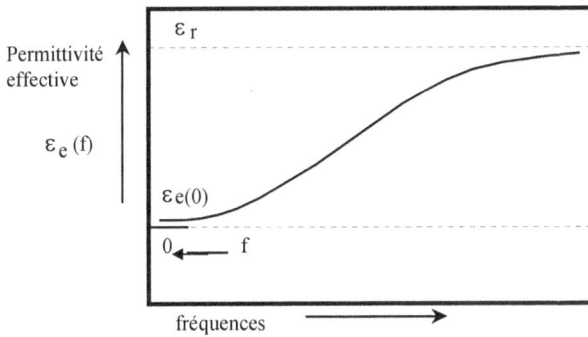

Figure 1.3 Variation de la permittivité effective en fonction de la fréquence

En régime dynamique, l'impédance caractéristique peut être définie de trois manières différentes [1]:

$$Z_c(f) = \frac{V}{I}; \qquad Z_c(f) = \frac{P}{I\,I^*}; \qquad Z_c(f) = \frac{V\,V^*}{P}$$

La puissance *P* est calculée en utilisant le théorème de Poynting. Nous obtenons selon chacune d'elles, différentes fonctions de la fréquence. Ceci est dû aux différentes hypothèses faites à propos du couplage de modes au fur et à mesure de l'augmentation de la fréquence. Ce couplage de modes représente le mécanisme fondamental de la dispersion.

29

1.4. Principaux paramètres pouvant influencer la propagation dans les CIMs

Etant donné le caractère hybride de la propagation dans les circuits réalisés sur des couches diélectriques stratifiées, des solutions de champs en régime dynamique devront être trouvées pour analyser convenablement ces circuits et tracer le diagramme de dispersion du mode dominant et des modes d'ordre supérieur. Les méthodes approchées de calcul de la permittivité effective et de l'impédance caractéristique utilisent des formules approximatives. De ce fait, ces formules ne sont pas générales et présentent des limitations du point de vue fréquence, dimensions ou encore permittivité relative du diélectrique. D'un autre côté, les façons d'aborder le calcul approché ont un certain nombre d'inconvénients :

- Elles correspondent souvent à un type précis de circuits, par exemple ceux utilisant des substrats d'alumine.
- Elles nécessitent des données exactes en mode quasi-TEM statique pour ε_e et Z_c
- De telles méthodes font introduire des coefficients empiriques.

Des solutions de champs en fonction de la fréquence nécessitant des outils informatiques conséquents ont été proposées par un certain nombre de chercheurs. Bien qu'elles soient relativement coûteuses, elles présentent l'intérêt d'éviter les inconvénients cités ci-dessus.

Les méthodes dynamiques sont réputées pour être plus rigoureuses et précises. Une méthode dynamique complète doit tenir compte des impératifs suivants :

1- La mise en évidence de la nature hybride de tous les modes de propagation. L'obtention des courbes de dispersion et des composantes des champs que ce soit pour le mode dominant ou pour les modes d'ordre supérieur.

30

2- La prise en compte d'un boîtier métallique (nécessaire dans la pratique) enfermant le circuit. Le modèle devra prévoir les effets d'un tel boîtier sur les caractéristiques de propagation.

3- La prise en compte des pertes dans le conducteur et dans le diélectrique (surtout lorsque la fréquence est élevée). Dans le cas général, les pertes diélectriques sont négligeables par rapport aux pertes ohmiques sauf s'il est fait usage de mauvais substrats.

4- L'étude de l'effet des discontinuités qui peuvent intervenir sur le circuit et éventuellement les compenser.

5- Tenir compte de l'effet de l'épaisseur restreinte des métallisations qui peut modifier la configuration des lignes de champ sur le circuit.

Néanmoins, il est difficile de trouver un modèle qui tienne compte de tous ces impératifs, en raison de la difficulté des calculs. C'est la raison pour laquelle, pour alléger certaines contraintes, certaines hypothèses simplificatrices sont émises. Par exemple: épaisseur du conducteur nulle, pertes négligeables...

La résolution du problème dynamique requiert comme démarche principale, le calcul des composantes du champ électromagnétique en tout point du milieu limité par les plans de masse. L'écriture des équations aux limites et des conditions de continuité sur les interfaces en est déduite.

1.5. Principales méthodes d'analyse des CIMs

La résolution numérique des problèmes EM a commencé au milieu des années soixante avec la disponibilité des ordinateurs modernes. Depuis lors, des efforts considérables ont été consentis pour résoudre les problèmes EM complexes pour lesquels des solutions analytiques sont insurmontables ou n'existent pas. Basées sur les équations de Maxwell, chaque méthode présente ses propres avantages et inconvénients qui sont spécifiques au circuit analysé. Il existe deux approches différentes:

l'approche quasi-statique et l'approche dynamique (ou hybride). La première approche fournit les paramètres caractéristiques du mode TEM seulement. Par contre, l'approche dynamique fournit ces paramètres non seulement pour le mode TEM mais également pour les modes hybrides, dont les paramètres sont liés à la fréquence.

Les paramètres du mode TEM obtenus par l'approche quasi-statique sont seulement valables en continu (DC). Néanmoins, un certain nombre de circuits en ondes millimétriques jusqu'à la bande W (75-110 GHz) ont été conçus avec succès à l'aide de cette approche. Notons cependant qu'aux fréquences millimétriques, l'approche dynamique demeure la plus appropriée pour une détermination précise des paramètres de ces circuits.

Il existe une multitude de techniques numériques pouvant être utilisés pour la modélisation des dispositifs passifs hyperfréquences [3]-[5], chacune d'elles étant plus adaptée à un certain type de problèmes. Chaque technique possède bien entendu des avantages et des inconvénients. Les premières étaient basées sur des méthodes analytiques qui ont permis d'analyser des structures possédant certaines symétries et dont la géométrie et le modèle de matériau restent simples. Pour des modélisations plus réalistes de géométries et de matériaux complexes, c'est l'approche numérique qui est choisie. Les méthodes numériques ont l'avantage de progresser parallèlement aux ressources informatiques. Ces outils essentiels ont été les éléments moteurs du développement des circuits planaires en hyperfréquences. Tout cela a bien sûr ouvert la voie vers la miniaturisation des systèmes micro-ondes et permis d'envisager des microcircuits de moins en moins encombrants.

Il est intéressant de noter tout de suite que l'efficacité des modèles établis dépend de plusieurs facteurs. Le cahier des charges pour tout modèle destiné à caractériser ces circuits mentionne plusieurs impératifs. Mais en réalité, un compromis est toujours recherché entre trois critères: précision, vitesse d'exécution et capacité mémoire. Un effort de généralisation de ces méthodes est aussi nécessaire dans un souci d'homogénéité.

1.5.1. Méthodes variationnelles

Dans les problèmes EM, le but habituellement recherché est de résoudre directement les équations d'ondes qui se présentent sous formes intégrales ou différentielles tandis que les méthodes variationnelles opèrent en recherchant une fonctionnelle qui donne le maximum (ou minimum) de la grandeur recherchée (potentiel, champ ou courant) [6]-[7]. Le principal avantage des méthodes variationnelles est qu'elles engendrent des formules invariantes dont les résultats sont peu sensibles aux erreurs de premier ordre. Il existe trois types de méthodes variationnelles selon la technique employée: i) la méthode directe basée sur le procédé classique de Rayleigh–Ritz ou simplement de Ritz, ii) la méthode indirecte telle que celle de Galerkin et des moindres carrés, iii) la méthode semi-directe basée sur la séparation des variables. Les applications des méthodes variationnelles incluent l'analyse des lignes [8]-[10], des discontinuités, la détermination des fréquences de résonance (pour les résonateurs), des impédances d'entrée des antennes et des obstacles dans des guides d'ondes. Cette technique présente l'avantage de pouvoir être généralisée aux circuits planaires multicouches et présente un temps de calcul moins élevé comparé à la méthode des différences finies (MDF). Par ailleurs, le choix des fonctions d'essai pour le courant (ou le champ) joue un rôle primordial dans le processus de convergence. Nous utiliserons ainsi cette technique pour l'analyse en régime quasi-statique des circuits hyperfréquences réalisés sur des substrats diélectriques à anisotropie électrique et/ou magnétique non diagonale.

1.5.2. Méthode des différences finies (MDF)

Cette méthode convient principalement pour des structures couvertes ou fermées. De façon générale, elle permet de discrétiser des équations aux dérivées partielles elliptiques, dont font partie les équations d'Helmholtz (équations d'ondes) [11]. Les équations elliptiques sont celles dont le polynôme caractéristique associé aux dérivées d'ordre 2 n'a pas de solution réelle. La mise en équation à l'aide des différences finies comporte les étapes suivantes:

- Définir un maillage couvrant le domaine d'étude et sa frontière.
- Exprimer en tout noeud intérieur au domaine, des dérivées partielles à l'aide des différences finies. Ces termes contiennent des éléments situés sur la frontière.
- Exprimer les valeurs de la fonction en tout point sur la frontière en tenant compte des conditions aux limites. Nous obtenons alors un système d'équations linéaires qui est résolu en utilisant des techniques appropriées de calcul numérique.

La méthode des différences finies a été appliquée pour résoudre les problèmes EM dans les TLs et les guides d'ondes [11]-[13]. Elle exige un prétraitement mathématique minimal. En raison de la simplicité de son processus mathématique et sa capacité à prendre en compte certains paramètres perturbateurs (épaisseur du ruban par exemple), elle peut être généralisée à des structures ayant des formes complexes. Un autre avantage de cette méthode est relatif à la détermination automatique du potentiel électrique en un point du maillage. Il n'est donc pas nécessaire de mémoriser ces points.

L'inconvénient majeur de la méthode réside dans le fait qu'elle n'est pas applicable aux structures ouvertes, dans la mesure où il faut impérativement définir une frontière du domaine sur laquelle sont fixées certaines conditions aux limites servant au calcul du potentiel à l'intérieur du domaine. Ceci nous amène pour les structures ouvertes, à faire une troncature pour avoir une surface limitée, d'où une limitation de la précision. Par ailleurs, la méthode des différences finies exige un maillage très fin et rigoureux. Cela se traduit par un temps de calcul élevé et une capacité mémoire de stockage importante.

Notons que cette méthode peut être étendue aux problèmes à 3 dimensions. Elle était réservée au départ au calcul du mode dominant et fut étendue ensuite au calcul des modes d'ordre supérieur dans les guides d'ondes rectangulaires et des discontinuités. Une autre formulation de la MDF dans le domaine temporel a requis une attention particulière de la part des chercheurs grâce à sa capacité d'analyser les régimes transitoires dans les circuits planaires. Cette méthode dite aussi FDTD (de l'anglais Finite Difference Time Domain) permet de traiter le problème des structures ouvertes où il est nécessaire de simuler l'espace ouvert avec des conditions aux limites appropriées [14]. Cette approche a été utilisée pour évaluer la dispersion dans les circuits de forme arbitraire à 2 dimensions [14].

1.5.3. Méthode des moments (MDM)

L'utilisation de la méthode des moments (MDM) [15], [16] a été appliquée avec succès à une grande variété de problèmes pratiques tels que le rayonnement, les problèmes de dispersion, les antennes, pour ne citer que ceux là. Une bibliographie partielle est fournie par Adams [17]. La MDM comprend habituellement quatre étapes: (i) détermination de l'équation intégrale appropriée pour la grandeur à déterminer (courant ou champ, (ii) discrétisation de cette équation sous forme d'une relation matricielle en utilisant des fonctions de base et de test, (iii) évaluation des éléments de cette matrice, (iv) résolution de l'équation matricielle et obtention des paramètres de sortie.

1.5.4. Méthode des éléments finis (MEF)

Bien que les méthodes MDF et MDM soient plus simples dans leur concept et plus faciles à programmer, la MEF est une technique numérique plus puissante et plus souple pour manipuler des problèmes impliquant des géométries complexes et des milieux non-homogènes. La généralité de la méthode permet de concevoir des programmes machine d'usage universel pour résoudre un large éventail de problèmes dans différents domaines avec de légères modifications [18] comme c'est le cas du logiciel de simulation électromagnétique 3D Ansoft-HFSS [19]. L'analyse par les éléments finis implique fondamentalement quatre étapes [20] : (i) discrétiser la région d'étude en un nombre fini de sous-régions ou d'*éléments,* (ii) déterminer les équations régissant un élément typique, (iii) assembler tous les éléments dans la région solution, (iv) résoudre le système d'équations obtenu.

1.5.5. Méthode TLM (Transmission Line Matrix)

La méthode TLM est une technique numérique permettant de résoudre les problèmes des champs EM en utilisant une représentation en circuits équivalents basée sur l'analogie existante entre les équations de Maxwell et celles des tensions/courants sur une cellule du réseau équivalent [21], [22]. L'avantage important de la méthode TLM, par rapport à d'autres techniques numériques, est la facilité avec laquelle les structures les plus compliquées peuvent être analysées. Sa flexibilité et sa polyvalence résident dans le fait que la cellule incorpore les propriétés de champ EM et leur interaction avec les frontières et les milieux matériels. Par conséquent, le problème EM n'est pas reformulé pour chaque nouvelle structure. Un autre avantage de la méthode TLM est qu'il n'y a pas de problème de convergence, de stabilité ou de solutions parasites. La méthode est limitée seulement par la capacité mémoire de stockage exigée par la maille. En outre, étant une solution numérique explicite, la méthode TLM convient aux problèmes non-linéaires ou non-homogènes puisque la variation des propriétés matérielles peut être mise à jour à chaque pas temporel. Notons que la méthode TLM est une approche de discrétisation physique, comparée à la MDF et à la MEF qui sont des approches de discrétisation mathématiques.

Dans la méthode TLM, la discrétisation du champ EM implique le remplacement d'un système continu par un réseau d'éléments localisés et diviser la région solution en mailles rectangulaires de lignes. Des jonctions sont formées aux discontinuités. Une comparaison entre les TLs et les équations de Maxwell permet de définir des équivalences entre les tensions/courants sur les TL et les champs EM dans la région solution. Ainsi, la méthode TLM implique deux étapes de base [23]: (i) remplacer les problèmes de champs par un réseau équivalent et déterminer l'analogie

36

entre le champ et les quantités de réseau et (ii) résoudre le réseau équivalent par des méthodes itératives.

1.5.6. Méthode des lignes (MDL)

La méthode des lignes présentée dans la littérature dans les années 80 [24], [25] peut être considérée comme une méthode MDF particulièree mais plus efficace du point de vue précision et temps de calcul. À l'origine, la MDL a été développée pour des problèmes de structures fermées, mais des conditions de frontière absorbantes appropriées ont été étudiées pour des structures ouvertes [26], [27] pour simuler l'espace ouvert. Cette méthode vise à discrétiser les équations d'onde à une dimension (pour les circuits 2D) ou deux dimensions (pour les circuits 3D) tout en résolvant l'équation obtenue en fonction de la variable restante [28]. La MDL présente les avantages de la MDF et ne présente pas le problème de convergence relative [28]. En outre, cette méthode présente les propriétés suivantes qui justifient son utilisation :

- Efficacité : le caractère semi-analytique de la formulation mène à un algorithme simple et compact, qui donne des résultats précis avec moins d'efforts informatiques.
- Stabilité numérique : en séparant la discrétisation de l'espace et du temps, il est facile d'établir la stabilité et la convergence.
- Effort de programmation réduit: en utilisant un état de l'art suffisamment documenté ainsi que des solutionneurs d'équations différentielles ordinaires fiables, l'effort de programmation peut être sensiblement réduit.
- Temps de calcul réduit: puisque peu de lignes de discrétisation sont nécessaires dans le calcul, il n'y a donc pas besoin de résoudre un système d'équations de grande taille.

L'application de la MDL implique habituellement cinq étapes de base: (i) partager le domaine d'étude en plusieurs régions, (ii) discrétiser les équations d'onde dans chaque région, (iii) transformer les équations couplées obtenues en équations ordinaires, (iv) appliquer des conditions de continuité aux interfaces, (v) résoudre les équations pour le champ EM.

La méthode des lignes est une technique semi-analytique applicable à un nombre important de structures analytiquement complexes. L'analyse en mode hybride est basée sur la résolution de l'équation d'Helmholtz à deux potentiels scalaires électrique (ψ_e) et magnétique (ψ_h) afin de décrire le champ EM.

La première étape de la MDL consiste à discrétiser dans l'équation d'onde l'une des deux variables définissant le plan transverse xy à savoir la variable x (parallèle à l'interface métallisée). Pour cela, il suffit de tracer N lignes parallèlement à l'axe des y (normale à l'interface métallisée) sur la section transverse de la structure à analyser. Ces lignes sont distantes d'un pas de discrétisation h_i. Cette dernière équation peut ensuite être résolue pour évaluer les champs dans chaque région homogène de la structure. Ceci bien entendu en tenant compte des conditions aux limites à l'interface.

La dernière étape consiste en l'application de la relation matricielle qui existe entre le champ électrique tangentiel et le courant à l'interface. La condition $\vec{E}_{tg} = 0$ sur le conducteur conduit à l'équation matricielle suivante :

$$[R]\begin{vmatrix} J_x \\ J_z \end{vmatrix} = 0 \qquad (1.1)$$

où J_x et J_z sont les composantes tangentielles du courant sur le ruban conducteur. [R] est une matrice de taille 2K x 2K (où K désigne le nombre d'interfaces métallisées du circuit à analyser) dont les éléments sont fonctions des dimensions, des propriétés du substrat et de la constante de phase β. Les solutions non triviales du système (1.1) donnent alors les valeurs de la constante de propagation pour une fréquence donnée. De là, il est possible de déduire les autres grandeurs caractéristiques (impédance caractéristique, paramètres S etc.).

1.5.7. Méthode de résonance transverse

Cette méthode a été proposée pour la première fois par Cohn dans un article consacré à l'étude de la ligne microfente [29]. Cette théorie de résonance transverse était, à l'origine, une application du formalisme du circuit micro-onde dans la direction perpendiculaire au flux de puissance dans un guide d'onde cylindrique. Par la suite, elle s'est avérée intéressante pour évaluer la relation de dispersion du mode dominant de certains types de guides d'ondes, ainsi que les caractéristiques de propagation hybride de ces derniers et d'autres structures homogènes et inhomogènes. Cette technique s'applique typiquement pour des structures qui dérivent de celles des guides d'ondes conventionnels. Les discontinuités sont dues soit à des changements brusques de milieu diélectrique soit à la présence d'obstacles métalliques. De plus, cette technique n'est pas réservée seulement à des structures à géométrie rectangulaire, elle peut concerner aussi celles à géométrie arbitraire. Elle est donc utilisée en général pour l'étude des discontinuités. L'idée étant de considérer le champ électromagnétique comme une propagation dans une direction transverse au lieu de la direction axiale, ce qui est utile pour la recherche des solutions aux problèmes de discontinuités.

1.5.8. Méthode d'approche dans le domaine spectral

L'analyse dans le domaine spectral (ADS) a été intensivement employée pour l'analyse des lignes planaires, des résonateurs [30], et des problèmes de dispersion [31]-[33] incluant les discontinuités [34], les pertes [35], l'influence des métallisations [36] et le couplage [37]-[38]. Cette méthode comprend les étapes suivantes. (i) représentation des composantes des champs en termes de potentiels scalaires, (ii) application des conditions de continuité aux interfaces et des conditions aux limites, (iii) détermination de l'équation caractéristique pour la constante de propagation, (iv) résolution de l'équation caractéristique, calcul du diagramme de dispersion et déduction des autres paramètres de conception (impédances caractéristiques, paramètres S etc.).

Par ailleurs, cette méthode présente de nombreux avantages [39]-[40] qui peuvent se résumer comme suit:

- Du point de vue numérique, elle est plus efficace que les méthodes conventionnelles qui travaillent dans le domaine spatial.
- Les fonctions de Green prennent une forme plus simple dans le domaine spectral contrairement au domaine spatial réel où il est parfois impossible de connaître la forme de ces fonctions.
- La méthode se base sur une formulation simple sous forme d'une paire d'équations algébriques. Ceci évite de déduire les solutions à partir des équations intégrales couplées, difficiles à résoudre.
- L'identification de la nature physique d'un mode se fait pour chaque solution correspondant aux fonctions de base sélectionnées.

L'efficacité numérique de la MADS est due principalement à un prétraitement analytique significatif et rigoureux. Son champ d'application a beaucoup évolué. Nous proposerons dans cet ouvrage une extension de la méthode MADS pour l'étude en mode hybride des circuits à anisotropie diélectrique et/ou magnétique non-diagonale en configuration multicouche notamment les coupleurs et les résonateurs. Nous reviendrons plus en détails sur cette méthode dans les chapitres suivants.

1.5.9. Réseaux de neurones (ANN)

Le développement d'un modèle pour un circuit passif doit répondre à un certain nombre de spécifications tels que la rapidité et la fonctionnalité tout en incluant les effets EM et physiques présents dans le circuit. De plus, il doit être facilement incorporable dans des simulateurs de circuits et efficace dans des analyses statistiques incluant les effets des tolérances de fabrication des paramètres physiques ou géométriques. Ce travail est basé sur une avancée significative faite récemment dans ce domaine de recherche en l'occurrence les techniques des réseaux de neurones appliquées à la conception de composants et circuits actifs et passifs.

Les réseaux de neurones ont montré leur capacité à modéliser plusieurs composants et circuits [41]-[47]. Ils offrent la particularité de répondre aux exigences citées ci-dessus. Des modèles rapides, précis et fiables peuvent être obtenus par des données mesurées ou simulées. Une fois développés, ces modèles neuronaux peuvent être utilisés pour accélérer la conception des circuits micro-ondes. Un examen exhaustif des applications ANN dans la conception de ces circuits peut être trouvé dans [48]-[50]. Les modèles à base de réseaux de neurones ne dépendent que des caractéristiques des données qui servent à leur apprentissage. Ils sont [51]:

- A large bande. Il suffit d'utiliser des données mesurées ou simulées qui s'étalent sur la gamme de fréquence requise.

- Rapides. Puisqu'ils évaluent une fonction numérique, dite fonction neurale, le temps de réponse est quasi-instantané.

- Fiables. Ils peuvent inclure tous les effets présents dans le composant pour peu que les données les incluent.

- Optimisables. Si l'apprentissage des modèles identifie soigneusement les grandeurs géométriques comme grandeurs d'entrées et les grandeurs électriques comme celles de sorties, leur dépendance sera continûment variable via la fonction neurale et ces modèles peuvent être aisément optimisables dans des simulateurs de circuits. Il est alors possible de déterminer quelle sera la géométrie qui permettra l'obtention des performances optimales d'un système.

Une interface du logiciel des réseaux de neurones *Neuromodeler* [52] a été développée par le professeur Zhang et son équipe de l'université de Carleton à Ottawa (Canada) et utilisée pour intégrer les modèles dans des simulateurs de circuits. Cet outil nous servira ultérieurement comme support de validation du logiciel qui sera réalisé dans le cadre de la modélisation des circuits passifs anisotropes en configuration multicouche.

1.6. Comparaison des différentes méthodes

Il ressort de l'étude précédente qu'il existe en fait deux grandes familles de méthodes: les méthodes numériques différentielles et les méthodes numériques intégrales. Les méthodes différentielles sont basées sur la discrétisation dans l'espace de l'équation d'Helmholtz. Plus précises et plus générales, elles conduisent à la résolution d'un système d'équations linéaires.

L'avantage majeur des méthodes différentielles réside dans la possibilité d'adaptation de ces techniques à des structures très variées. Cependant, plus grande sera la complexité de ces structures, plus serré devra être le maillage et de ce fait plus nombreuses seront les équations à manipuler. Leur programmation sur micro-ordinateur va entraîner un encombrement mémoire et des temps de calcul qui deviennent très rapidement contraignants.

Les méthodes intégrales sont par contre particulièrement bien adaptées à la programmation sur ordinateur et présentent des temps de calcul tout à fait acceptables. Ces méthodes sont basées sur la détermination de la distribution des courants (ou des champs électriques) sur les surfaces de la structure. Toutes les conditions aux limites et de bord sont intégrées dans la formulation. Les calculs sont en général conduits d'abord analytiquement avant de faire l'objet d'un traitement numérique, ce qui réduit considérablement le temps de calcul par rapport aux méthodes différentielles. Les équations intégrales sont généralement résolues par la méthode des moments et plus particulièrement la technique de Galerkin.

La validité de ces méthodes dépend du domaine de fréquences, de la précision recherchée et de l'approche adoptée. Les différents aspects des principales méthodes numériques ont été regroupés dans le tableau I.1.

Tab. I.1. Comparaison des principales méthodes numériques d'analyse
électromagnétique des structures passives mico-ondes
(E : excellent, B : bon, L : large, Ma : marginal, M : modéré, F : faible)

Méthode	Capacité mémoire	Temps calcul	Généralité	Traitement mathématique
Différences finies (MDF)	L	L	E	-
Eléments finis (MEF)	L	M/L	E	F
Transmission line matrix (TLM)	M/L	M/L	E	F
Méthode variationnelles	F/M	F/M	B	M
Méthode de résonance transverse	F/M	F/M	Ma	M
Méthode des lignes (MDL)	M	F	B	M/L
Approche spectrale (SDA)	F	F	F	L
Réseau de neurones (ANN)	F	F	M	L

Ainsi, la méthode des différences finies exige un temps de calcul considérable et une capacité mémoire de stockage très importante mais peut être généralisée à diverses autres structures, par contre, la méthode d'ADS est numériquement efficace mais son champ d'application n'est pas aussi large. Chaque méthode numérique présente donc des avantages et des inconvénients. Notons qu'en pratique, il n'y a pas de limite définie pour de tels aspects, puisqu'un concepteur expérimenté peut souvent améliorer ces critères de traitement numérique.

Le modèle destiné à caractériser les structures planaires micro-ondes, doit satisfaire à un cahier des charges et obéir à certaines contraintes relativement sévères dont dépend l'efficacité de ces modèles. Parmi ces contraintes, nous citons: un faible temps de calcul, un faible encombrement mémoire et une très bonne précision.

Mais en réalité, le choix de la méthode optimale doit réaliser un compromis entre ces trois impératifs. Dans ce cadre, la méthode d'approche dans le domaine spectral est la plus efficace pour l'application envisagée.

1.7. Conclusion

Dans ce chapitre, nous avons exposé les avantages et les inconvénients des principales méthodes numériques de modélisation des circuits planaires hyperfréquences. Il ressort de cette étude que la méthode d'approche dans le domaine spectral (M.A.D.S) est apte à monter en fréquence et permet de réaliser un bon compromis entre la précision, le temps de calcul et l'encombrement mémoire pour l'application spécifique aux circuits multicouches anisotropes. Cette méthode sera choisie pour l'analyse en mode hybride.

Par contre, la méthode variationnelle dans le domaine de Fourier a été choisie en régime quasi-statique. C'est ainsi que dans le chapitre qui suit, nous allons nous intéresser au volet modélisation de ces circuits en régime quasi-statique à l'aide de la méthode variationnelle dans le domaine de Fourier. L'application concernera les coupleurs unilatéraux et les coupleurs à deux niveaux de métallisation (à 2 ou 4 rubans). L'étude sera ensuite étendue au mode hybride (dispersif) dans le chapitre 3 en utilisant la méthode MADS.

Pour les fréquences relativement basses du spectre des micro-ondes (généralement inférieures à 10 GHz), l'approximation quasi-TEM est suffisamment adaptée pour rendre compte convenablement des paramètres caractéristiques des circuits hyperfréquences parmi lesquels l'impédance caractéristique, la permittivité effective et la longueur d'onde guidée. Parmi les techniques d'analyse existantes, la méthode variationnelle associée à l'outil de la transformée de Fourier a été choisie pour caractériser les structures hyperfréquences anisotropes en configuration multicouche pour diverses applications incluant les circuits intégrés micro-ondes [52]. Les paramètres caractéristiques de ces circuits sont évalués en fonction de l'angle d'inclinaison de l'axe optique. Dans notre étude, la méthode variationnelle est associée à la technique des lignes transverses (TTL) pour la détermination des fonctions de Green à partir du calcul des paramètres admittances sur l'interface métallisée.

2.1. Introduction

Les circuits réalisés sur des substrats diélectriques anisotropes offrent de larges possibilités dans les applications des CIMs. Grâce à l'anisotropie, on peut disposer les matériaux en fonction des états de chargement en chaque point, ce qui permet une réduction importante du quantitatif matière et donc du poids, critère vital en aéronautique et dans le domaine spatial. Négliger cette anisotropie peut induire des erreurs souvent significatives lors de la conception. Par conséquent, toute amélioration des modèles existants passe par une caractérisation précise des caractéristiques de ces structures.

Des substrats anisotropes, tels que le saphir et le nitrure de bore, présentent plusieurs avantages parmi lesquels de faibles pertes, une homogénéité plus élevée et de faibles variations des propriétés électriques d'un lot à un autre [54]-[55]. Ces matériaux sont électriquement anisotropes en raison de leur structure cristalline ou bien des processus utilisés dans leur fabrication. En fait, il a été démontré que certains matériaux très utilisés en hyperfréquences et présumés isotropes tels que l'alumine présentent un certain degré d'anisotropie.

L'anisotropie a été traditionnellement considérée comme une propriété indésirable, principalement en raison de la difficulté à déterminer les impédances caractéristiques et les vitesses de phase des ondes qui se propagent dans de tels circuits.

Cependant, dans le cas des coupleurs directifs, certains types d'anisotropie présentent un avantage significatif [56]-[57]. Un intérêt particulier a été accordé aux substrats anisotropes uniaxiaux coupés suivant leur axe optique (oy) perpendiculairement au plan du substrat (xoz). Ainsi, la constante diélectrique présente la même valeur partout dans le plan du substrat $(\varepsilon_x = \varepsilon_z)$ si bien que, les ondes EM qui se propagent le long du circuit ne sont pas sujettes à un changement de la constante diélectrique, aux courbures ou à toute autre discontinuité.

2.2. Notions générales sur la propagation dans les milieux anisotrope

Les propriétés électromagnétiques des matériaux utilisés dans les circuits radiofréquences et micro-ondes sont définies à partir de deux paramètres constitutifs : la permittivité ε qui traduit la réaction du milieu face à une excitation électrique (champ $\vec{E}$ de l'onde électromagnétique) et la perméabilité qui décrit le comportement du matériau vis à vis d'une excitation magnétique (champ $\vec{H}$ de l'onde électromagnétique). Afin de tenir compte des effets dissipatifs inhérents à tout matériau, la permittivité et la perméabilité peuvent être représentées par des grandeurs complexes ε^* et μ^* conduisant ainsi à une expression généralisée des équations de Maxwell. La réponse électromagnétique d'un milieu dépend donc du comportement de ces deux paramètres complexes vis-à-vis des grandeurs pouvant les influencer.

Par contre, dans le cas de milieux aux propriétés électromagnétiques anisotropes, la permittivité et/ou la perméabilité sont représentées par des grandeurs tensorielles. L'anisotropie traduit la variation des propriétés électriques et/ou magnétiques (généralement la permittivité et la perméabilité) en fonction des directions.

2.2.1. Importance de la caractérisation des propriétés des matériaux

Une conception fiable d'un circuit haute fréquence repose essentiellement sur une caractérisation précise du comportement de chaque composant électronique qui le constitue. Or, ces composants sont souvent fabriqués avec des matériaux plus ou moins difficiles à caractériser selon leur bande de fonctionnement et la disponibilité des moyens nécessaires pour mener à bien les mesures correspondantes. Comme de tels matériaux sont de plus en plus utilisés dans des domaines aussi divers que l'aérospatiale, les micro-ondes (300 MHz- 300 GHz), la microélectronique et les industries des télécommunications et ce, tant dans les secteurs civils que militaires, leur caractérisation revêt une importance primordiale pour les concepteurs de circuits RF et micro-ondes.

C'est ainsi qu'une conception rigoureuse des Circuits Intégrés Microondes (CIMs) réalisés sur des substrats anisotropes est étroitement liée à la précision de mesure de la permittivité et de la perméabilité de ces matériaux et aux techniques de caractérisation de ces deux paramètres. Le choix d'une technique est d'abord déterminé par la bande de fréquence exploitée, puis par les propriétés physiques du matériau. La connaissance de ces propriétés est importante dans l'étude de certains phénomènes comme l'absorption de l'énergie électromagnétique devenue d'actualité dans le développement d'activités telles que la furtivité avec l'apparition de nouveaux corps absorbants. Malheureusement, la caractérisation expérimentale de tels phénomènes nécessite un appareillage à la fois coûteux et peu disponible. C'est pourquoi nous avons orienté notre travail vers une conception basée sur une modélisation rigoureuse des circuits anisotropes avec l'hypothèse que les caractéristiques des substrats anisotropes ont été préalablement obtenues avec une bonne précision. Nous n'avons donc pas mesuré la permittivité et la perméabilité des différents substrats qui seront utilisés dans le présent travail, surtout que de tels paramètres peuvent être des grandeurs complexes pour de nombreux matériaux. Néanmoins, pour ne pas diminuer l'impact de notre approche, nous avons plutôt opté pour les valeurs déjà obtenues lors de mesures expérimentales de substrats commercialement disponibles.

2.2.2. Structure d'une onde EM plane dans un diélectrique anisotrope

La structure de ce type d'ondes EM est régie par les équations de Maxwell dans un milieu diélectrique anisotrope (absence de courants et de charges).

$$\vec{\nabla}.\,\vec{D} = 0 \qquad\qquad (2.1)$$

$$\vec{\nabla}.\,\vec{B} = 0 \qquad\qquad (2.2)$$

Ce qui entraîne d'abord que $\vec{D}$ et $\vec{B}$ (et donc $\vec{H}$) sont perpendiculaires au vecteur d'onde $\vec{k}$.

De plus, la relation :

$$\vec{\nabla} \wedge \vec{E} = -\frac{\partial \vec{B}}{\partial t} \qquad\qquad (2.3)$$

entraîne que $\vec{E}$ est dans un plan perpendiculaire à $\vec{B}$ (ou $\vec{H}$) c'est à dire dans le plan ($\vec{D}, \vec{k}$).

Dans un diélectrique anisotrope $\vec{E}$ fait un angle ξ avec $\vec{D}$; cet angle est déterminé par le tenseur des constantes diélectriques.

Enfin le vecteur de Poynting $\vec{P} = \vec{E} \wedge \vec{H}$ fera le même angle ξ avec le vecteur $\vec{k}$ que $\vec{D}$ et $\vec{E}$ entre eux. Ainsi, dans un milieu anisotrope la direction de l'énergie n'est pas perpendiculaire aux plans d'onde (fig. 2.1).

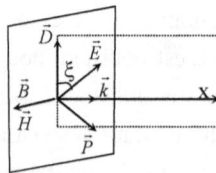

Figure 2.1 Configuration des champs : cas anisotrope

La densité d'énergie électromagnétique se calcule [58] selon la relation:

$$\langle f \rangle = \frac{1}{2}\,\vec{E}\,.\,\vec{D} + \frac{1}{2}\,\vec{B}\,.\,\vec{H} \qquad (\text{J/m}^3) \qquad (2.4)$$

et les équations de Maxwell, permettent d'écrire en régime harmonique:

$$\vec{\nabla} \times \vec{H} = \frac{\partial \vec{D}}{\partial t} \quad \Rightarrow \quad \vec{k} \times \vec{H} = -\omega.\vec{D} \qquad (2.5a)$$

$$\vec{\nabla} \times \vec{E} = -\frac{\partial \vec{B}}{\partial t} \quad \Rightarrow \quad \vec{k} \times \vec{E} = \omega.\vec{B} \qquad (2.5b)$$

L'équation (2.4) devient alors, après quelques manipulations algébriques:

$$\langle f \rangle = \frac{1}{2} \frac{k}{\omega} 2 \, \vec{k}_0.(\vec{E} \times \vec{H}) = \frac{k}{\omega} \vec{k}_0.\vec{P} \qquad (2.6)$$

ce qui donne:

$$\langle f \rangle = \frac{1}{\omega} \, \vec{k} \, . \, \vec{P} \quad \text{avec} \quad \vec{k} = k.\vec{k}_0$$

$\vec{k}_0$ étant le vecteur unitaire porté par le vecteur d'onde $\vec{k}$.

Ainsi, la vitesse d'énergie (ou radiale) dans le cas anisotrope est définie par:

$$V_r = \frac{|P|}{\langle f \rangle} \quad \Rightarrow \quad V_r = \frac{V_\phi}{\cos \xi} \qquad (2.7)$$

ξ étant l'angle formé entre les deux vecteurs $\vec{D}$ et $\vec{E}$ (de même qu'entre $\vec{P}$ et $\vec{k}$). La vitesse de phase est la projection de la vitesse d'énergie sur le vecteur d'onde. Par conséquent, avec les mêmes équations de Maxwell, en combinant (2.5a) et (2.5b), il vient:

$$\vec{D} = -\frac{k^2}{\omega^2 \mu_0} \, \vec{k}_0 \times \left[\vec{k}_0 \times \vec{E} \right] \qquad (2.8a)$$

ou encore

$$\vec{D} = \frac{k^2}{\omega^2 \mu_0} \left[\vec{E} - \vec{k}_0 \, (\vec{k}_0 \, . \, \vec{E}) \right] \qquad (2.8b)$$

Le deuxième terme de (2.8b) étant la composante de $\vec{E}$ parallèle à $\vec{k}$, la partie entre crochets dans (2.8a) en est la composante perpendiculaire.

2.2.3. Exemple d'application des matériaux anisotropes magnétiques: cas des ferrites

Les ferrites aimantés présentent en hyperfréquences des propriétés physiques particulières qui sont mises à profit pour réaliser des dispositifs de traitement du signal tels que les circulateurs, les isolateurs, certains déphaseurs ou encore les filtres accordables. Ainsi, par exemple, l'anisotropie qui apparaît dans un ferrite soumis à l'action d'un champ magnétique statique engendre la non réciprocité de la propagation d'une onde électromagnétique dans le matériau. C'est ce phénomène qui est exploité dans la réalisation des isolateurs et des circulateurs en hyperfréquences.

2.2.4. Cas général des ondes hybrides dans les structures bi-anisotropes

Les substrats diélectriques peuvent être naturellement (résultant du processus de fabrication) ou artificiellement anisotropes Dans ce cas, la constante diélectrique de ces matériaux est un tenseur du second ordre (ou dyadique), et s'exprime par:

$$\overline{\overline{\varepsilon}} = \left[\varepsilon_{ij} \right] = \begin{bmatrix} \varepsilon_{11} & \varepsilon_{12} & \varepsilon_{13} \\ \varepsilon_{21} & \varepsilon_{22} & \varepsilon_{23} \\ \varepsilon_{31} & \varepsilon_{32} & \varepsilon_{33} \end{bmatrix} \qquad (2.9)$$

Pour les cristaux sans pertes, le tenseur ε est symétrique et peut toujours être transformé en une forme diagonale :

$$\overline{\overline{\varepsilon}} = \begin{bmatrix} \varepsilon_u & 0 & 0 \\ 0 & \varepsilon_v & 0 \\ 0 & 0 & \varepsilon_w \end{bmatrix} \qquad (2.10)$$

où les éléments diagonaux ε_u, ε_v, ε_w sont les valeurs propres de ε et leurs directions constituent les axes principaux du cristal. En outre, le tenseur ε est défini positif, et par conséquent admet une matrice inverse. En général, les valeurs de ε_u, ε_v, ε_w sont distinctes, dans ce cas le cristal est dit biaxial [59].

Par ailleurs, la plupart des substrats cristallins sont caractérisés par un simple axe de symétrie (axe optique) ou d'une manière équivalente par un tenseur diagonal ayant deux de ces éléments égaux. Ces cristaux sont dits uniaxiaux. Dans le cas général, la forme tensorielle la plus générale de la permittivité est:

$$\overline{\varepsilon} = \begin{bmatrix} \varepsilon_{xx} & \varepsilon_{xy} & 0 \\ \varepsilon_{yx} & \varepsilon_{yy} & 0 \\ 0 & 0 & \varepsilon_{zz} \end{bmatrix} \qquad (2.11)$$

Les éléments ε_{xy} et ε_{yx} représentent la déviation dans l'alignement du système de coordonnées du substrat par rapport à celui du circuit à analyser.

Pour les substrats anisotropes magnétiques soumis à un champ magnétique statique externe dans la direction x, le tenseur de perméabilité peut prendre la forme suivante:

$$\overline{\mu} = \begin{bmatrix} \mu_{xx} & \mu_{xy} & 0 \\ \mu_{yx} & \mu_{yy} & 0 \\ 0 & 0 & \mu_{zz} \end{bmatrix} \qquad (2.12)$$

ou encore:

$$\overline{\mu} = \begin{bmatrix} \mu_{xx} & 0 & \mu_{xz} \\ 0 & \mu_{yy} & 0 \\ \mu_{zx} & 0 & \mu_{zz} \end{bmatrix} \qquad (2.13)$$

si le champ magnétique externe est appliqué dans la direction y.

Lorsque le milieu de propagation est caractérisé par une double anisotropie électrique et magnétique (bi-anisotropie), la propagation devient très complexe et nous avons recours aux équations de Maxwell qui sont à la base de l'évaluation des équations des champs EM hybrides dans les circuits planaires anisotropes. Ce type d'anisotropie sera traité plus en détails dans les prochains chapitres.

2.3. Formulation de la méthode

Dans le cadre de notre travail, nous allons présenter l'analyse de divers circuits anisotropes ayant l'axe optique incliné par rapport au plan du circuit, à l'aide de la méthode variationnelle. Cette technique exige la détermination des paramètres admittances pour la structure analysée à partir de l'établissement de son circuit équivalent.

Les résultats numériques seront ensuite présentés et discutés notamment pour les coupleurs bilatéraux à 2 et 4 lignes.

Considérons une structure anisotrope bilatérale (présentant 2 niveaux de métallisation) ayant N-couches diélectriques (fig. 2.2). Ce type de structures trouve ses applications dans les CIMs, les filtres et les coupleurs directifs [56]-[57].

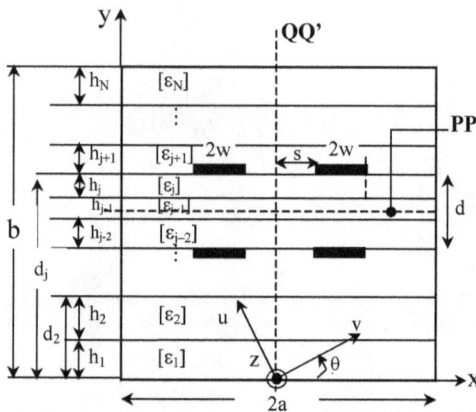

Figure 2.2 Section transverse d'une structure anisotrope multicouche bilatérale

2.3.1. Description de la méthode d'analyse

Dans cette étude, toutes les couches diélectriques sont supposées être électriquement anisotropes. L'anisotropie est décrite par un tenseur diélectrique de la forme:

$$\overline{\varepsilon}_j = \begin{bmatrix} \varepsilon_{xx_j} & \varepsilon_{xy_j} & 0 \\ \varepsilon_{yx_j} & \varepsilon_{yy_j} & 0 \\ 0 & 0 & \varepsilon_{zz_j} \end{bmatrix} \qquad j = 1, ..., N \qquad (2.14)$$

Si les axes du substrat sont alignés avec ceux du cristal alors $\varepsilon_{xy} = \varepsilon_{yx} = 0$. Cependant, dans le cas où l'alignement est imparfait (fig. 2.2), les éléments du tenseur ε_j s'écrivent :

$$\varepsilon_{xxj} = \varepsilon_{uj} \cos^2 \theta_j + \varepsilon_{vj} \sin^2 \theta_j \qquad (2.15)$$

$$\varepsilon_{yyj} = \varepsilon_{uj} \sin^2 \theta_j + \varepsilon_{vj} \cos^2 \theta_j \qquad (2.16)$$

$$\varepsilon_{xy_j} = \varepsilon_{yx_j} = (\varepsilon_{u_j} - \varepsilon_{v_j}) \cos \theta_j . \sin \theta_j \qquad (2.17)$$

où u et v désignent les axes du cristal qui sont orientés dans la direction de l'angle θ_j par rapport au plan xy. Notons que l'analyse quasi-statique du problème est valable uniquement pour les basses fréquences du spectre micro-ondes. Afin de calculer l'impédance caractéristique et les vitesses de phase, une approche des modes pairs/impairs est utilisée à l'aide de la technique variationnelle. Le mode de propagation supporté par la structure étant quasi-TEM, le champ électrique dérive d'un potentiel scalaire électrique $\phi(x, y)$ qui est évalué à partir de la résolution de l'équation de Laplace dans toutes les régions anisotropes d'indice j, soit [53]:

$$\vec{\nabla}.[\overline{\varepsilon}_j .\vec{\nabla} \varphi_j] = 0 \qquad (2.18)$$

Nous déterminons d'abord la distribution spectrale du potentiel électrique sujette aux conditions aux limites appropriées. En prenant la transformée de Fourier de l'équation (2.18) selon x, il vient :

$$\varepsilon_{yyj} \frac{\partial^2 \tilde{\varphi}_j(\alpha_n, y)}{\partial y^2} + 2j\alpha_n \varepsilon_{xyj} \frac{\partial \tilde{\varphi}_j(\alpha_n, y)}{\partial y} - \alpha_n^2 \varepsilon_{xxj} \tilde{\varphi}_j(\alpha_n, y) = 0 \qquad (2.19)$$

α_n étant le paramètre de Fourier et $\tilde{\varphi}_j$ le potentiel électrique dans le domaine de Fourier. La solution générale de (2.19) est [53]:

$$\tilde{\varphi}_j(\alpha_n, y) = A_{nj} cosh(r_1 y) + B_{nj} cosh(r_2 y) \qquad (2.20)$$

avec $r_{1,2} = \pm \gamma_j + j\alpha_j$ où

avec $\alpha_j = \alpha_n \varepsilon_{xyj} / \varepsilon_{yyj}$

et $\gamma_j = \alpha_n \varepsilon_{rfj} / \varepsilon_{yyj}$ sachant que $\varepsilon_{rfj} = \sqrt{\varepsilon_{xxj}\varepsilon_{yyj} - \varepsilon_{xyj}^2}$

Le vecteur déplacement électrique dans le domaine transformé peut être obtenu à partir de:

$$\vec{\tilde{D}}_j = \overline{\varepsilon}_j \cdot \vec{\tilde{E}}_j = \varepsilon_0 \begin{pmatrix} \varepsilon_{xxj} & \varepsilon_{xyj} \\ \varepsilon_{yxj} & \varepsilon_{yyj} \end{pmatrix} \begin{pmatrix} -j\alpha_n \tilde{\varphi}_j \\ -\dfrac{\partial \tilde{\varphi}_j}{\partial y} \end{pmatrix} \qquad (2.21)$$

En utilisant les équations (2.15) à (2.17) et après avoir substitué l'équation (2.20) dans (2.21), les composantes normales de $\vec{D}$ (selon y) peuvent être déduites. Ainsi, en appliquant les conditions de continuité sur les diverses interfaces ($y = d_j$), nous obtenons :

$$\tilde{\varphi}_j(\alpha_n, y) = \tilde{\varphi}_{j+1}(\alpha_n, y) \qquad (2.22a)$$

$$\tilde{D}_{yj+1} - \tilde{D}_{yj} = \tilde{\rho} \qquad j = 1, ..., N\text{-}1 \qquad (2.22b)$$

où $\tilde{\rho}$ représente la distribution spectrale de la densité de charges superficielle sur les métallisations. En exploitant ensuite les conditions de bord sur les parois horizontales du blindage, i.e., $\tilde{\varphi}_1 \big|_{y=0} = 0$ et $\tilde{\varphi}_N \big|_{y=b} = 0$, nous pouvons évaluer le potentiel transformé à l'interface métallisée selon la relation :

$$\tilde{\varphi} = \frac{\tilde{\rho}}{\alpha_n Y} \qquad (2.23)$$

où Y est le paramètre admittance qui peut être obtenu indépendamment en utilisant la technique des lignes transverses [60].

Dans l'équation (2.23), le facteur multiplicatif par $\tilde{\rho}$ peut être interprété comme la fonction de Green globale du circuit. De ce fait, cette équation peut être récrite comme suit:

$$\tilde{\varphi}(\alpha_n, d_j) = \tilde{G}(\alpha_n, d_j)\tilde{\rho} \qquad (2.24)$$

avec

$$\tilde{G}(\alpha_n, d_j) = \frac{1}{\alpha_n Y} \qquad (2.25)$$

Dans la technique des lignes transverses (TTL), nous commençons par établir le schéma équivalent du circuit à analyser (fig. 2.3) dans lequel I_s représente le courant source transformé (domaine de Fourier) qui circule sur le ruban conducteur et qui est défini par :

$$I_s = Y\,\tilde{V}_0 \qquad (2.26)$$

où $\tilde{V}_0$ représente la valeur du potentiel transformé sur l'interface métallisée $\tilde{V}_0 = \tilde{V}|_{y=dj}$.

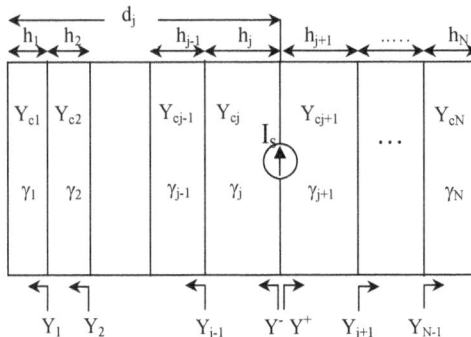

Figure 2.3 Circuit équivalent de la structure anisotrope multicouche

La technique TTL utilise l'analogie qui existe entre les équations de base régissant les CIMs multicouches et celles d'une ligne de transmission bifilaire excitée par une source de courant et constituée par une succession de lignes stratifiées de caractéristiques différentes.

Le paramètre admittance Y au niveau de l'interface métallisée pour le cas anisotrope peut être obtenu en appliquant la formule standard de l'admittance d'entrée Y_{in} d'une section de ligne de transmission de longueur h_j, donnée par [53]:

$$Y_{inj} = Y_{cj} \frac{Y_{hj} + Y_{cj} \, tanh(\gamma_j h_j)}{Y_{cj} + Y_{hj} \, tanh(\gamma_j h_j)} \qquad (2.27)$$

où Y_{hj} est l'admittance de charge de la section j. Y_{cj} et γ_j représentent l'admittance caractéristique et la constante de propagation fictive de la j^{ème} section de ligne avec:

$$Y_{cj} = \varepsilon_0 \varepsilon_{rfj} \qquad (2.28)$$

$$\gamma_j = \alpha_n \varepsilon_{rfj} / \varepsilon_{yyj} \qquad (2.29)$$

avec

$$\varepsilon_{rfj} = \varepsilon_0 \sqrt{\varepsilon_{xxj} \varepsilon_{yjj} - \varepsilon_{xyj}^2} \qquad (2.30)$$

Après avoir substitué (2.15), (2.16) et (2.17) dans (2.28) et (2.29), nous obtenons :

$$Y_{cj} = \varepsilon_0 \sqrt{\varepsilon_{uuj} \varepsilon_{vvj}}$$

$$\gamma_j = \alpha_n \sqrt{\varepsilon_{uuj} / \varepsilon_{vvj}} \left[\left(\varepsilon_{uuj} / \varepsilon_{vvj} - 1 \right) cos^2 \theta_j + 1 \right]^{-1}$$

L'admittance équivalente Y sur le plan métallisé est due à la mise en cascade de toutes les sections de lignes h_j d'admittance caractéristique Y_{cj}. Ces sections pouvant être terminées par des courts-circuits (conditions de Dirichlet), des circuits ouverts (conditions de Neumann) ou par des charges adaptées (cas d'un diélectrique d'épaisseur infinie).

Cette admittance Y est obtenue en itérant l'équation (2.27) sur chaque section de ligne, de $j = N_{inf} + 1$ à N, d'abord, et de $j = 1$ à N_{inf} ensuite, pour respectivement déterminer Y^+ et Y^- (fig. 2.3) puis les additionner (N_{inf} représente le nombre de couches au-dessous des métallisations), soit :

$$Y = Y^+ + Y^- \qquad (2.31)$$

Ainsi, le problème de l'évaluation de la fonction de Green $\tilde{G}(\alpha_n, y)$ se réduit à trouver le paramètre admittance Y pour une structure particulière. Ceci montre la simplicité d'appliquer la technique variationnelle dans le domaine spectral contrairement au domaine spatial où la fonction de Green est souvent très compliquée à calculer en particulier pour des structures complexes.

2.3.2. Application aux coupleurs bilatéraux à 2 et 4 rubans conducteurs

Pour des coupleurs symétriques (par rapport aux plans PP' et QQ', fig. 2.2), la structure peut supporter quatre modes de propagation selon la nature des murs de symétrie (électriques ou magnétiques) [Annexe A]:

• pair-pair (even-even) : Mur magnétique sur QQ', mur magnétique sur PP'.

• pair-impair (even-odd) : Mur magnétique sur QQ', mur électrique sur PP'.

• impair-pair (odd-even) : Mur électrique sur QQ', mur magnétique sur PP'.

• impair-impair (odd-odd) : Mur électrique sur QQ', mur électrique sur PP'.

Pour calculer l'impédance caractéristique, il suffit ici d'analyser seulement le quart de la structure avec les conditions aux limites appropriées en $x = a$ et $y = b/2$ correspondantes aux quatre modes de propagation.

L'impédance caractéristique (Z_c) et la constante diélectrique effective (ε_{eff}) du circuit peuvent être écrites comme suit:

$$Z_c = \frac{1}{c\sqrt{CC_0}} \qquad (2.32)$$

$$\varepsilon_{eff} = \frac{C}{C_0} \qquad (2.33)$$

où C et C_0 représentent respectivement les capacités linéiques des coupleurs avec et en absence de diélectrique (en présence de l'air), et c la célérité de la lumière. Ces capacitances de mode peuvent être obtenues à partir de l'expression variationnelle [61]:

$$\frac{1}{C_{ee,eo,oe,oo}} = \frac{1}{Q^2_{ee,eo,oe,oo}} \int_S \rho_{ee,eo,oe,oo}(x,y)\varphi_{ee,eo,oe,oo}(x,y)dxdy \qquad (2.34)$$

où: $$Q_{ee,eo,oe,oo} = \int_S \rho_{ee,eo,oe,oo}(x,y)dxdy \qquad (2.35)$$

S est une surface autour de la bande conductrice, $\rho(x, y)$ est la distribution de charges sur les métallisations et Q la charge.

L'équation (2.34) représente l'expression variationnelle requise pour la capacité. Collin [61] a démontré que cette expression reste stationnaire pour un changement arbitraire du premier ordre de la fonctionnelle de ρ. Par ailleurs, lorsque ρ varie faiblement, le changement d'ordre 1 pour 1/C diminue alors que celui du 2ème ordre est toujours positif. Aussi, les valeurs calculées de 1/C sont-elles toujours supérieures à la valeur réelle.

Notons que le choix d'une fonction d'essai pour ρ joue un rôle primordial dans la convergence de la méthode. Le critère de choix de ces fonctions s'articulera autour de celles qui maximisent la valeur de C parce qu'il a été remarqué que l'approche utilisée par cette méthode donnait lieu à des valeurs de C toujours inférieures à la valeur exacte souhaitée.

L'application de l'identité du Parseval à l'équation (2.34), donne :

$$\frac{1}{C_{ee,eo,oe,oo}} = \frac{1}{2aQ^2_{ee,eo,oe,oo}} \sum_{n}^{N} \tilde{\rho}_{ee,eo,oe,oo} \; \tilde{\varphi}_{ee,eo,oe,oo} \tag{2.36}$$

n étant l'indice spectral. L'indice ~ indique la transformée de Fourier et α_n le paramètre de Fourier donné par :

$$\alpha_n = \frac{n\pi}{2a}, \quad avec \quad \left\{ \begin{array}{l} n\ pair\ pour\ les\ modes\ oe\ et\ oo \\ n\ impair\ pour\ les\ modes\ ee\ et\ eo \end{array} \right.$$

L'équation (2.26) devient alors pour les quatre modes :

$$\tilde{\varphi}_{ee,eo,oe,oo} = \frac{\tilde{\rho}_{ee,eo,oe,oo}(\alpha_n)}{\alpha_n Y_{ee,eo,oe,oo}} \tag{2.37}$$

Signalons que la formulation utilisée pour l'équation (2.20) est plus avantageuse vu l'utilisation de la transformée de Fourier inverse est inutile. La substitution de l'équation (2.37) dans (2.36), mène finalement à l'évaluation des capacités de mode.

Pour y aboutir, nous devons choisir des fonctions d'essai pour $\rho(x)$ qui satisfont aux conditions aux limites et aux singularités de bord.

2.3.3. Choix des fonctions d'essai

Ces fonctions doivent modéliser convenablement la densité de charge sur les rubans conducteurs et assurer une bonne convergence. Elles doivent aussi respecter les conditions de singularité de bord qui se traduisent par une variation très brusque du champ EM au voisinage des bords des rubans. Ainsi, pour le cas de la structure analysée (Fig. 2.2), nous avons choisi les fonctions dites de Maxwell dont l'expression est donnée par [53]:

$$\rho(x) = \frac{1}{\sqrt{1-\left(\dfrac{|x-(w+s)|}{w}\right)^2}} \qquad \text{pour les modes pairs} \qquad (2.38a)$$

$$\rho(x) = \frac{(-1)^{p+1}}{\sqrt{1-\left(\dfrac{|x-(w+s)|}{w}\right)^2}} \qquad \text{pour les modes impairs} \qquad (2.38b)$$

avec p = 1 dans la région positive de *l'axe des x* et p = 0 dans sa région négative. La transformée de Fourier de ces fonctions donne lieu aux fonctions de Bessel d'ordre 0 et de première espèce.

2.4. Programmation de la méthode variationnelle

Le calcul des permittivités effectives et des impédances caractéristiques s'effectue à partir de l'évaluation des capacités linéiques C et C_0 des modes de propagation supportés par le circuit. C'est la tâche principale du programme de modélisation développé qui doit assurer les tâches suivantes:

1. Lecture des valeurs paramètres physiques et électriques de la structure à analyser en prenant en compte l'anisotropie non-diagonale ainsi que nature du mode de propagation et le nombre de termes de Fourier Ntf.

2. Appel aux différents sous-programmes pour le calcul des capacités linéiques de chaque mode.

3. Calcul des permittivités effectives et impédances de modes

Le langage de programmation retenu est le logiciel *MATLAB* (MATrix LABoratory). L'organigramme de calcul global est présenté sur la figure (2.4).

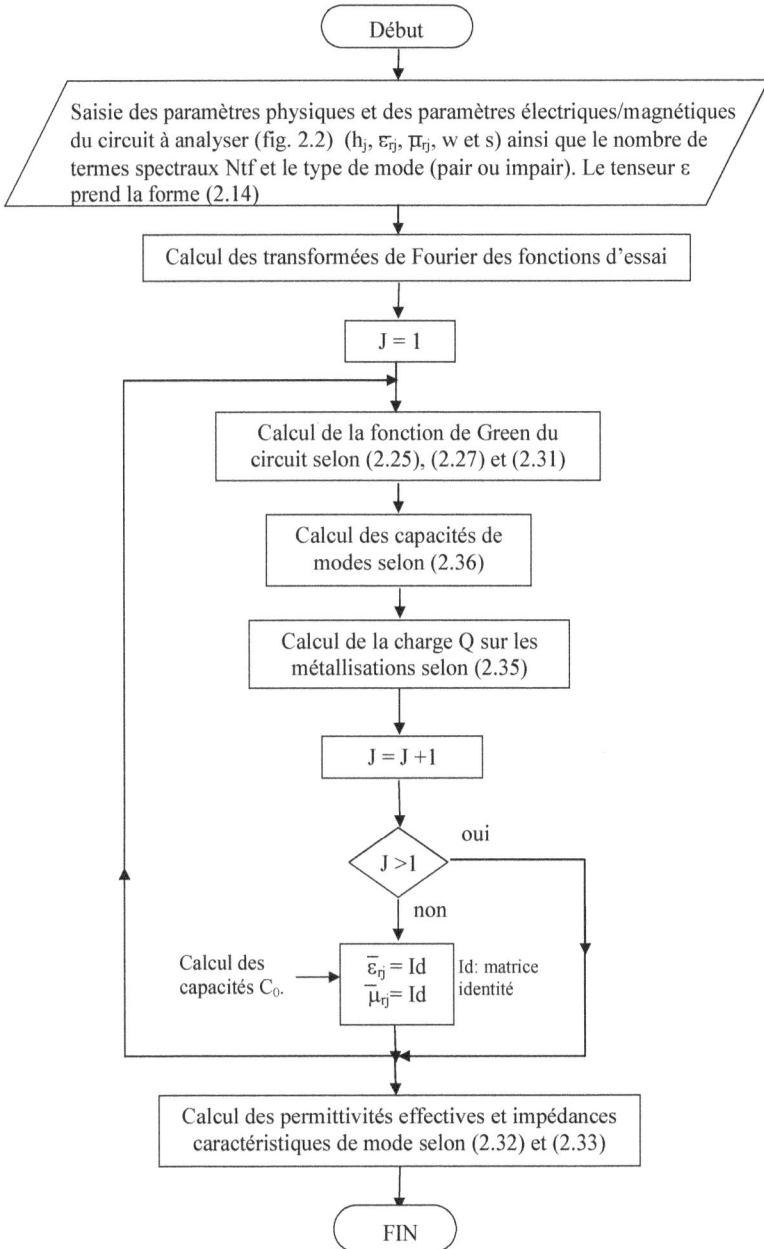

Figure 2.4 Organigramme global de calcul des permittivités effectives et des impédances caractéristiques de modes des coupleurs bilatéraux

Ainsi, après la saisie des données relatives au circuit à analyser, le programme principal fait appel au sous-programme de calcul des transformées de Fourier des fonctions d'essai. Les spectres correspondants sont ensuite stockés dans un vecteur de dimension Ntf.

Le programme principal fera ensuite appel au sous-programme de génération des fonctions de Green selon les équations (2.25) et (2.27) et (2.31). Le résultat sera stocké dans un autre vecteur de dimension Ntf.

L'étape suivante du programme consiste à évaluer les capacités de modes (ee, eo, oe et oo) selon l'expression (2.36) à partir du calcul des produits scalaires de $\tilde{\rho}$ et $\tilde{\varphi}$ pour chaque mode de propagation.

Le programme principal accomplira ensuite les mêmes tâches pour évaluer la capacité C_0 en posant que tous éléments des tenseurs $[\varepsilon_r]$ et $[\mu_r]$ sont égaux à 1 avec: $\varepsilon_r (i, j) = \mu_r (i, j) = 0$ pour $i \neq j$. Le calcul de l'impédance caractéristique et de la permittivité effective se fera ensuite aisément grâce à (2.32) et (2.33) respectivement.

2.5. Résultats et interprétations

Dans ce qui suit, nous supposerons que l'épaisseur des conducteurs est nulle pour une première validation. Cette épaisseur sera néanmoins prise en compte ultérieurement lors de l'analyse étendue en mode hybride. La figure2.5 illustre les variations de l'impédance caractéristique Z_c et de la permittivité effective ε_{eff} en fonction de l'angle θ (d/b=0.2) pour la ligne suspendue. Cette structure a été obtenue en insérant un mur électrique sur les plans de symétrie PP' et QQ'. Nous remarquons ainsi, que Z_c augmente alors que ε_{eff} diminue avec l'augmentation de l'angle d'inclinaison θ de l'axe optique par rapport au substrat [62] (fig. 2.5).

Les courbes de la figure 2.6 montrent les variations de Z_c et ε_{eff} en fonction de ε_{ru1} ($\varepsilon_{rv1} = 3.78$) et ε_{ru2} ($\varepsilon_{rv2} = 3.78$) pour une structure planaire constituée de deux couches diélectriques anisotropes stratifiées en supposant que les axes principaux sont alignés avec ceux du substrat (θ =0) [62]. Ainsi, pour une valeur fixe de ε_{rv1}, nous constatons un faible changement de Z_c et ε_{eff} à mesure que ε_{ru1} (i.e ε_{rx1}) augmente.

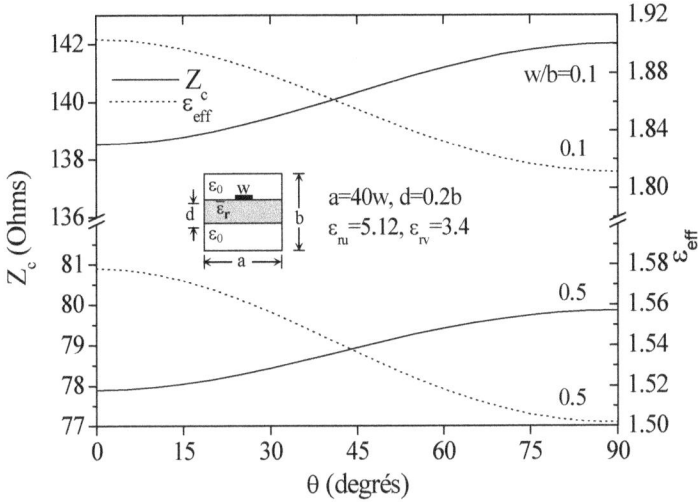

Figure 2.5 Impédance caractéristique Z_c et ε_{eff} en fonction de θ
pour la ligne suspendue

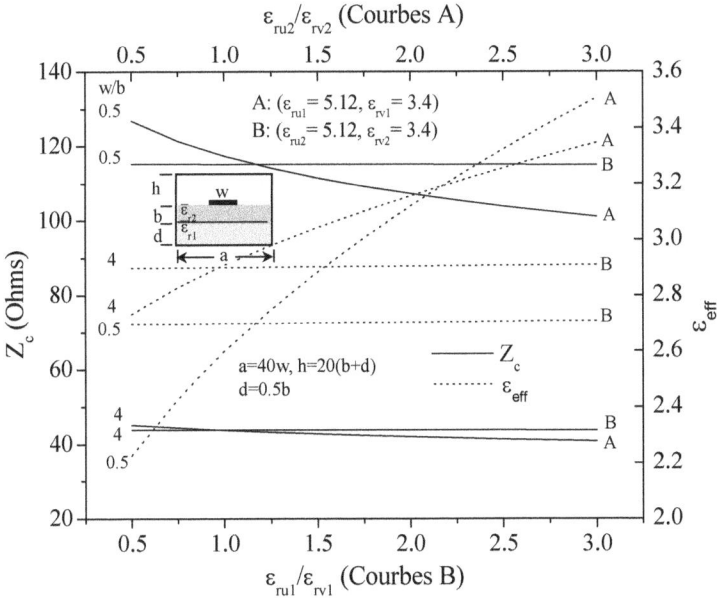

Figure 2.6 Impédance caractéristique Z_c et ε_{eff} en fonction du rapport
d'anisotropie des deux couches

Ceci indique que la majeure partie du champ électrique est concentrée dans la direction y. Par ailleurs, pour une valeur fixe de ε_{rv2}, Z_c décroît et ε_{eff} augmente en fonction de ε_{ru2} (i.e ε_{rx2}).

La figure 2.7 illustre les variations de Z_{ce}, Z_{co}, ε_e et de ε_o en fonction de l'angle d'inclinaison θ pour un coupleur bilatéral [62]. Les modes pairs et impairs s'obtiennent en insérant un mur magnétique ou électrique à $y = b/2$, respectivement. Nous pouvons remarquer que Z_{ce} et ε_o augmentent tandis que Z_{co} et ε_e diminuent à fur et à mesure que θ augmente.

Par conséquent, le rapport des vitesses de phase augmente aussi en fonction de θ. Ce rapport élevé est très utile dans la conception des coupleurs directifs à forte directivité [63].

Notons que pour les coupleurs bilatéraux à 2 lignes, un mur électrique a été inséré sur le plan QQ'.

Signalons que les résultats calculés sont conformes à ceux publiés [64].

Les variations des impédances des modes pair–pair, impair–pair, pair–impair, et impair–impair (respectivement Z_{ee}, Z_{oe}, Z_{eo}, et Z_{oo}) et les pemittivités effectives correspondantes (respectivement ε_{ee}, ε_{oe}, ε_{eo}, et ε_{oo}) en fonction du rapport d'anisotropie $R = \varepsilon_{ru}/\varepsilon_{rv}$ ($\varepsilon_{rv} = 3.78$), sont données à la figure 2.8 pour un coupleur bilatéral inversé à 4 lignes (avec $\theta = 0$).

Nous observons ainsi que les quatre impédances de mode diminuent, tandis que les permittivités effectives augmentent à mesure que R augmente. Tous les résultats calculés sont en bon accord avec [63]

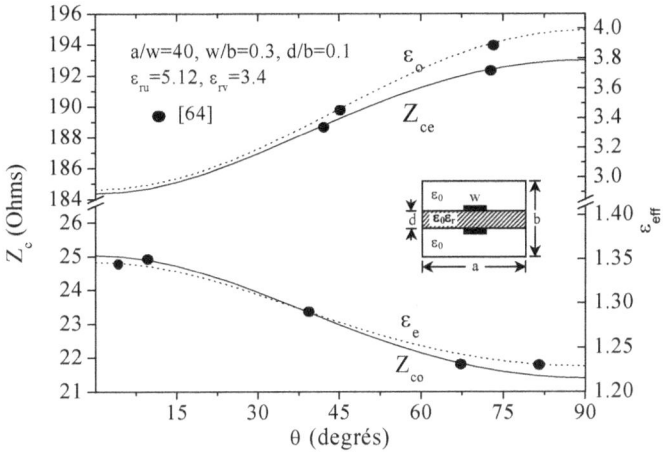

Figure 2.7 Impédances caractéristiques de mode (Z_{ce}, Z_{co}) et constantes diélectriques effectives (ε_e, ε_o) en fonction de l'angle d'inclinaison pour un coupleur bilatéral anisotrope.

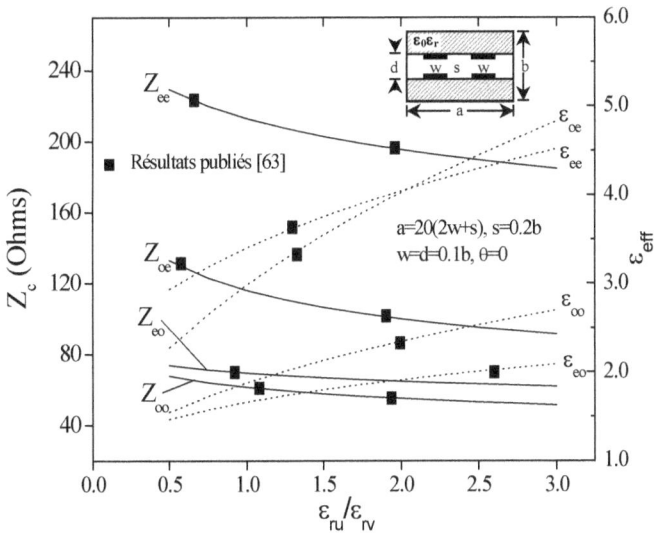

Figure 2.8 Variations des impédances caractéristiques et permittivités effectives de mode en fonction du rapport d'anisotropie R

L'effet de l'anisotropie diélectrique sur les impédances caractéristiques et les constantes diélectriques effectives est montré sur la figure 2.9 pour les coupleurs bilatéraux suspendus à 4 lignes (w = d = 0.1b, s = 0.2b et ε_{yy}=3.78). Nous remarquons que les quatre impédances de mode Z_{ee}, Z_{oe}, Z_{eo} et Z_{oo} diminuent à mesure que $\varepsilon_{xx}/\varepsilon_{yy}$ varie de 0.5 à 3.

Cependant, le changement de Z_{eo} et de Z_{oo} est faible par rapport à celui de Z_{ee} et de Z_{oe}. Les courbes des permittivités effectives prouvent quant à elles que les valeurs de ε_{eo} et ε_{oo} sont plus élevées que celles ε_{ee} et ε_{oe}.

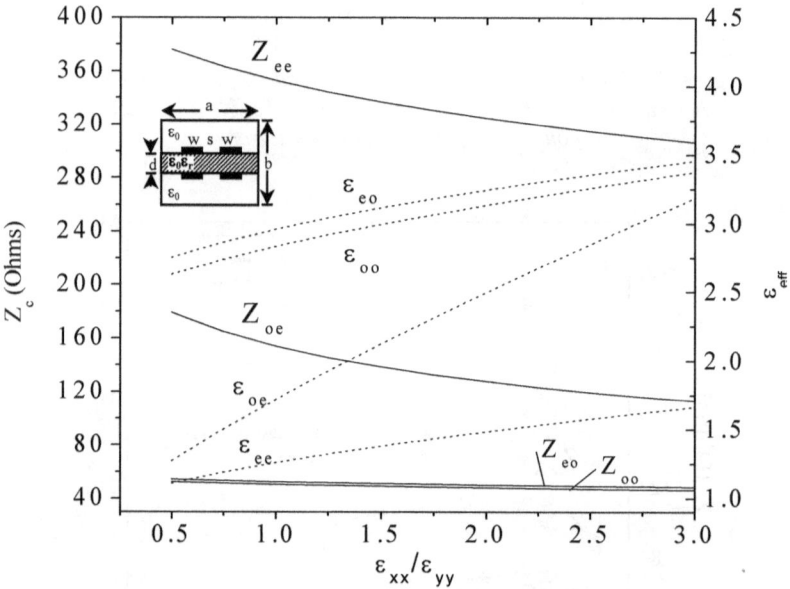

Figure 2.9 Impédances caractéristiques (Z_{cee}, Z_{coe}, Z_{ceo}, Z_{coo}) et les constantes diélectriques effectives en fonction du rapport d'anisotropie

Nous pouvons constater que pour le coupleur à 4 lignes, le rapport de vitesse de phase peut être augmenté (pour le rendre proche de 1) en changeant l'angle de l'inclinaison θ. Cette augmentation est très utile dans la conception des coupleurs directifs à forte directivité.

2.6. Conclusion

Dans ce chapitre, nous avons présenté l'analyse détaillée des circuits hyperfréquences anisotropes en configuration multicouche par la méthode variationnelle dans le domaine de Fourier en régime quasi-statique. Nous avons développé, pour ce faire, un programme de calcul général qui déduit les impédances caractéristiques des coupleurs à deux niveaux de métallisation en fonction de l'angle d'inclinaison de l'axe optique. Nous avons ainsi démontré que les vitesses des modes pairs et impairs pouvaient être égalées en changeant cet angle. Ceci est très utile pour la conception des coupleurs à forte directivité.

La validation des résultats a été faite par comparaison aux résultats publiés disponibles.

Notons qu'en dépit du fait que l'analyse quasi-statique présente l'avantage d'avoir des temps de calcul faibles et ne nécessite pas de gros moyens informatiques (économique), il n'en demeure pas moins qu'elle reste limitée en fréquence (inférieure à 10 GHz en général) et ne prend pas en considération un facteur important qui est la dispersion.

C'est la raison pour laquelle, il est impératif que l'analyse effectuée soit étendue au mode hybride. Ceci fera l'objet du prochain chapitre.

3.1. Introduction

La méthode d'approche dans le domaine spectral est une technique parfaitement adaptée à l'étude des circuits planaires hyperfréquences. Elle résout les équations de Maxwell par la technique des transformées de Fourier, permettant de ramener les problèmes complexes rencontrés dans le domaine spatial conventionnel à des formes simples et faciles à manipuler dans le domaine spectral. Cette méthode introduite dans la littérature par Itoh et Mittra [31], a été depuis largement développée. En ce qui concerne les structures anisotropes, la formulation spectrale correspondante n'étant pas encore généralisée à ce jour pour le cas multicouche, nous allons dans ce qui suit proposer une contribution pour prendre en considération cet aspect en régime dispersif où les modes de propagation supportés par les circuits sont purement hybrides et dans lesquels aucune hypothèse simplificatrice sur les composantes du champ n'est admise à priori.

3.2. Décomposition du mode hybride en modes LSE et LSM

Le mode de propagation hybride pouvant toujours être considéré comme la superposition des modes LSE (ou TE$_y$ avec E$_y$ = 0) et LSM (ou TM$_y$ avec H$_y$ = 0), il est possible dès lors d'écrire les composantes du champ EM en découplant le mode hybride en une paire de modes LSE et LSM ayant chacun ses propres composantes de champ. Les composantes tangentielles (parallèles à l'interface) du champ EM peuvent être reliées aux composantes normales E_y et H_y à l'aide des équations de Maxwell ce qui simplifie considérablement les calculs dans la mesure où seules les équations de propagation des composantes E_y et H_y sont résolues respectivement pour les modes LSM et LSE. L'autre avantage réside dans le fait que ces deux modes peuvent être traités indépendamment l'un de l'autre.

Dans ce qui suit, nous entamons la modélisation par le cas de l'anisotropie biaxiale où les paramètres $\bar{\varepsilon}$ et $\bar{\mu}$ sont des *tenseurs diagonaux* présentant respectivement la forme suivante :

$$\bar{\varepsilon} = \begin{bmatrix} \varepsilon_x & 0 & 0 \\ 0 & \varepsilon_y & 0 \\ 0 & 0 & \varepsilon_z \end{bmatrix} \text{ (où } \varepsilon_x \neq \varepsilon_y \neq \varepsilon_z \text{) et } \bar{\mu} = \begin{bmatrix} \mu_x & 0 & 0 \\ 0 & \mu_y & 0 \\ 0 & 0 & \mu_z \end{bmatrix} \text{ (où } \mu_x \neq \mu_y \neq \mu_z \text{)}$$

Les spectres des composantes tangentielles du champ EM s'écrivent en fonction de ceux des composantes normales E_y et H_y [Annexe B] selon:

$$\tilde{E}_x = -j\alpha_n \frac{\varepsilon_y}{(\alpha_n^2 \varepsilon_x + \beta^2 \varepsilon_z)} \frac{\partial \tilde{E}_y}{\partial y} + \beta \frac{\omega \mu_y \varepsilon_z}{(\alpha_n^2 \varepsilon_x + \beta^2 \varepsilon_z)} \tilde{H}_y \qquad (3.1a)$$

$$\tilde{E}_z = -j\beta \frac{\varepsilon_y}{(\varepsilon_z \beta^2 + \varepsilon_x \alpha_n^2)} \frac{\partial \tilde{E}_y}{\partial y} - \alpha_n \frac{\omega \mu_y \varepsilon_x}{(\varepsilon_z \beta^2 + \varepsilon_x \alpha_n^2)} \tilde{H}_y \qquad (3.1b)$$

$$\tilde{H}_x = -\beta \frac{\omega \mu_z \varepsilon_y}{(\alpha_n^2 \mu_x + \beta^2 \mu_z)} \tilde{E}_y - j\alpha_n \frac{\mu_y}{(\alpha_n^2 \mu_x + \beta^2 \mu_z)} \frac{\partial \tilde{H}_y}{\partial y} \qquad (3.1c)$$

$$\tilde{H}_z = -j\beta \frac{\mu_y}{(\alpha_n^2 \mu_x + \beta^2 \mu_z)} \frac{\partial \tilde{H}_y}{\partial y} + \alpha_n \frac{\omega \mu_x \varepsilon_y}{(\alpha_n^2 \mu_x + \beta^2 \mu_z)} \tilde{E}_y \qquad (3.1d)$$

α_n étant le paramètre spectral et β la constante de phase. De là, les composantes du champ EM pour les modes LSE et LSM prennent les formes respectives suivantes dans un diélectrique anisotrope :

Pour les modes L.S.E ($\tilde{E}_y = 0$) :

$$\tilde{E}_x = \beta \frac{\omega \mu_y \varepsilon_z}{(\alpha_n^2 \varepsilon_x + \beta^2 \varepsilon_z)} \tilde{H}_y \qquad (3.2a)$$

$$\tilde{E}_z = -\alpha_n \frac{\omega \mu_y \varepsilon_x}{(\varepsilon_z \beta^2 + \varepsilon_x \alpha_n^2)} \tilde{H}_y \qquad (3.2b)$$

$$\tilde{H}_x = -j\alpha_n \frac{\mu_y}{(\alpha_n^2 \mu_x + \beta^2 \mu_z)} \frac{\partial \tilde{H}_y}{\partial y} \qquad (3.2c)$$

$$\tilde{H}_z = -j\beta \frac{\mu_y}{(\alpha_n^2 \mu_x + \beta^2 \mu_z)} \frac{\partial \tilde{H}_y}{\partial y} \qquad (3.2d)$$

Pour le modes L.S.M ($\tilde{H}_y = 0$) :

$$\tilde{E}_x = -j\alpha_n \frac{\varepsilon_y}{(\alpha_n^2 \varepsilon_x + \beta^2 \varepsilon_z)} \frac{\partial \tilde{E}_y}{\partial y} \tag{3.3a}$$

$$\tilde{E}_z = -j\beta \frac{\varepsilon_y}{(\varepsilon_z \beta^2 + \varepsilon_x \alpha_n^2)} \frac{\partial \tilde{E}_y}{\partial y} \tag{3.3b}$$

$$\tilde{H}_x = -\beta \frac{\omega \mu_z \varepsilon_y}{(\alpha_n^2 \mu_x + \beta^2 \mu_z)} \tilde{E}_y \tag{3.3c}$$

$$\tilde{H}_z = \alpha_n \frac{\omega \mu_x \varepsilon_y}{(\alpha_n^2 \mu_x + \beta^2 \mu_z)} \tilde{E}_y \tag{3.3d}$$

3.3. Détermination des équations de propagation des champs E_y et H_y:

L'équation de Maxwell-Faraday donne la relation suivante :

$$\vec{\nabla} \wedge \vec{E} = -j\omega\, \overline{\mu}\, \vec{H} \tag{3.4a}$$

qui peut se réécrire sous la forme :

$$\overline{\mu}^{-1}\, \vec{\nabla} \wedge \vec{E} = -j\omega\, \vec{H} \tag{3.4b}$$

D'autre part, l'équation de Maxwell-Ampère s'écrit :

$$\vec{\nabla} \wedge \vec{H} = j\omega\, \overline{\varepsilon}\, \vec{E} \tag{3.5a}$$

qui peut aussi être formulée selon (3.4b) et (3.5a) par :

$$\vec{\nabla} \wedge \left(\overline{\mu}^{-1}\, \vec{\nabla} \wedge \vec{E} \right) - \omega^2\, \overline{\varepsilon}\, \vec{E} = 0 \tag{3.5b}$$

Après avoir développé l'équation d'onde (3.5b) du champ $\vec{E}$ et après avoir posé $k_y = \dfrac{\partial}{\partial y}$, il vient :

$$\begin{bmatrix} -\dfrac{k_y^2}{\mu_z}+\dfrac{\beta^2}{\mu_y}-\omega^2\varepsilon_x & -j\dfrac{\alpha_n}{\mu_z}k_y & -\dfrac{\alpha_n\beta}{\mu_y} \\[3mm] -j\dfrac{\alpha_n}{\mu_z}k_y & \dfrac{\alpha_n^2}{\mu_z}+\dfrac{\beta^2}{\mu_x}-\omega^2\varepsilon_y & -j\dfrac{\beta}{\mu_x}k_y \\[3mm] -\dfrac{\alpha_n\beta}{\mu_y} & -j\dfrac{\beta}{\mu_x}k_y & -\dfrac{k_y^2}{\mu_x}+\dfrac{\alpha_n^2}{\mu_y}-\omega^2\varepsilon_z \end{bmatrix} \begin{bmatrix} \tilde{E}_x \\[2mm] \tilde{E}_y \\[2mm] \tilde{E}_z \end{bmatrix} = \begin{bmatrix} 0 \\ 0 \\ 0 \end{bmatrix} \qquad (3.6)$$

Pour éviter des solutions triviales du système matriciel (3.6), il faut que det[A] = 0. La matrice [A] prenant la forme :

$$A = \begin{bmatrix} -\dfrac{k_y^2}{\mu_z}+\dfrac{\beta^2}{\mu_y}-\omega^2\varepsilon_x & -j\dfrac{\alpha_n}{\mu_z}k_y & -\dfrac{\alpha_n\beta}{\mu_y} \\[4mm] -j\dfrac{\alpha_n}{\mu_z}k_y & \dfrac{\alpha_n^2}{\mu_z}+\dfrac{\beta^2}{\mu_x}-\omega^2\varepsilon_y & -j\dfrac{\beta}{\mu_x}k_y \\[4mm] -\dfrac{\alpha_n\beta}{\mu_y} & -j\dfrac{\beta}{\mu_x}k_y & -\dfrac{k_y^2}{\mu_x}+\dfrac{\alpha_n^2}{\mu_y}-\omega^2\varepsilon_z \end{bmatrix}$$

L'annulation du déterminant de [A] permet d'aboutir à une équation différentielle bicarrée qui constitue l'équation d'onde du champ $\vec{E}$:

$$B_1 k_y^4 + B_2 k_y^2 + B_3 = 0 \qquad (3.7)$$

avec :

$$B_1 = -\frac{\omega^2\varepsilon_y}{\mu_x\mu_z}$$

$$B_2 = \omega^2\left(\alpha_n^2\left(\frac{\varepsilon_y}{\mu_y\mu_z}+\frac{\varepsilon_x}{\mu_x\mu_z}\right)+\beta^2\left(\frac{\varepsilon_z}{\mu_x\mu_z}+\frac{\varepsilon_y}{\mu_x\mu_y}\right)-\omega^2\left(\frac{\varepsilon_y\varepsilon_x}{\mu_x}+\frac{\varepsilon_y\varepsilon_z}{\mu_z}\right)\right)$$

$$B_3 = \omega^2\left(\frac{\alpha_n^2}{\mu_z}+\frac{\beta^2}{\mu_x}-\omega^2\varepsilon_y\right)\left(\omega^2\varepsilon_x\varepsilon_z-\alpha_n^2\frac{\varepsilon_x}{\mu_y}-\beta^2\frac{\varepsilon_z}{\mu_y}\right)$$

L'équation d'onde de E_y devient alors pour le mode LSM:

$$\frac{\partial^4\tilde{E}_y}{\partial y^4}+f_1^e\frac{\partial^2\tilde{E}_y}{\partial y^2}+f_2^e = 0 \qquad (3.8)$$

sachant que :

$$f_1^e = \frac{B_2}{B_1} = K_0^2 \left(\varepsilon_{rx}\mu_{rz} + \varepsilon_{rz}\mu_{rx} \right) - \alpha_n^2 \left(\frac{\mu_x}{\mu_y} + \frac{\varepsilon_x}{\varepsilon_y} \right) - \beta^2 \left(\frac{\varepsilon_z}{\varepsilon_y} + \frac{\mu_z}{\mu_y} \right) \qquad (3.9a)$$

$$f_2^e = \frac{B_3}{B_1} = -\left(\alpha_n^2 + \beta^2 \frac{\mu_z}{\mu_x} - k_0^2 \varepsilon_{ry}\mu_{rz} \right) \left(k_0^2 \frac{\varepsilon_{rx}\varepsilon_{rz}}{\varepsilon_{ry}} \mu_x - \alpha_n^2 \frac{\varepsilon_x \mu_x}{\varepsilon_y \mu_y} - \beta^2 \frac{\varepsilon_z \mu_x}{\varepsilon_y \mu_y} \right)$$

$$(3.9b)$$

où $\qquad k_0^2 = \omega^2 \varepsilon_0 \mu_0$

De la même façon, l'équation de propagation de $\tilde{H}_y$ (pour le mode LSE) peut être formulée partir des équations (3.4a) et (3.5a) selon l'expression:

$$\vec{\nabla} \wedge \left(\overline{\varepsilon}^{-1} \, \vec{\nabla} \wedge \vec{H} \right) - \omega^2 \, \overline{\mu} \, \vec{H} = 0 \qquad (3.10)$$

Ce qui donne pour la composante H_y :

$$\frac{\partial^4 \tilde{H}_y}{\partial y^4} + f_1^h \frac{\partial^2 \tilde{H}_y}{\partial y^2} + f_2^h = 0 \qquad (3.11)$$

sachant que les paramètres f_1^h et f_2^h sont obtenus à partir des équations (3.9) simplement par permutation entre ε et μ ($\varepsilon \leftrightarrow \mu$). .

Les solutions des équations d'ondes (3.8) et (3.11) se présentent, dans une couche anisotrope d'indice i (avec $i = 1 \dots N$), sous la forme suivante :

Pour les modes L.S.M :

$$\tilde{E}_{yi}(\alpha_n, y) = A_i^{LSM} \sinh(\gamma_i^{e,a}(y - H_{i-1})) + B_i^{LSM} \cosh(\gamma_i^{e,b}(y - H_{i-1})) \quad (3.12)$$

Pour les modes L.S.E :

$$\tilde{H}_{yi}(\alpha_n, y) = A_i^{LSE} \sinh(\gamma_i^{h,a}(y - H_{i-1})) + B_i^{LSE} \cosh(\gamma_i^{h,b}(y - H_{i-1})) \quad (3.13)$$

sachant que les indices 'e' et 'h' sont respectivement relatifs aux modes LSM et LSE.

avec :

$$\gamma_i^{x,a} = \sqrt{\frac{-f_{1i}^x - (f_{1i}^{x2} - 4f_{2i}^{x})^{1/2}}{2}} \quad (x = e \ ou \ h) \tag{3.14a}$$

$$\gamma_i^{x,b} = \sqrt{\frac{-f_{1i}^x + (f_{1i}^{x2} - 4f_{2i}^{x})^{1/2}}{2}} \tag{3.14b}$$

3.4. Principe général de la méthode spectrale : cas des circuits unilatéraux

L'application de la méthode spectrale pour la modélisation des circuits planaires anisotropes, en mode hybride, peut être résumée par les étapes suivantes:

1. Le champ électromagnétique hybride est exprimé dans chaque couche diélectrique anisotrope d'indice i $(i=1..N)$, à partir des équations de Maxwell, sous forme de séries discrètes de Fourier, en termes de champs se propageant selon les modes L.S.E ($E_y = 0$) et L.S.M ($H_y = 0$).

2. Les conditions aux limites sur les parois, et les relations de continuité sur les interfaces sont ensuite exprimées sur toutes les interfaces sous forme de relations récurrentes. Il s'agit alors de faire apparaître entre les couches i et $i+1$ des relations de transfert entre les composantes tangentielles des champs E et H. Ceci sera ensuite exploité pour exprimer les conditions de continuité des champs sur l'interface métallisée en tenant compte cette fois-ci des conditions de discontinuité du champ magnétique tangentiel et de continuité du champ électrique tangentiel.

Nous aboutissons alors à une relation matricielle, reliant dans le domaine de Fourier, (selon ox) les composantes tangentielles (E_x et E_z) du champ électrique à celles de la densité de courant (J_x et J_z) sur le plan de métallisation. Cette expression qui fait apparaître les fonctions de Green G dyadiques de la structure s'écrit de la façon suivante :

$$\begin{bmatrix} \tilde{E}_x \\ \tilde{E}_z \end{bmatrix} = G(\alpha_n, \beta) \begin{bmatrix} \tilde{J}_x \\ \tilde{J}_z \end{bmatrix} \qquad (3.15)$$

Les éléments de la matrice de Green G peuvent être exprimés analytiquement. Les inconnues dans le système (3.15) sont E_x et E_z, J_x et J_z. L'indice '~' désigne l'opérateur 'transformée de Fourier'

3) La méthode de Galerkin (cas particulier de la méthode des moments) est ensuite appliquée pour déterminer les valeurs de E et J de (3.15). Tout d'abord, les conditions aux limites sur l'interface métallisée se traduisent par :

$$\vec{E} \wedge \vec{n} = 0 \qquad \text{sur les conducteurs} \qquad (3.16a)$$
$$J = 0 \quad \text{sur l'espace complémentaire} \qquad (3.16b)$$

(où $\vec{n}$ vecteur unitaire normal à l'interface)

Les composantes de la densité de courant (ou champ électrique) sont développées sur une base appropriée constituée par une série de fonctions de base pondérées fixées par des critères physiques prédéfinis et dont la superposition permettra de vérifier les conditions de bord. Ainsi, la rapidité de convergence sera assurée. La méthode de Galerkin sera ensuite utilisée pour le calcul des coefficients de pondération des fonctions de base. Nous reviendrons plus en détails sur cette technique dans les prochains paragraphes.

Nous sommes ainsi capables de déterminer les exposants de propagation ou les fréquences de coupure d'un circuit blindé comportant un nombre arbitraire de couches de matériaux anisotropes, dont les tenseurs de permittivité et de perméabilité sont diagonaux. Nous pouvons alors calculer :

- La solution en β, exposant linéique de propagation, à une fréquence f fixée.
- La solution en f à β fixée, pour le calcul des fréquences de coupure à $\beta = 0$.

Notons que le choix des champs de décomposition L.S.E et L.S.M de l'étape 1, s'explique par le fait que ces solutions satisfont naturellement aux conditions aux limites sur les différentes interfaces H_1, H_2, ...H_i sauf sur l'interface métallisée. Ainsi, ces champs ne sont pas couplés aux interfaces, ce qui simplifie le développement analytique ultérieur.

3.5. Extension de la technique *immitance approach* aux structures anisotropes biaxiales

Le calcul des fonctions de Green par la méthode directe basée sur l'application des conditions de continuité à partir de la connaissance des expressions des champs; il exige une inversion analytique d'une matrice d'ordre $4*(N-1)$, $N > 1$, N étant le nombre total de couches. Cette difficulté croit avec la complexité de la structure à étudier (la présence d'une couche diélectrique supplémentaire fait croître l'ordre du système d'un facteur 4. Pour y pallier, une méthode efficace dite "*immitance approach*" a été proposée par Itoh [65] pour résoudre le problème lié à l'obtention des fonctions de Green pour les structures complexes. Cette méthode est basée sur la technique des lignes transverses associée à un simple changement de repère par découplage des modes LSE et LSM.

Nous proposons dans ce qui suit de généraliser cette technique aux circuits planaires réalisées sur des substrats anisotropes biaxiaux en configuration multicouche en introduisant pour la première fois le *principe de l'admittance conjointe* [66]. Cette méthode présente l'avantage de calculer les fonctions de Green sans passer par le calcul des coefficients A_i et B_i des modes LSE et LSM au niveau des différentes couches d'indice i. Il suffit pour cela d'établir des relations de récurrence susceptibles de calculer l'admittance équivalente vue au plan de métallisation pour les modes LSE et LSM. La structure à analyser est indiquée sur la figure (3.1) :

Pour simplifier les calculs, il devient utile d'effectuer un changement de repère en écrivant les conditions de continuité dans une base naturelle correspondant à une onde plane du spectre qui possède une incidence variable par rapport à ce repère, comme il est possible de le voir sur une composante quelconque f du champ :

$$f(x,y)e^{-j\beta z} = \frac{1}{2a}\int_{-a}^{+a} f(\alpha,y)\underbrace{e^{j\alpha x}e^{-j\beta z}}_{onde\ plane}d\alpha \qquad (\alpha : \text{paramètre de Fourier})$$

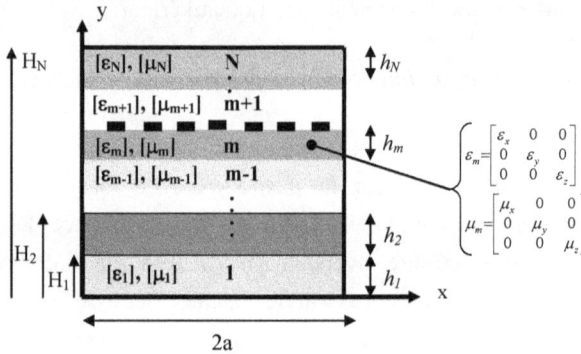

Figure. 3.1 Structure planaire multicouche sur substrats anisotropes

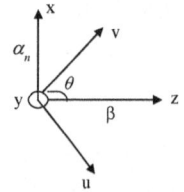

Figure. 3.2 Repère d'Itoh

Une telle onde se propageant suivant l'axe ov, nous complétons alors le repère par un axe ou perpendiculaire à l'axe ov (fig. 3.2). L'axe oy est commun aux deux repères. Le passage du repère initial au repère dit d'Itoh (fig. 3.2) se fait par une simple rotation d'angle $\theta = arc\ cos\ \dfrac{\beta}{\sqrt{\beta^2 + \alpha_n^2}}$ autour de l'axe oy. Une rotation inverse permet de revenir au repère initial. α_n étant le paramètre spectral et β la constante de phase.

Les composantes du champ peuvent être considérées comme la superposition d'ondes inhomogènes en y, se propageant dans la direction θ, par rapport à l'axe y. L'idée est maintenant d'exprimer les nouvelles composantes du champ et les conditions aux limites dans le nouveau repère (v,y,u).

Pour chaque valeur de θ, les champs peuvent être décomposés en modes L.S.E ($\tilde{E}_u$, $\tilde{E}_v$, $\tilde{H}_v$, $\tilde{H}_y$) et en modes L.S.M ($\tilde{E}_y$, $\tilde{E}_v$ $\tilde{H}_u$, $\tilde{H}_v$) dans le système de coordonnées (v, y, u).

$$\begin{bmatrix} u \\ v \end{bmatrix} = [P] \begin{bmatrix} x \\ z \end{bmatrix} \quad avec \quad [P] = \begin{bmatrix} -cos\theta & sin\theta \\ sin\theta & cos\theta \end{bmatrix} \tag{3.17}$$

Nous pouvons ainsi obtenir les composantes du champ EM dans le nouveau repère d'Itoh *(v, y, u)* via la matrice de passage (3.17) dans un diélectrique anisotrope d'indice *i* selon :

Pour les modes L.S.E ($\tilde{E}_y = 0$) :

$$\tilde{E}_{ui} = \frac{-\omega\mu_{yi}}{\rho} \tilde{H}_{yi} \tag{3.18a}$$

$$\tilde{E}_{vi} = \frac{\omega\mu_{yi}\alpha_n\beta(\varepsilon_{zi} - \varepsilon_{xi})}{\rho(\alpha_n^2\varepsilon_{xi} + \beta^2\varepsilon_{zi})} \tilde{H}_{yi} \tag{3.18b}$$

$$\tilde{H}_{ui} = 0 \tag{3.18c}$$

$$\tilde{H}_{vi} = \frac{-j\mu_{yi}(\alpha_n^2 + \beta^2)}{\rho(\alpha_n^2\mu_{xi} + \beta^2\mu_{zi})} \frac{\partial\tilde{H}_{yi}}{\partial y} \tag{3.18d}$$

sachant que $\rho = \sqrt{\alpha_n^2 + \beta^2}$.

Pour les modes L.S.M ($\tilde{H}_y = 0$):

$$\tilde{E}_{ui} = 0 \tag{3.19a}$$

$$\tilde{E}_{vi} = -j\frac{\varepsilon_{yi}(\alpha_n^2 + \beta^2)}{\rho(\alpha_n^2\varepsilon_{xi} + \beta^2\varepsilon_{zi})} \frac{\partial\tilde{E}_{yi}}{\partial y} \tag{3.19b}$$

$$\tilde{H}_{ui} = \frac{\omega\varepsilon_{yi}}{\rho} \tilde{E}_{yi} \tag{3.19c}$$

$$\tilde{H}_{vi} = \frac{\omega\alpha_n\beta\varepsilon_{yi}(\mu_{xi} - \mu_{zi})}{\rho(\alpha_n^2\mu_{xi} + \beta^2\mu_{zi})} \tilde{E}_{yi} \tag{3.19d}$$

3.5.1. Application des conditions de continuité

Lorsqu'une onde électromagnétique traverse une surface qui limite un corps ou qui sépare un milieu d'un autre, les paramètres ε, μ et σ (conductivité) subissent des variations brusques. Il en résulte que les composantes du champ EM subissent des discontinuités sur cette interface de séparation. Les relations de continuités du champ à travers une surface, séparant deux milieux diélectriques consécutifs d'indices i et $i+1$, sont données par [5]:

$$\vec{n} \wedge (\vec{E}_{i+1} - \vec{E}_i) = 0$$
$$\vec{n} \wedge (\vec{H}_{i+1} - \vec{H}_i) = \vec{J}_s$$
$$\vec{n}.(\vec{D}_{i+1} - \vec{D}_i) = \rho_s$$
$$\vec{n}.(\vec{B}_{i+1} - \vec{B}_i) = 0$$

ρ_s et J_s sont respectivement les densités de charge et de courant susceptibles d'exister sur la surface de séparation, $\vec{n}$ étant le vecteur unitaire normal à cette surface. Les relations de continuité relatives aux composantes tangentielles des champs s'écrivent dans le domaine spectral sous la forme suivante:

$$\tilde{E}_{z(i+1)} - \tilde{E}_{zi} = 0 \qquad\qquad (3.20a)$$

$$\tilde{E}_{x(i+1)} - \tilde{E}_{xi} = 0 \qquad\qquad (3.20b)$$

$$\tilde{H}_{z(i+1)} - \tilde{H}_{zi} = \tilde{J}_x(\alpha_n) \qquad\qquad (3.20c)$$

$$\tilde{H}_{x(i+1)} - \tilde{H}_{xi} = -\tilde{J}_z(\alpha_n) \qquad\qquad (3.20d)$$

et dans le repère d'Itoh (v, y, u) :

$$\tilde{E}_{u(i+1)} - \tilde{E}_{ui} = 0 \qquad\qquad (3.21a)$$

$$\tilde{E}_{v(i+1)} - \tilde{E}_{vi} = 0 \qquad\qquad (3.21b)$$

$$\tilde{H}_{u(i+1)} - \tilde{H}_{ui} = \tilde{J}_v(\alpha_n) \qquad\qquad (3.21c)$$

$$\tilde{H}_{v(i+1)} - \tilde{H}_{vi} = -\tilde{J}_u(\alpha_n) \qquad\qquad (3.21d)$$

3.5.2. Application du principe de *l'admittance conjointe* au calcul des fonctions de Green

Il s'agit d'établir une relation matricielle qui relie dans le domaine spectral les composantes tangentielles du courant à celles du champ électrique sur l'interface métallisée H_m. Cette relation tient compte de l'ensemble des conditions aux limites liées au passage d'une couche diélectrique à une autre. Elle rend compte de la géométrie de la structure suivant l'axe oy

$$\begin{bmatrix} \tilde{J}_x(\alpha_n) \\ \tilde{J}_z(\alpha_n) \end{bmatrix} = [Y] \begin{bmatrix} \tilde{E}_{xm} \\ \tilde{E}_{zm} \end{bmatrix} \qquad avec \qquad [Y] = \begin{bmatrix} \tilde{Y}_{xx} & \tilde{Y}_{xz} \\ \tilde{Y}_{zx} & \tilde{Y}_{zz} \end{bmatrix} \quad (3.22)$$

Pour y aboutir, nous tâcherons de rechercher un processus récursif qui puisse faire ressortir des relations itératives permettant de déterminer successivement toutes les admittances ramenées aux différentes interfaces de la structure à analyser. Signalons que les fonctions de Green dyadiques *[G]* peuvent alors être ensuite déduites par une simple inversion de la matrice admittance *[Y]*.

Comme il ressort des équations (3.18) et (3.19), les modes LSE et LSM de composantes de champs respectives ($\tilde{E}_u$, $\tilde{E}_v$, $\tilde{H}_v$, $\tilde{H}_y$) et ($\tilde{E}_y$, $\tilde{E}_v$ $\tilde{H}_u$, $\tilde{H}_v$) ne sont pas complètement découplés dans le repère d'Itoh (v, y, u). En fait, le découplage n'est valable que si les modes LSE et LSM sont transverses comme c'est le cas des circuits à anisotropie uniaxiale *($\varepsilon_x=\varepsilon_z$ et $\mu_x=\mu_z$)* où le champ EM possède 3 composantes par mode [67]. Dans ce cas, les modes LSE et LSM sont générés par des sources de courant indépendantes J_u et J_v [65] respectivement, de sorte que la matrice admittance (3.22) soit diagonale dans le repère d'Itoh *(v, y, u)*.

Dans le cas des circuits anisotropes biaxiaux, le champ EM possède 4 composantes par mode, la matrice admittance dans ce cas ne peut pas être diagonale en raison du caractère non transverse des modes LSE et LSM. Néanmoins, afin de généraliser l'application de la technique *immittance approach au cas de l'anisotropie biaxiale,* nous nous proposons d'introduire pour la première fois un nouveau paramètre que nous appellerons *admittance conjointe* [66] (*notée* Y_{uv}) pour tenir compte de l'existence des deux composantes supplémentaires du champ i.e E_v (3.18b) et H_v (3.19d) par rapport au cas anisotrope uniaxial (où ces deux composantes sont nulles).

Ainsi, les modes LSM sont crées par la présence simultanée des courants J_u et J_v. Autrement dit, le schéma équivalent du circuit pour ces modes comporte 2 sources de courant J_u et J_v. Par contre le mode LSE est crée uniquement par le courant J_u. En effet, l'équation (3.18c) associée à la relation de discontinuité (3.21c) implique que $J_v=0$.

Afin de tenir compte des deux composantes supplémentaires E_{vm} et H_{vm} pour le cas des modes LSE et LSM respectivement (qui étaient nulles dans le cas de l'anisotropie uniaxiale), nous définissons l'admittance conjointe pour les modes LSM (ou LSE) par [66]:

$$\tilde{Y}_{uv}^X = \frac{\tilde{J}_u}{\tilde{E}_{vm}^X} = \frac{\tilde{H}_{vm}^X - \tilde{H}_{v(m+1)}^X}{\tilde{E}_{vm}^X} \quad \text{où} \quad (X=LSE \text{ ou } LSM) \tag{3.23}$$

Les courants J_u et J_v dont dérivent les composantes du champ EM dans le repère d'Itoh, peuvent s'écrire en mode hybride par superposition des modes LSE et LSM sous la forme :

$$\tilde{J}_u = \tilde{Y}_u^{LSE}.\tilde{E}_{um} + (\tilde{Y}_{uv}^{LSE} + \tilde{Y}_{uv}^{LSM}).\tilde{E}_{vm} \tag{3.24a}$$

$$\tilde{J}_v = \tilde{Y}_v^{LSM}.\tilde{E}_{vm} \tag{3.24b}$$

La matrice admittance prend alors la forme suivante:

$$Y = \begin{bmatrix} \tilde{Y}_u^{LSE} & \tilde{Y}_{uv}^{LSM} + \tilde{Y}_{uv}^{LSE} \\ 0 & \tilde{Y}_v^{LSM} \end{bmatrix} \tag{3.25}$$

Sachant que les autres paramètres admittances Y_u^{LSE} et Y_v^{LSM} de la matrice Y s'écrivent comme pour le cas de l'anisotropie uniaxiale [67] :

$$\tilde{Y}_u^{LSE} = \frac{\tilde{J}_u}{\tilde{E}_{um}} \tag{3.26}$$

$$\tilde{Y}_v^{LSM} = \frac{\tilde{J}_v}{\tilde{E}_{vm}} \tag{3.27}$$

L'indice *m* désigne l'interface métallisée.

Le paramètre *admittance conjointe* (noté Y_{uv}) peut être interprété physiquement comme étant l'admittance d'entrée des modes LSE (ou LSM) vue au plan de métallisation (à $y = H_m$) dues à la présence conjointe (simultanée) des sources de courant J_u et J_v dans leurs circuits équivalents. Ceci donne la relation suivante :

$$\begin{bmatrix} \tilde{J}_u(\alpha_n) \\ \tilde{J}_v(\alpha_n) \end{bmatrix} = \begin{bmatrix} \tilde{Y}_u^{LSE} & \tilde{Y}_{uv}^{LSM} + Y_{uv}^{LSE} \\ 0 & \tilde{Y}_v^{LSM} \end{bmatrix} \begin{bmatrix} \tilde{E}_{um}(\alpha_n, H_m) \\ \tilde{E}_{vm}(\alpha_n, H_m) \end{bmatrix} \tag{3.28}$$

A ce stade, il nous reste à revenir au repère initial (x, y, z), en effectuant les transformations nécessaires. Pour cela, nous utiliserons la matrice de passage P (3.17), ce qui permettra d'écrire :

$$\begin{bmatrix} \tilde{J}_x(\alpha_n) \\ \tilde{J}_z(\alpha_n) \end{bmatrix} = [P]^{-1} \begin{bmatrix} \tilde{Y}_u^{LSE} & \tilde{Y}_{uv}^{LSM} + \tilde{Y}_{uv}^{LSE} \\ 0 & \tilde{Y}_v^{LSM} \end{bmatrix} [P] \begin{bmatrix} \tilde{E}_{xm}(\alpha_n, H_m) \\ \tilde{E}_{zm}(\alpha_n, H_m) \end{bmatrix} \tag{3.29}$$

$$\begin{bmatrix} \tilde{J}_x(\alpha_n) \\ \tilde{J}_z(\alpha_n) \end{bmatrix} = \begin{bmatrix} -cos\theta & sin\theta \\ sin\theta & cos\theta \end{bmatrix} \begin{bmatrix} \tilde{Y}_u^{LSE} & \tilde{Y}_{uv}^{LSM} + \tilde{Y}_{uv}^{LSE} \\ 0 & \tilde{Y}_v^{LSM} \end{bmatrix}$$
$$\cdot \begin{bmatrix} -cos\theta & sin\theta \\ sin\theta & cos\theta \end{bmatrix} \begin{bmatrix} \tilde{E}_{xm}(\alpha_n, H_m) \\ \tilde{E}_{zm}(\alpha_n, H_m) \end{bmatrix} \tag{3.30}$$

qui peut aussi se mettre sous la forme :

$$\begin{bmatrix} \tilde{J}_x(\alpha_n) \\ \tilde{J}_z(\alpha_n) \end{bmatrix} = \begin{bmatrix} \tilde{Y}_{xx} & \tilde{Y}_{xz} \\ \tilde{Y}_{zx} & \tilde{Y}_{zz} \end{bmatrix} \begin{bmatrix} \vec{E}_x(\alpha_n) \\ \vec{E}_z(\alpha_n) \end{bmatrix}$$

avec:

$$\tilde{Y}_{xx} = \tilde{Y}_u^{LSE} \cos^2\theta + \tilde{Y}_v^{LSM} \sin^2\theta - (\tilde{Y}_{uv}^{LSM} + \tilde{Y}_{uv}^{LSE})\sin\theta.\cos\theta \qquad (3.31a)$$

$$\tilde{Y}_{xz} = (\tilde{Y}_v^{LSM} - \tilde{Y}_u^{LSE})\sin\theta.\cos\theta - (\tilde{Y}_{uv}^{LSM} + \tilde{Y}_{uv}^{LSE}) \ \cos^2\theta \qquad (3.31b)$$

$$\tilde{Y}_{xz} = (\tilde{Y}_v^{LSM} - \tilde{Y}_u^{LSE})\sin\theta.\cos\theta + (\tilde{Y}_{uv}^{LSM} + \tilde{Y}_{uv}^{LSE}) \ \cos^2\theta \qquad (3.31c)$$

$$\tilde{Y}_{xx} = \tilde{Y}_u^{LSE} \sin^2\theta + \tilde{Y}_v^{LSM} \cos^2\theta + (\tilde{Y}_{uv}^{LSM} + \tilde{Y}_{uv}^{LSE})\sin\theta.\cos\theta \qquad (3.31d)$$

Les éléments de la matrice $G(\alpha_n)$ sont alors obtenus par simple inversion de la matrice admittance Y.

Il restera donc à calculer l'ensemble des éléments de cette matrice Y (3.25) pour déduire ensuite les éléments de la matrice de Green dyadique G du circuit à analyser (fig. 3.1). L'élément Y_{12} de (3.25) représente *l'admittance conjointe*, cet élément étant nul dans le cas de l'anisotropie uniaxiale.

3.6. Calcul de la matrice admittance de Green Y

Il s'agira, dans ce qui suit, de déterminer les éléments de la matrice admittance de Green (3.25) dans le repère d'Itoh pour les modes LSE et LSM. Les détails des calculs de tous ces paramètres sont reportés à l'annexe C. Nous ne donnons ici que leurs expressions finales avec un léger ajustement dans un souci de simplification de leurs équations.

Notons que ces relations seront ensuite exploitées pour déterminer les fonctions de Green dyadiques dans le repère initial (x, y, z) selon (3.31).

3.6.1. Cas de la propagation par modes L.S.M

En premier lieu, le paramètre admittance $\tilde{Y}_v^{LSM}$ est obtenu en exécutant le processus récursif (3.32) de $(i = 2 \ à \ m)$ puis de $(i = m+1 \ à \ N)$ pour déterminer $\tilde{Y}_{sup}^{LSM}$ et $\tilde{Y}_{inf}^{LSM}$ respectivement avant de les sommer.

$$\tilde{Y}_{vi}^{LSM} = \eta_{vi}^{LSM} \frac{sinh(\gamma_i^{e,a} h_i) + S_{vi}^e \ cosh(\gamma_i^{e,b} h_i)}{\gamma_i^{e,a/b} \ cosh(\gamma_i^{e,a} h_i) + S_{vi}^e \ sinh(\gamma_i^{e,b} h_i)} \qquad (3.32)$$

où

$$\eta_{vi}^{LSM} = \frac{j\omega(\varepsilon_{xi}\alpha_n^2 + \varepsilon_{zi}\beta^2)}{\gamma_i^{e,b}(\alpha_n^2 + \beta^2)} \qquad et \qquad \gamma_i^{e,a/b} = \frac{\gamma_i^{e,a}}{\gamma_i^{e,b}}$$

avec :

$$S_{vi}^{LSM} = \tilde{Y}_{v(i-1)}^{LSM} \frac{\gamma_i^{e,a/b}}{\eta_{vi}^{LSM}} \text{ (pour } i = 2...m) \text{ avec } \tilde{Y}_{v1}^{LSM} = \eta_{v1}^{LSM} coth(\gamma_1^{e,b} h_1)$$

(3.33a)

et

$$S_{vi}^{lSM} = \tilde{Y}_{v(i+1)}^{LSM} \frac{\gamma_i^{e,a/b}}{\eta_{vi}^{LSM}} \text{ (pour } i = m+1...N) \quad \text{avec } \tilde{Y}_{vN}^{LSM} = \eta_{vN}^{LSM} coth(\gamma_N^{e,b} h_N)$$

(3.33b)

Les valeurs des coefficients $\gamma_i^{e,a}$ et $\gamma_i^{e,b}$ sont données par les équations (3.14).

Le paramètre *admittance conjointe* $\tilde{Y}_{uv}^{LSM}$ se calcule ensuite en se substituant au paramètre $\tilde{Y}_v^{LSM}$ dans (3.32) simplement en remplaçant η_{vi}^{LSM} par η_{uvi}^{LSM}, et après avoir remplacé dans (3.33) $\tilde{Y}_{vi}^{LSM}$ par $\tilde{Y}_{uvi}^{LSM}$ tels que [Annexe C] :

$$\eta_{uvi}^{LSM} = \eta_{vi}^{LSM} \frac{\alpha_n \beta (\mu_{xi} - \mu_{zi})}{(\alpha_n^2 \mu_{xi} + \beta^2 \mu_{zi})} \quad \text{et} \quad \tilde{Y}_{uvi}^{LSM} = \eta_{uvi}^{LSM} coth(\gamma_i^{e,b} h_i)$$

3.6.2. Cas de la propagation par modes L.S.E

$\tilde{Y}_u^{LSE}$ est déterminé en itérant l'équation (3.34) de (*i = 2 à m*), ensuite de (*i=m+1 à N*), pour calculer $\tilde{Y}_{uinf}$ et $\tilde{Y}_{usup}$ respectivement avant de les sommer.

$$\tilde{Y}_{ui}^{LSE} = \eta_{ui}^{LSE} \frac{S_{ui}^h cosh(\gamma_i^{h,a} h_i) + \gamma_i^{b/a} sinh(\gamma_i^{h,b} h_i)}{S_{ui}^h sinh(\gamma_i^{h,a} h_i) + cosh(\gamma_i^{h,b} h_i)}$$

(3.34)

$$\text{avec} \quad \eta_{ui}^{LSE} = \frac{j(\alpha_n^2 + \beta^2)\gamma_i^{h,a}}{\omega(\mu_{xi}\alpha_n^2 + \mu_{zi}\beta^2)} \quad \text{et} \quad \gamma_i^{h,b/a} = \frac{1}{\gamma_i^{h,a/b}}$$

de sorte que :

$$S_{ui}^{LSE} = \frac{\tilde{Y}_{u(i-1)}^{LSE}}{\eta_{ui}^{LSE}} \quad \text{(pour } i = 2...m) \qquad \text{avec } \tilde{Y}_{u1}^{LSE} = \eta_{u1}^{LSE} coth(\gamma_1^{h,a} h_1)$$

(3.35a)

$$S_{ui}^{LSE} = \frac{\tilde{Y}_{u(i+1)}^{LSE}}{\eta_{ui}^{LSE}} \quad \text{(pour } i = m+1..N) \quad \text{avec } \tilde{Y}_{uN}^{LSE} = \eta_{uN}^{LSE} coth(\gamma_N^{h,a} h_N)$$

(3.35b)

Le paramètre *admittance conjointe* $\tilde{Y}_{uv}^{LSE}$ se déduit ensuite de l'équation (3.34) en substituant η_{ui}^{LSE} par η_{uvi}^{LSE} et après avoir remplacé dans (3.35) $\tilde{Y}_{ui}^{LSE}$ par $\tilde{Y}_{uvi}^{LSE}$ tels que:

$$\eta_{uvi}^{LSE} = \eta_{ui}^{LSE} \frac{(\alpha_n^2 \varepsilon_{xi} + \beta^2 \varepsilon_{zi})}{\alpha_n \beta (\varepsilon_{xi} - \varepsilon_{zi})} \qquad \text{et} \qquad \tilde{Y}_{uvi}^{LSE} = \eta_{uv}^{LSE} coth(\gamma_i^{h,a} h_i)$$

3.7. Résolution par la méthode de Galerkin

3.7.1. Principe de la méthode

Le système à résoudre (3.15) comprend quatre inconnues: les composantes tangentielles du courant ($\tilde{J}_x(\alpha_n)$, $\tilde{J}_z(\alpha_n)$) ainsi que celles du champ électrique ($\tilde{E}_x$ et $\tilde{E}_z$). Rappelons que la grandeur recherchée à ce stade est la constante de phase β dont la connaissance permettrait la détermination de toutes les autres grandeurs restantes (longueur d'onde guidée, permittivité effective etc.).

Sa détermination ne peut se faire que numériquement, le problème posé n'ayant pas de solution analytique. Il est donc souhaitable d'aller du système (3.15) vers un système numérique, mettant en jeu des coefficients scalaires, facilement représentables sur ordinateur. Pour cela, nous utiliserons la méthode de Galerkin, qui est un cas particulier de la méthode des moments. L'application de cette méthode s'effectue en deux étapes :

Dans une première étape, il s'agira de décomposer les densités de courant $\tilde{J}_x(\alpha_n)$ et $\tilde{J}_z(\alpha_n)$ suivant des fonctions de base appropriées, répondant aux critères physiques et respectant la géométrie des courants sur la métallisation :

$$J_x(x) = \sum_{p=1}^{P} a_p J_{xp}(x)$$
$$J_z(x) = \sum_{q=1}^{Q} b_q J_{zq}(x)$$

(3.36)

En appliquant la transformée de Fourier, il vient :

$$\tilde{J}_x(\alpha_n) = \sum_{p=1}^{P} a_p \tilde{J}_{xp}(\alpha_n)$$
$$\tilde{J}_z(\alpha_n) = \sum_{q=1}^{Q} b_q \tilde{J}_{zq}(\alpha_n)$$

(3.37)

Afin de rendre la résolution numérique plus aisée, il est souhaitable de choisir des fonctions de base qui respectent des critères physiques bien précis et dont les transformées de Fourier soient connues analytiquement. Nous obtenons alors le système fonctionnel suivant :

$$\begin{cases} G_{11}(\alpha_n)\sum_{p=1}^{P} a_p \tilde{J}_{xp}(\alpha_n) + G_{12}(\alpha_n)\sum_{q=1}^{Q} b_q \tilde{J}_{zq}(\alpha_n) = \tilde{E}_{xm}(\alpha_n, H_m) \\ G_{21}(\alpha_n)\sum_{p=1}^{P} a_p \tilde{J}_{xp}(\alpha_n) + G_{22}(\alpha_n)\sum_{q=1}^{Q} b_q \tilde{J}_{zq}(\alpha_n) = \tilde{E}_{zm}(\alpha_n, H_m) \end{cases}$$

(3.38)

Dans une seconde étape, le système fonctionnel est projeté sur les fonctions de base des densités de courant à l'aide du produit hermitien défini sur les différentes fonctions de α_n. Il s'agit d'une application de la méthode de Galerkin.

Nous passons ainsi à un problème où les inconnues sont les coefficients complexes scalaires a_p et b_q ainsi que les projections scalaires des champs sur les fonctions de base des densités de courant. En pratique, cela revient à appliquer la méthode des moments à un problème de propagation guidée.

Pour appliquer la technique de Galerkin, nous définissons le produit interne deux fonctions X et Y par:

$$\langle X,Y \rangle = \frac{1}{2a} \int_{-a}^{+a} X(x)Y^*(x) \; dx$$

où '$2a$' désigne la largeur du plan de masse du circuit

En utilisant l'identité de Parseval, le produit interne peut aussi s'écrire comme:

$$\langle X,Y \rangle = \frac{1}{2a} \int_{-a}^{+a} X(x)Y^*(x) \; dx = \sum_n \tilde{X}\tilde{Y}^*$$

L'étape suivante, consiste à prendre le produit interne de part et d'autre des équations (3.38) à l'aide des fonctions tests $\tilde{J}_{z,q'}(x)$ et $\tilde{J}_{x,p'}(x)$ (choisies égales aux fonctions de base dans le cadre de technique de Garlekin), ce qui donne :

$$\left\langle \tilde{E}_x, \tilde{J}_{xp'} \right\rangle = \left\langle \left[a_p \sum_{p=1}^{P} G_{11}(\alpha_n)\tilde{J}_{xp}(\alpha_n) + b_q \sum_{q=1}^{Q} G_{12}(\alpha_n)\tilde{J}_{zq}(\alpha_n) \right], \tilde{J}_{xp'}(\alpha_n) \right\rangle$$

$$p' = 1,2,....,P \quad (3.39a)$$

$$\left\langle \tilde{E}_z, \tilde{J}_{zq'} \right\rangle = \left\langle \left[a_p \sum_{p=1}^{P} G_{21}(\alpha_n)\tilde{J}_{xp}(\alpha_n) + b_q \sum_{q=1}^{Q} G_{22}(\alpha_n)\tilde{J}_{zq}(\alpha_n) \right], \tilde{J}_{zq'}(\alpha_n) \right\rangle$$

$$q' = 1,2,....,Q \quad (3.39b)$$

En tenant compte, ensuite de la complémentarité des conditions aux limites du champ et du courant sur l'interface métallisée, il vient :

$$\left\langle \tilde{E}_x, \tilde{J}_{xp'} \right\rangle = 0 \quad \text{et} \quad \left\langle \tilde{E}_z, \tilde{J}_{zq'} \right\rangle = 0 \qquad (3.40)$$

En utilisant ensuite l'identité de Parseval, les équations (3.39) deviennent:

$$\sum_{p=1}^{P} C_{pq'}^{11}(\beta)a_p + \sum_{q=1}^{Q} C_{qq'}^{12}(\beta)b_q = 0 \qquad ; \quad q' = 1,2,....,Q \qquad (3.41a)$$

$$\sum_{p=1}^{P} C_{pp'}^{21}(\beta)a_p + \sum_{q=1}^{Q} C_{qp'}^{22}(\beta)b_q = 0 \qquad ; \quad p' = 1,2,....,P \qquad (3.41b)$$

sachant que :

$$C_{pq'}^{11}(\omega,\beta) = \sum_{n} G_{11}(\alpha_n)\tilde{J}_{xp}(x)\tilde{J}_{zq'}^*(x) \qquad C_{pp'}^{21}(\omega,\beta) = \sum_{n} G_{21}(\alpha_n)\tilde{J}_{xp}(x)\tilde{J}_{xp'}^*(x)$$

$$C_{qq'}^{12}(\omega,\beta) = \sum_{n} G_{12}(\alpha_n)\tilde{J}_{zq}(x)\tilde{J}_{zq'}^*(x) \qquad C_{qp'}^{22}(\omega,\beta) = \sum_{n} G_{22}(\alpha_n)\tilde{J}_{zq}(x)\tilde{J}_{xp'}^*(x)$$

n étant l'indice spectral. L'indice * désigne le complexe conjugué.

Nous aboutissons à un système algébrique de (P+Q) équations linéaires homogènes en fonction des (P+Q) coefficients inconnus a_p et b_q. Ce système se présente sous forme matricielle :

$$\left[C(\omega,\beta) \right] \left[\frac{a}{b} \right] = 0 \qquad (3.42)$$

Les solutions non triviales du système d'équations homogène (3.42) fournissent à une fréquence donnée f, les constantes de propagation des modes guidés par la structure. Ceci va nous permettre de tracer le diagramme de dispersion. Les solutions non triviales sont obtenues en annulant le déterminant de la matrice $\left[C(\omega,\beta) \right]$.

$$det \left[C(\omega,\beta) \right] = 0 \qquad (3.43)$$

L'équation (3.43) représente l'équation caractéristique du système.

3.7.2. Critères de choix des fonctions de base

Un choix judicieux d'un ensemble correct de fonctions de base pour le courant (ou le champ) permet de : i) augmenter la précision, ii) faciliter l'évaluation des éléments de la matrice $C(\omega, \beta)$, iii) réduire la taille de cette matrice ce qui implique un temps de calcul relativement faible, iv) améliorer le conditionnement de la matrice $C(\omega, \beta)$, ce qui rend plus efficace la résolution du système (3.42).

Pour être efficace, ce choix doit remplir un certain nombre de critères :

1. Les fonctions de base choisies pour le courant (champ) doivent être non nulles sur le ruban métallique (fentes).

2. Ce choix doit tenir compte du comportement singulier du champ EM au voisinage des bords. Ceci permet d'éviter la convergence relative et améliore le conditionnement de la matrice $C(\omega, \beta)$.

3. Ces fonctions doivent modéliser convenablement le courant sur le ruban et assurer une bonne convergence des résultats. Pour cela, l'expansion de la densité du courant (champ) doit se faire dans une base complète.

4. Un choix particulier de fonctions de base est obtenu en choisissant les courant J_x et J_z comme étant dérivés l'un de l'autre (i.e., $J_x = \dfrac{\partial J_z}{\partial x}$) . Ce choix astucieux permet de déterminer la TF de J_x (ou J_z) de façon automatique et rapide.

5. Critère de parité des modes de propagation pour les lignes couplées.

Dans le but d'assurer une convergence optimale, nous avons utilisé les fonctions de base suivantes pour les structures microstrip, slotline, microstrip couplées, et coplanaires respectivement (Tableau III.1).

Ces fonctions ont été testées du point de vue précision et convergence [68].

Les dimensions w et s désignent les largeurs des rubans et des fentes respectivement.

Tab. III.1 Table des fonctions de base: cas des circuits bilatéraux

Fonctions de base	Lignes microruban		Lignes à fentes	
	J_{xp}	J_{zq}	E_{xp}	E_{zq}
Mode pair	$\dfrac{\sin(p\,\pi\,x/w)}{\sqrt{1-(x/w)^2}}$	$\dfrac{\cos[(q-1)\pi\,x/w]}{\sqrt{1-(x/w)^2}}$	/	/
Mode impair	/	/	$\dfrac{\cos[(p-1)\pi\,x/s]}{\sqrt{1-(x/s)^2}}$	$\dfrac{\sin(q\,\pi\,x/s)}{\sqrt{1-(x/s)^2}}$

Fonctions de base			-2w-s < x <-s	s < x < 2w+s
Lignes microstrip couplées	Mode pair	J_{xp}	$\dfrac{\sin[p\,\pi\,(x+w+s)/w]}{\sqrt{1-((x+w+s)/w)^2}}$ $p\neq 0$	$\dfrac{\sin[p\,\pi\,(x-w-s)/w]}{\sqrt{1-((x-w-s)/w)^2}}$ $p\neq 0$
		J_{zq}	$\dfrac{\cos[q\,\pi\,(x+w+s)/w]}{\sqrt{1-((x+w+s)/w)^2}}$ $q=0,1,2$	$\dfrac{\cos[q\,\pi\,(x-w-s)/w]}{\sqrt{1-((x-w-s)/w)^2}}$ $q=0,1,2$
	Mode impair	J_{xp}	$\dfrac{\sin[p\,\pi\,(x+w+s)/w]}{\sqrt{1-((x+w+s)/w)^2}}$ $p\neq 0$	$-\dfrac{\sin[p\,\pi\,(x-w-s)/w]}{\sqrt{1-((x-w-s)/w)^2}}$ $p\neq 0$
		J_{zq}	$\dfrac{\cos[q\,\pi\,(x+w+s)/w]}{\sqrt{1-((x+w+s)/w)^2}}$ $q=0,1,2$	$-\dfrac{\cos[q\,\pi\,(x-w-s)/w]}{\sqrt{1-((x-w-s)/w)^2}}$ $q=0,1,2$

Fonctions de base			$-w-2s < x < -w$	$w < x < w+2s$
Lignes coplanaires	Mode pair	E_{xp}	$\dfrac{\cos\left[p\,\pi\left(x+s+w\right)/s\right]}{\sqrt{1-\left(\left(x+s+w\right)/s\right)^2}}$ $p = 0,1,2$	$-\dfrac{\cos\left[p\,\pi\left(x-s-w\right)/s\right]}{\sqrt{1-\left(\left(x-s-w\right)/s\right)^2}}$ $p = 0,1,2$
		E_{zq}	$\dfrac{\sin\left[q\,\pi\left(x+s+w\right)/s\right]}{\sqrt{1-\left(\left(x+s+w\right)/s\right)^2}}$ $p \neq 0$	$-\dfrac{\sin\left[q\,\pi\left(x-s-w\right)/s\right]}{\sqrt{1-\left(\left(x-s-w\right)/s\right)^2}}$ $p \neq 0$
	Mode impair	E_{xp}	$\dfrac{\cos\left[p\,\pi\left(x+s+w\right)/s\right]}{\sqrt{1-\left(\left(x+s+w\right)/s\right)^2}}$ $p = 0,1,2$	$\dfrac{\cos\left[p\,\pi\left(x-s-w\right)/s\right]}{\sqrt{1-\left(\left(x-s-w\right)/s\right)^2}}$ $p = 0,1,2$
		E_{zq}	$\dfrac{\sin\left[q\,\pi\left(x+s+w\right)/s\right]}{\sqrt{1-\left(\left(x+s+w\right)/s\right)^2}}$ $(q \neq 0)$	$\dfrac{\sin\left[q\,\pi\left(x-s-w\right)/s\right]}{\sqrt{1-\left(\left(x-s-w\right)/s\right)^2}}$ $(q \neq 0)$

3.8. Application aux résonateurs anisotropes

Dans un grand nombre d'applications en micro-ondes, il est nécessaire de disposer de circuits sélectifs accordés à une fréquence bien précise. C'est en particulier le cas pour la réalisation des oscillateurs à fréquence fixe ou variable et des filtres. Les circuits sélectifs employés pour ce type d'applications sont pour la plupart constitués de résonateurs micro-ondes dont la technologie dépend de la fréquence de travail, du coefficient de qualité et de l'encombrement maximal admissible. On distingue:

- des résonateurs à éléments localisés lorsque les dimensions des composants sont très inférieures à la longueur d'onde guidée: les coefficients de qualité obtenus sont alors de l'ordre de la centaine;

- des résonateurs à éléments semi-localisés constitués de courts tronçons de lignes pour des fréquences plus élevées, pour une technologie identique à celle du cas précédent;

- des résonateurs à ligne ou à cavité pour obtenir de forts coefficients de surtension;

- des résonateurs diélectriques, beaucoup plus compacts.

Au voisinage de la résonance, un résonateur peut habituellement être modélisé par un circuit équivalent *RLC* série ou parallèle.

Les lignes de transmission ouvertes ou court-circuitées sont fréquemment employées comme circuits résonnants dans la gamme des micro-ondes. Il existe en général quatre circuits de base de ces résonateurs (fig. 3.3).

Il est possible de démontrer [69], en analysant le comportement de l'impédance d'entrée autour de la longueur d'onde de résonance λ_r, que les circuits (3.3a) et (3.3d) se comportent comme des circuits *RLC* série. D'autre part, les deux autres circuits possèdent les caractéristiques d'un circuit résonant parallèle. Z_c et γ désignent respectivement l'impédance caractéristique et la constante de propagation du circuit. L'alimentation des résonateurs dépend essentiellement du type de résonateur à étudier. Pour le cas des résonateurs planaires, l'excitation se fait généralement à travers le couplage par gap à une ligne microstrip.

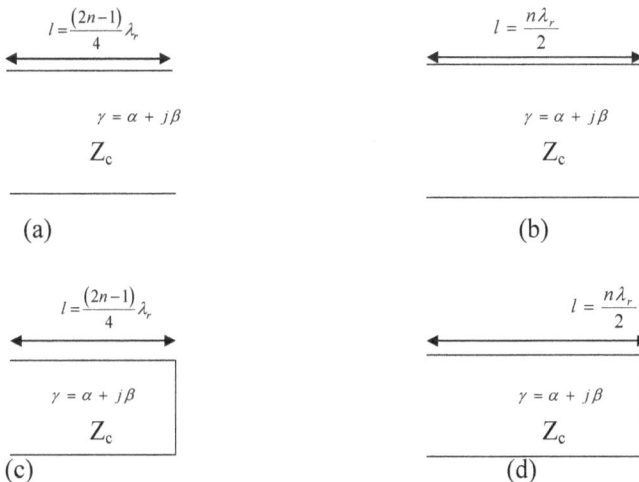

$$l = \frac{(2n-1)}{4}\lambda_r \qquad\qquad l = \frac{n\lambda_r}{2}$$

$$\gamma = \alpha + j\beta \qquad\qquad\qquad \gamma = \alpha + j\beta$$

$$Z_c \qquad\qquad\qquad\qquad Z_c$$

(a)   (b)

$$l = \frac{(2n-1)}{4}\lambda_r \qquad\qquad l = \frac{n\lambda_r}{2}$$

$$\gamma = \alpha + j\beta \qquad\qquad\qquad \gamma = \alpha + j\beta$$

$$Z_c \qquad\qquad\qquad\qquad Z_c$$

(c)   (d)

Figure. 3.3. Principaux types de résonateurs à lignes de transmission $n = 1, 2\ldots$
(avec α: constante d'affaiblissement et β: constante de phase)

Nous tâcherons dans ce qui suit, d'appliquer la M.A.D.S pour la modélisation en mode hybride des résonateurs microstrip (fig. 3.4) et à fentes (fig. 3.5), gravés sur des substrats anisotropes en configuration multicouche. Ceci se fera à travers le calcul des fréquences de résonance et de la longueur excédentaire qui tient compte des effets de bord.

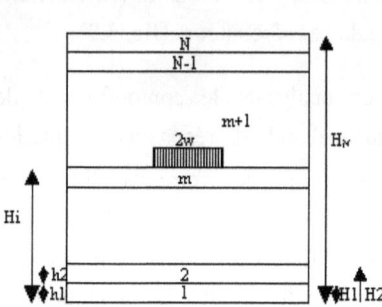

Figure.3.4a Vue de face d'un résonateur microruban

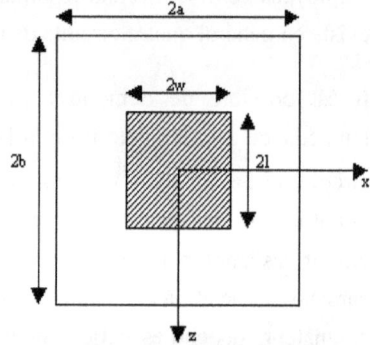

Figure3.4b Vue de dessus

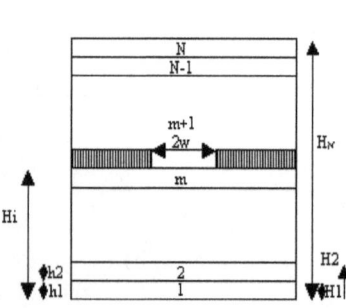

Figure. 3.5a Vue de face d'un résonateur à fente

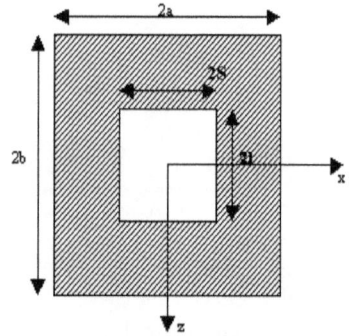

Figure. 3.5b Vue de dessus

3.8.1. Résonateurs microstrip

La plupart des circuits hyperfréquences contiennent naturellement des discontinuités qui apparaissent dans les régions de courbures, de changements de largeur, de transitions et de sections ouvertes terminées abruptement. Ce dernier type de discontinuité est omniprésent dans les résonateurs microstrip. Ces discontinuités engendrent des capacités et des inductances parasites très petites, mais dont les réactances deviennent importantes aux fréquences élevées. Parmi ces discontinuités, nous nous intéresserons au circuit ouvert [1].

3.8.1.1. Circuit Ouvert

Il existe essentiellement 3 phénomènes associés au circuit ouvert (fig. 3.6).

1- des champs marginaux s'étendent au-delà de l'extrémité physique de la bande métallique, ce phénomène peut être expliqué en supposant une capacité équivalente connectée sur l'extrémité ouverte.

2- des ondes de surface seront envoyées à partir de l'extrémité de la bande.

3- de l'énergie sera rayonnée à partir de l'extrémité ouverte.

Le phénomène (1) peut être décrit PAR une capacité équivalente "C_{co}" connectée sur l'extrémité ouverte (fig. 3.7). Il est possible de tenir compte de cet effet capacitif à l'aide d'une longueur de ligne excédentaire de longueur "Δl".

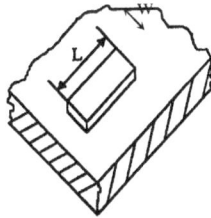

Figure. 3.6 Vue en perspective d'un circuit ouvert.

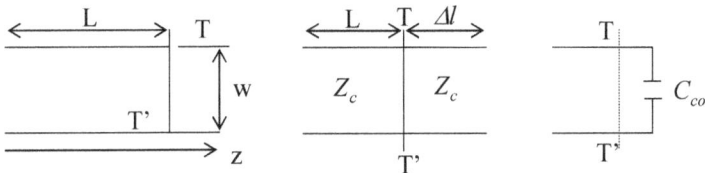

Figure. 3.7 Circuit ouvert et son schéma équivalent.

Les phénomènes (2) et (3) exigent une conductance de shunt équivalente sur l'extrémité ouverte de la ligne.

3.8.1.2. Longueur équivalente due à l'effet de bord

- *Mode de calcul en régime quasi-statique*

Dans de nombreux aspects de la conception de circuits, il est utile de supposer que le résonateur microstrip est un peu plus long que dans la réalité pour tenir compte de l'effet de bord. Nous pouvons alors traiter complètement tous les cas de structures réparties et nous n'avons pas besoin de travailler séparément en terme de capacité globale. Ce concept est illustré dans la figure 3.7. Il est alors possible de définir la longueur équivalente due à l'effet de bord.

Δl est le prolongement du plan d'extrémité physique jusqu'au plan d'extrémité final ouvert électriquement. Il faut remarquer que la ligne de longueur Δl doit être un prolongement exact de la ligne principale : même impédance caractéristique Z_c, même rapport (w/h) et une permittivité effective ε_{eff} identique.

L'impédance d'entrée de la longueur de ligne supplémentaire est donnée par le résultat type d'une ligne terminée sur un circuit ouvert [69] :

$$X = -jZ_c \cot\left(\beta \Delta l\right) \tag{3.44}$$

La réactance capacitive due à C_{co} est alors:

$$X = \frac{1}{j\omega C_{co}} \tag{3.45}$$

pour réaliser l'équivalence, il faut identifier (3.44) à (3.45), ce qui donne :

$$\frac{1}{\omega C_{co}} = \frac{Z_c}{\tan\left(\beta \Delta l\right)} \tag{3.46}$$

Puisque $\Delta l \ll \lambda_g$, l'approximation des petits angles $(tan\,\beta\Delta l) \approx \beta\Delta l$ peut être appliquée si bien que l'équation (3.46) devient :

$$\frac{1}{\omega C_{co}} \approx \frac{Z_c}{\beta\Delta l} \approx \frac{Z_c\lambda_g}{2\pi\Delta l} \qquad (3.47)$$

Cette équation peut être réécrite comme

$$\frac{1}{\omega C_{co}} = \frac{cZ_c}{\omega\sqrt{\varepsilon_{eff}}\,\Delta l} \qquad (3.48)$$

avec c la vitesse de la lumière dans le vide.

Soit, finalement :

$$\Delta l = \frac{cZ_cC_{co}}{\sqrt{\varepsilon_{eff}}} \qquad (3.49a)$$

ou encore :

$$\Delta l = \frac{C_{co}}{C} \qquad (3.49b)$$

C étant la capacité linéique de la ligne infiniment longue donnée par:

$C = \dfrac{\sqrt{\varepsilon_e}}{cZ_c}$, où ε_e désigne la permittivité effective.

- *Mode de calcul en mode hybride*

Afin de tenir compte de l'effet d'ouverture du patch aux extrémités du résonateur, il est commode de supposer que la ligne est un peu plus longue que la réalité. Lors de la conception, pour compenser l'effet de cette discontinuité, il faut extraire la longueur excédentaire de la longueur effective de la ligne. Pour déterminer cette longueur excédentaire en régime dispersif, il faut procéder de la façon suivante [70] :

Tout d'abord, calculer les caractéristiques de dispersion d'une ligne infiniment longue avec les mêmes dimensions transverses que celles du résonateur. A partir de la relation de dispersion, la longueur d'onde λ_g est obtenue à la fréquence de résonance du résonateur de longueur l. Considérer ensuite un résonateur microruban à circuit ouvert dont la longueur est remplacée par l' au lieu de l initialement.

Déterminer enfin, la longueur hypothétique l' à partir de la condition de résonance d'une ligne ouverte i.e., $l' = \lambda_g/2$. La longueur excédentaire qui tient compte de l'effet de bord est alors calculée par :

$$2(\Delta l) = l - l' \tag{3.50}$$

3.8.2. Résonateurs à fentes

Le résonateur à fente est l'élément de base dans la conception des filtres en technologie finline. Il est également utilisé dans d'autres circuits en ondes millimétriques tels que les oscillateurs et les mélangeurs. Le modèle de résonateur le plus généralement utilisé est une fente rectangulaire de largeur uniforme. La résonance la plus basse se produit lorsque la longueur électrique du résonateur devient égale à la moitié de la longueur d'onde guidée de la ligne à ailette [70]. La longueur physique est légèrement plus courte que la longueur électrique en raison des effets de bords.

3.8.2.1 Différents types de résonateurs à fentes

La figure 3.8 donne le schéma d'un résonateur à fente rectangulaire dans le plan E. En plus de ce modèle souvent utilisé, plusieurs autres modèles de résonateurs peuvent être employés en pratique pour réaliser des fonctions électroniques spécifiques (fig. 3.9). Par exemple, le modèle en forme Dumbbell (fig. 3.9a) ainsi que le modèle en forme H (fig. 3.9b) permettent, pour une fréquence de résonance donnée, de raccourcir la longueur excédentaire du résonateur par rapport au modèle à fente rectangulaire.

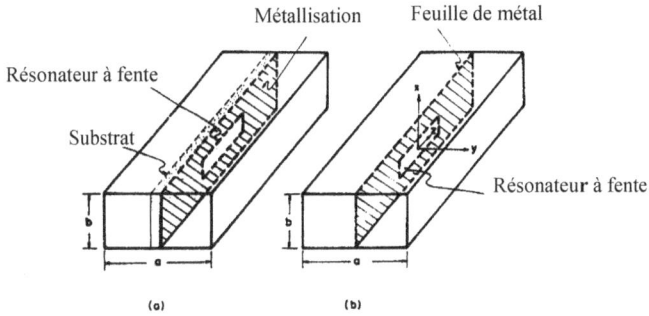

Figure.3.8 Vue en perspective d'un résonateur à fente [69], (a) Ligne à ailettes, (b) plan-E.

Ces deux types de résonateurs ainsi que le modèle en U (fig. 3.9c) sont employés dans les circuits ayant des contraintes d'espace. Les résonateurs symétriques et asymétriques (fig. 3.9d-e) peuvent être employés comme éléments de transformateurs d'impédances aux terminaisons des filtres multi-résonants.

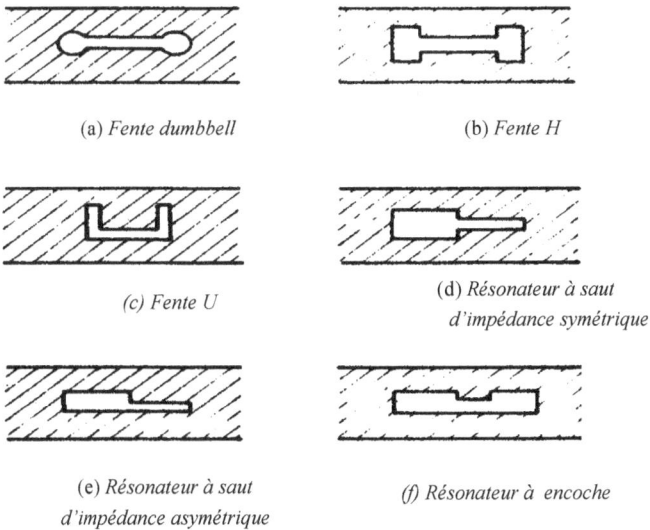

(a) *Fente dumbbell*

(b) *Fente H*

(c) *Fente U*

(d) *Résonateur à saut d'impédance symétrique*

(e) *Résonateur à saut d'impédance asymétrique*

(f) *Résonateur à encoche*

Figure. 3.9 Différents modèles de résonateur à fente rectangulaire [69].

Le résonateur à encoche (fig. 3.9f) sert à ajuster la valeur de la fréquence de résonance. Tous ces modèles offrent une flexibilité supplémentaire dans la conception des circuits micro-ondes.

3.8.2.2. Longueur excédentaire en mode hybride

Pour le calcul de la longueur excédentaire d'un résonateur à fente en régime dispersif, nous procédons de la façon suivante :

Pour une longueur de patch l fixée, la fréquence de résonance d'une ligne à ailettes infiniment longue est calculée avec les mêmes dimensions transverses du résonateur. A partir de la relation de dispersion, la longueur d'onde λ_g est obtenue à la fréquence de résonance du résonateur de longueur l. Nous considérons ensuite, un résonateur à fente à circuit ouvert dont la longueur l est remplacée par l'.

La longueur hypothétique l' est déterminée à partir de la condition de résonance d'une ligne ouverte, i.e., $l' = \lambda_g/2$.

La longueur excédentaire Δl est finalement évaluée selon:

$$\Delta l = \left(\lambda_g/2 - l \right)/2 \qquad (3.52)$$

3.8.3. Calcul des fréquences de résonance

Les fonctions de Green présentent les mêmes expressions que celles obtenues dans le cas des circuits analysés précédemment sauf que la constante de phase joue également le rôle de variable spectrale supplémentaire due au passage du domaine spatial *(x,y,z)* vers le domaine spectral *(α_n, y, β)*. Le système d'équations à résoudre (3.15), comprend toujours 4 inconnues : les composantes tangentielles du champ électrique ($\tilde{E}_x$ et $\tilde{E}_z$) et celles de la densité de courant ($\tilde{J}_x$ et $\tilde{J}_z$) et ce, en tenant compte des contraintes imposées à la distribution des courants et des champs sur l'interface métallisée.

Dans le cas de résonateurs à rubans, il est préférable de modéliser le courant sur les métallisations, par contre, pour les résonateurs à fentes, une modélisation du champ électrique sur les fentes est plus indiquée. Les fonctions de base, choisies pour le courant (résonateur microstrip) s'écrivent comme suit [71]:

$$J_{x,p}(x,z) = A_p(x) \; B_p(z)$$

$$J_{z,q}(x,z) = C_q(x) \; D_q(z)$$

et pour le champ électrique (résonateurs à fentes):

$$E_{x,p}(x,z) = A'_p(x) \; B'_p(z)$$

$$E_{z,q}(x,z) = C'_q(x) \; D'_q(z)$$

telles que:

Tab. IV.2 Table des fonctions de base: cas des résonateurs

	$C_p(x)$	$D_q(z)$	$A_p(x)$	$B_p(z)$
Résonateur microruban	$\dfrac{sin\left(\dfrac{2q\pi x}{w}\right)}{\sqrt{1-\left(\dfrac{2x}{w}\right)^2}}$	$sin\left(\dfrac{(2q-1)\pi z}{L}\right)$	$\dfrac{cos\left(\dfrac{2(p-1)\pi x}{w}\right)}{\sqrt{1-\left(\dfrac{2x}{w}\right)^2}}$	$cos\left(\dfrac{(2p-1)\pi z}{L}\right)$
	$C'_q(x)$	$D'_q(z)$	$A'_p(x)$	$B'_p(z)$
Résonateur à fente	$\dfrac{cos\left(\dfrac{2q\pi x}{s}\right)}{\sqrt{1-\left(\dfrac{2x}{s}\right)^2}}$	$cos\left(\dfrac{(2q-1)\pi z}{L}\right)$	$\dfrac{sin\left(\dfrac{2(p-1)\pi x}{s}\right)}{\sqrt{1-\left(\dfrac{2x}{s}\right)^2}}$	$sin\left(\dfrac{(2p-1)\pi z}{L}\right)$

L'application de la technique de Galerkin au système d'équations (3.15) pour les résonateurs à rubans [71] permet d'aboutir au système d'équations algébriques suivant:

$$\sum_{p=1}^{P} C_{p,q'}^{1,1}(\beta).a_p + \sum_{q=1}^{P} C_{p,q'}^{1,2}(\beta).b_q = 0 \qquad (3.53a)$$

$$\sum_{p=1}^{P} C_{p,q'}^{2,1}(\beta).a_p + \sum_{q=1}^{Q} C_{p,q'}^{2,2}(\beta).b_q = 0 \qquad (3.53b)$$

sachant que:

$$\begin{cases} C_{p,q'}^{1,1}(\alpha_n,\beta) = \sum_n \sum_m G_{11}(\alpha_n,\beta_m).\tilde{J}_{x,p}.\tilde{J}_{z,q'}^* \\ C_{q,q'}^{1,2}(\alpha_n,\beta) = \sum_n \sum_m G_{12}(\alpha_n,\beta_m).\tilde{J}_{z,q}.\tilde{J}_{z,q'}^* \end{cases} \quad \begin{cases} C_{p,p'}^{2,1}(\alpha_n,\beta) = \sum_n \sum_m G_{21}(\alpha_n,\beta_m).\tilde{J}_{x,p}.\tilde{J}_{x,p'}^* \\ C_{q,p'}^{2,2}(\alpha_n,\beta) = \sum_n \sum_m G_{22}(\alpha_n,\beta_m).\tilde{J}_{z,q}.\tilde{J}_{x,p'}^* \end{cases}$$

Tandis que pour les résonateurs à fentes, nous avons :

$$\begin{cases} C_{p,q'}^{1,1}(\alpha_n,\beta) = \sum_n \sum_m Y_{11}(\alpha_n,\beta_m).\tilde{E}_{x,p}.\tilde{E}_{z,q'}^* \\ C_{q,q'}^{1,2}(\alpha_n,\beta) = \sum_n \sum_m Y_{12}(\alpha_n,\beta_m).\tilde{E}_{z,q}.\tilde{E}_{z,q'}^* \end{cases} \quad \begin{cases} C_{p,p'}^{2,1}(\alpha_n,\beta) = \sum_n \sum_m Y_{21}(\alpha_n,\beta_m).\tilde{E}_{x,p}.\tilde{E}_{x,p'}^* \\ C_{q,p'}^{2,2}(\alpha_n,\beta) = \sum_n \sum_m Y_{22}(\alpha_n,\beta_m).\tilde{E}_{z,q}.\tilde{E}_{x,p'}^* \end{cases}$$

Les indices n et m désignent les indices spectraux selon les directions x et z respectivement. Les fréquences de résonance sont obtenues en annulant le déterminant de la matrice $[C(\omega,\beta)]$.

Les résultats obtenus pour le calcul des fréquences de résonance des résonateurs microstrip et à fentes en configuration multicouche sur substrats anisotropes [71] seront présentés dans le chapitre 5.

3.9. Prise en compte de l'influence de l'épaisseur des métallisations: Application aux supraconducteurs

Les effets dus à l'épaisseur des métallisations peuvent devenir significatifs en hyperfréquences. Nous essayerons dans ce chapitre de développer cette étude tout en préservant les avantages inhérents à la MADS. Ceci nous amènerait ainsi à transposer cette méthode aux supraconducteurs en procédant au préalable à quelques menus adaptatifs et tirer en conséquence, tous les bénéfices de la supraconductivité.

3.9.1. Position de problème

L'avènement de nouvelles technologies des circuits intégrés nécessite le développement de nouvelles méthodes d'analyse. Celles-ci sont actuellement très nombreuses, parmi lesquelles la MADS qui est l'une des plus performantes. Pour que cette technique soit efficace, elle doit tenir compte de l'influence des métallisations réelles c'est à dire de l'épaisseur et de la conductivité finies des rubans conducteurs. Négliger cette épaisseur peut poser des erreurs importantes lors de la conception de ces circuits. Si l'hypothèse des lignes infiniment minces et infiniment conductrices est largement justifiée dans les circuits hybrides où l'épaisseur des rubans métalliques (comprise entre 5 et 20 μm) est négligeable devant leur largeur (quelques centaines de μm), il n'en est pas de même pour les circuits intégrés monolithiques où les dimensions des rubans deviennent comparables (typiquement : épaisseur < 3 μm et largeur quelques μm).

En fait, la densité de courant dans les conducteurs est concentrée dans une fine couche appelée épaisseur de peau, du côté de la surface exposée au champ électrique. Dans les rubans conducteurs, cette densité n'est pas uniforme dans le plan transversal à cause de la largeur et de la conductivité finie du ruban. L'allure de la distribution de la densité de courant dans un ruban imparfait est présentée sur la figure 3.10 [72], le courant croît très vite aux bords les pertes de peau deviennent très élevées [73].

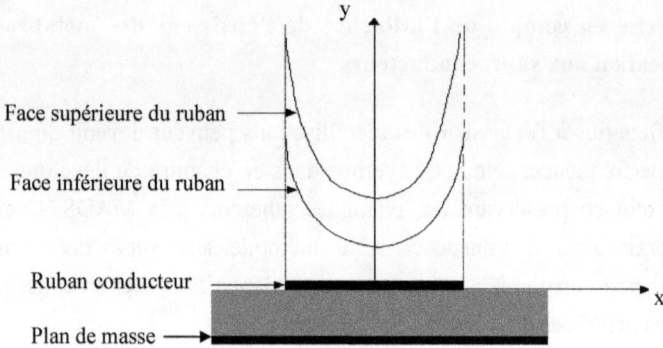

Figure. 3.10 Distribution de courant dans le ruban conducteur

Les pertes engendrées par les conducteurs ont une contribution prédominante dans l'atténuation de l'onde du fait qu'elles dépendent de l'épaisseur de peau (ou de la résistance surfacique de conducteur). De plus, il existe des pertes par rayonnement dues à la présence des champs électriques à l'interface air-conducteur. Pour les éviter, il faut que l'épaisseur du ruban soit supérieure à environ trois fois l'épaisseur de peau δ donnée par [73]:

$$\delta = \frac{1}{\sqrt{\pi f \mu \sigma}}$$

f étant la fréquence et μ la perméabilité. A titre d'exemple, l'épaisseur de peau pour un ruban en or dans une ligne microstrip sur GaAs, est de 0.61µm pour une fréquence de 10 GHz. Cela exige une épaisseur de ruban supérieure à 1.83 µm, ce qui est difficile à réaliser dans un circuit monolithique. Pour cela, il faut une méthode rigoureuse qui tienne compte des métallisations réelles dans les circuits monolithiques (épaisseur non nulle, conductivité finie).

3.9.2. Vue d'ensemble sur la supraconductivité

Depuis la découverte au début du siècle dernier de la supraconductivité, de nouveaux horizons se sont ouverts susceptibles d'entrainer des changements majeurs dans notre mode de vie actuel. De nombreux laboratoires de par le monde se sont investis dans la recherche et la mise au point des supraconducteurs. La supraconductivité a connu plusieurs périodes correspondant aux divers axes de recherche, dont il est possible de dégager deux étapes cruciales: avant et après 1986. Il est important pour pouvoir comprendre les différents résultats et théories obtenus jusqu'à présent, de les placer dans leur contexte historique compte tenu des quelques divergences que peuvent présenter quelques unes.

3.9.2.1. Définition de la supraconductivité

La supraconductivité est un phénomène observé sur certains métaux, alliages ou céramiques, au-dessous d'une certaine température critique. Elle se manifeste par deux effets spectaculaires : l'annulation de la résistance électrique (le matériau conduit l'électricité sans pertes) et l'expulsion des lignes de champ magnétique ou effet Meissner (fig. 3.11) au dessous d'un seuil critique Hc. En effet des courants superficiels induits sur l'échantillon créent un champ magnétique opposé au champ appliqué de manière à annuler le champ interne (fig. 3.11).

L'effet Meissner [74] permet à un supraconducteur, placé dans un champ magnétique, de léviter ; le supraconducteur est dans ce cas, un matériau *diamagnétique* parfait. Le moment magnétique $\vec{M}$ du supraconducteur s'oppose au champ $\vec{H}$ $(\vec{M} = -\vec{H})$. Mais dès les premières expériences, les chercheurs ont démontré que la supraconductivité disparaît à une certaine valeur de champ magnétique *Hc,* dite critique, et de courant critique Jc. Outre la T_c, deux autres facteurs limitant étaient découverts (fig. 3.12). Un matériau n'est donc supraconducteur que dans certaines conditions :

- la température doit être inférieure à la température critique Tc
- le champ magnétique appliqué doit être inférieur à une certaine valeur Hc
- la densité de courant appliqué doit être inférieure à la densité de courant critique Jc.

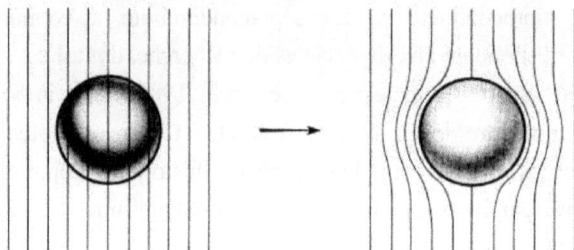

Figure. 3.11 Effet Meissner dans une sphère supraconductrice refroidie dans un champ magnétique constant. En franchissant la température de transition, les lignes d'induction B sont éjectées de la sphère.

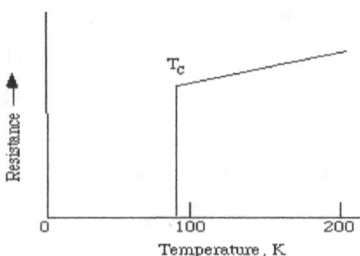

Figure. 3.12a Disparition de la résistance électrique en dessous de la température Tc

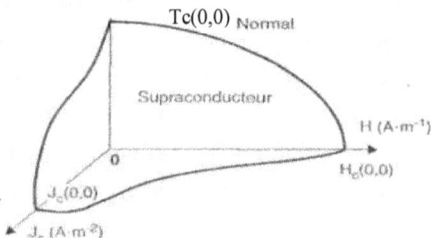

Figure. 3.12b Surface critique délimitant la région où existe la supraconductivité

Il existe différents types de supraconducteurs ; leur classification dépend de deux des trois paramètres essentiels à la supraconductivité : le courant critique J_c et le champ critique H_c. Ces paramètres critiques fixent une limite au-delà de laquelle le matériau perd ses performances supraconductrices.

3.9.2.2. Intérêt des supraconducteurs : Applications aux hyperfréquences

De nos jours, les supraconducteurs sont de plus en plus utilisés en hyperfréquences, vu l'énorme avantage que procurent ses derniers dans ce domaine. Nous allons dans ce qui suit en présenter quelques unes liées à la circuiterie micro-onde.

Transmission d'impulsions

Pour les fréquences où la résistance de surface des supraconducteurs est très inférieure à celle d'un métal normal, il est possible de fabriquer des lignes présentant un affaiblissement très faible [75]. Des mesures réalisées au moyen de lignes coplanaires de Niobium ont montré par exemple que l'amplitude d'un champ électrique à 500 GHz était dix fois moins atténuée (sur 3 mm) à 2,6° K (la température critique du niobium étant de 9,2° K) que pour le cuivre. Nous noterons par ailleurs que, contrairement à ce qui se passe pour un conducteur normal, la profondeur de pénétration dans un supraconducteur est une grandeur caractéristique d'un matériau à une température donnée, elle ne dépend pas de la fréquence. Or cette dépendance en fréquence de l'effet de peau dans un métal normal est une cause importante de dispersion dans les lignes de transmission. Ainsi, le fait que les lignes supraconductrices présentent effectivement une dispersion très faible, va permettre de transmettre des signaux impulsionnels avec un minimum de déformation.

Lignes à retard

Les lignes à retard sont utilisées pour stocker un signal en attendant d'en effectuer le traitement [75]. Il est donc important qu'elles introduisent les plus faibles distorsions et atténuations possibles à ce signal. L'intérêt des supraconducteurs pour de tels composants réside donc dans leurs propriétés de faibles pertes et de non dispersion. Lorsqu'il faut atteindre, dans la gamme de fréquences de quelques GHz, des valeurs élevées de retard (de l'ordre de 100 ns et plus), les lignes coaxiales classiques présentent un niveau de pertes si élevé qu'il est indispensable de leur adjoindre des amplificateurs large bande et faible bruit pour compenser l'atténuation du signal. Cela rend le système plus complexe et plus coûteux. Il y a donc là une opportunité pour l'introduction des lignes à retard à supraconducteurs pour faire l'économie d'amplificateurs.

Filtres

Au-dessus de la centaine de MHz, certaines géométries de films minces supraconducteurs sont utilisées comme filtres hyperfréquences à bande étroite [75]. Fabriqués en Niobium, ils sont utilisés dans les radars et en télécommunications. Plus récemment, de nombreux travaux ont été réalisés avec des céramiques supraconductrices à haute température critique. Des comparaisons ont été faîtes entre les performances de filtres en Niobium et en YBaCuO dans la même géométrie ; il s'agissait de plaquettes ne dépassant pas deux centimètres, alors qu'un filtre hyperfréquence classique de performances comparables serait formé de cavités considérablement plus volumineuses. Les filtres ainsi obtenus présentent une bande de fréquence située entre 4.1 et 4.3 GHz [75]. De plus, ils sont accordables au moyen de la température, du fait de la dépendance en température de la profondeur de pénétration.

Antennes

Les antennes supraconductrices présentent un rendement proche de 100% alors que les antennes en métal normal ont habituellement un rendement d'environ 50%. Dans l'évaluation des pertes, il convient toutefois de tenir compte également du circuit d'adaptation d'impédance, plutôt que d'une antenne isolée. Actuellement, la tendance est donc d'adapter l'impédance de l'antenne au moyen d'un circuit dont les connexions (comportant des lignes de transmission) sont également supraconductrices.

De même, dans le cas d'un réseau d'antennes conçu pour obtenir une forte directivité, les déphaseurs et les atténuateurs (qui permettent de pondérer, en phase et en amplitude, les composantes du signal émis ou reçu par chaque antenne individuelle), peuvent être formés d'éléments supraconducteurs. C'est ainsi que deux antennes hélicoïdales de mêmes dimensions, l'une en cuivre et l'autre en YBaCuO, équipées de leur circuit d'adaptation, ont été fabriquées et comparées: la différence de gain était de 6dB en faveur du dispositif supraconducteur [76].

3.9.3. Application de la M.A.D.S aux circuits supraconducteurs infiniment minces (t =0)

En 1935, les frères London [77] ont donné une autre explication de l'effet Meissner : un champ magnétique pénétrant un supraconducteur est atténué de façon exponentielle. Ce champ magnétique ne pénètre que sur une certaine distance λ_L dite longueur de pénétration. Cette observation est valable pour des champs magnétiques continus et alternatifs.

L'approche développée par les frères London [77] a permis d'expliquer le comportement électromagnétique des supraconducteurs connus à leur époque, c'est-à-dire ceux du premier type. Ce n'est que plus tard, qu'elle s'est révélée être mieux adaptée aux supraconducteurs de deuxième type. Cela a donné à cette théorie un champ d'application beaucoup plus vaste qu'il n'était prévisible, de sorte qu'elle soit utilisée, aujourd'hui encore, pour rendre compte de certaines propriétés des supraconducteurs à haute température critique.

L'extension proposée de la *M.A.D.S* aux circuits supraconducteurs est basée sur la théorie de London. Il est à noter que, pour simplifier notre démarche, nous n'allons pas tenir compte dans cette section de l'épaisseur des métallisations. Ce paramètre sera néanmoins considéré dans la section suivante.

3.9.3.1. Analyse électromagnétique des supraconducteurs

Dans un état normal, la conductivité, liée au champ électrique et à la densité de courant par la relation $\vec{j} = \sigma \vec{E}$, est conditionnée par la fréquence d'interaction des électrons libres avec le réseau dans lequel ils se déplacent. Elle est donc proportionnelle au libre parcours moyen des électrons. Dans un réseau parfait, en abaissant la température, le libre parcours moyen et la conductivité augmentent d'une façon continue. Dans un métal supraconducteur, la conductivité varie brusquement pour une température caractéristique du matériau appelée température critique T_c. Au-dessous de T_c, la résistivité est voisine de zéro. La relation $\vec{j} = \sigma \vec{E}$ n'est plus vérifiée pour tous les électrons.

Les frères London [77] ont proposé un modèle phénoménologique (modèle à deux fluides) pour caractériser les supraconducteurs. Le courant électrique dû à la supraconduction j_s peut être relié au champ électrique $\vec{E}$ selon:

$$\frac{d\vec{j_s}}{dt} = \frac{n_s q_s^{\,2}}{m_s} \vec{E} \qquad (3.54)$$

où m_s est la masse des particules supraconductrices (présentées plus tard par la théorie *BCS* [78] comme étant les paires de Cooper), n_s est le nombre de supercharges (responsables de la supraconductivité) par unité de volume et q_s leur charge.

Nous remarquons qu'en continu, le champ électrique est nul suivant la direction du courant. En alternatif, l'apparition du champ électrique va accélérer les *super-électrons* ainsi que les électrons normaux (présents en proportion variable selon la température), ceci est à l'origine des pertes. Elles deviennent importantes aux fréquences élevées.

En régime sinusoïdal de pulsation ω, l'expression (3.54) devient :

$$\vec{j_s} = \frac{n_s q_s^{\,2}}{j\omega\, m_s} \vec{E} \qquad (3.55)$$

qui peut aussi s'écrire :

$$\vec{j}_s = \frac{\vec{E}}{j\ \omega\ \mu_0\ \lambda_L^2} \qquad (3.56)$$

où le paramètre λ_L désigne la longueur de pénétration de London dont l'expression est donnée par :

$$\lambda_L = \sqrt{\frac{m_s}{\mu_0 n_s q_s^2}}$$

Le courant est donc en quadrature de phase avec le champ électrique, le supraconducteur a un caractère selfique.

Selon le modèle à deux fluides [77], la densité de courant total peut être exprimée sous la forme suivante :

$$\vec{J} = \vec{J}_s + \vec{J}_n \qquad (3.57)$$

J_n est la densité de courant des électrons normaux liés par la relation $\vec{J}_n = \sigma_c \vec{E}$.

En appliquant la transformée de Fourier à (3.57), il vient:

$$\tilde{J} = \tilde{j}_s + \sigma_c \tilde{E} \qquad (3.58a)$$

avec : $$\sigma_c = \sigma_n \left(\frac{T}{T_c}\right)^4 \qquad (3.58b)$$

σ_n : est la conductivité de l'état conducteur normal à une température $T=T_c$

T_c : représente la température critique au dessus de laquelle le matériau perd sa supraconductivité

En combinant l'équation (3.55) dans (3.58a), il vient :

$$\tilde{J} = \left(\sigma_n \left(\frac{T}{T_c}\right)^4 + \frac{1}{j\ \omega\ \mu_0\ \lambda_L^2(T)}\right)\tilde{E} = \sigma.\tilde{E} \qquad (3.59)$$

avec
$$\sigma = \sigma_n \left(\frac{T}{T_c} \right)^4 + \frac{1}{j \, \omega \, \mu_0 \, \lambda_L^2(T)} \qquad (3.60)$$

sachant que $\lambda_L(T)$ est donné par l'expression suivante :

$$\lambda_L(T) = \lambda_L(0) \sqrt{\left(\frac{1}{1-g^4} \right)} \qquad \text{avec} \quad g = \frac{T}{T_c} \qquad (3.61)$$

et
$$n_s(T) = n\left(1 - g^4\right) \qquad (3.62)$$

En substituant ensuite l'équation (3.61) dans (3.60), il vient:

$$\sigma = \sigma_n \left(\frac{T}{T_c} \right)^4 + \frac{1 - \left(\frac{T}{T_c} \right)^4}{j \, \omega \, \mu_0 \, \lambda_L^2(0)} \qquad (3.63)$$

telle que $\lambda_L(0)$ est la profondeur de pénétration de London à une température T = 0° K.

3.9.3.2. Modifications apportées à la MADS pour la prise en compte de la supraconductivité

Dans le but de tenir compte de la supraconductivité des rubans dans le processus de résolution de la méthode d'A.D.S, tout en préservant ses grandes lignes directrices, nous devons introduire des changements qui ne doivent en aucun cas en modifier le principe général. Ceci a été rendu possible par l'application de la théorie de London sur la supraconductivité.

De l'équation (3.58), nous obtenons :

$$\tilde{E}_z = \frac{1}{\sigma} \tilde{J}_z \qquad (3.64a)$$

$$\tilde{E}_x = \frac{1}{\sigma} \tilde{J}_x \qquad (3.64b)$$

Les produits scalaires (3.40) deviennent alors :

$$\left\langle \tilde{E}_z, \tilde{J}_{z,q'} \right\rangle = \left\langle \tilde{J}_z \frac{1}{\sigma}, \tilde{J}_{z,q'} \right\rangle = \frac{1}{\sigma} \sum_n \tilde{J}_z \ \tilde{J}_{z,q'}^* \qquad \text{ou encore :}$$

$$\left\langle \tilde{E}_z, \tilde{J}_{z,q'} \right\rangle = \sum_q b_q \sum_n \frac{1}{\sigma} \ \tilde{J}_{zq} \ \tilde{J}_{z,q'}^* \qquad\qquad (3.65a)$$

$$\left\langle \tilde{E}_x, \tilde{J}_{x,p'} \right\rangle = \left\langle \tilde{J}_x \frac{1}{\sigma}, \tilde{J}_{x,p'} \right\rangle = \frac{1}{\sigma} \sum_n \tilde{J}_x \ \tilde{J}_{x,p'}^* \qquad \text{ou encore :}$$

$$\left\langle \tilde{E}_x, \tilde{J}_{x,r'} \right\rangle = \sum_p a_p \sum_n \frac{1}{\sigma} \ \tilde{J}_{xp} \ \tilde{J}_{x,p'}^* \qquad\qquad (3.65b)$$

Le système d'équations (3.41) se transforme en:

$$\sum_{p=1}^{P} C_{p,p'}^{11}(\beta) a_p + \sum_{q=1}^{Q} C_{q,p'}^{12}(\beta) b_q = 0 \qquad ; \text{p'} = 1,..P \qquad (3.66a)$$

$$\sum_{p=1}^{P} C_{p,q'}^{21}(\beta) a_p + \sum_{q=1}^{Q} C_{q,q'}^{22}(\beta) b_q = 0 \qquad ; \text{q'} = 1,.. Q \qquad (3.66b)$$

dans lequel :

$$C_{p,p'}^{11}(\alpha_n, \beta) = \sum_n G_{11}(\alpha_n, \beta) \ \tilde{J}_{x,p}(x) \ \tilde{J}_{x,p'}^*(x) - k_{11} \qquad (3.67a)$$

$$C_{q,p'}^{12}(\alpha_n, \beta) = \sum_n G_{12}(\alpha_n, \beta) \ \tilde{J}_{z,q}(.x) \ \tilde{J}_{x,p'}^*(x) \qquad (3.67b)$$

$$C_{p,q'}^{21}(\alpha_n, \beta) = \sum_n G_{21}(\alpha_n, \beta) \ \tilde{J}_{x,p}(.x) \ \tilde{J}_{z,q'}^*(x) \qquad (3.67c)$$

$$C_{q,q'}^{22}(\alpha_n, \beta) = \sum_n G_{22}(\alpha_n, \beta) \ \tilde{J}_{z,q}(x) \ \tilde{J}_{z,q'}^*(x) - k_{22} \qquad (3.67d)$$

avec :

$$k_{11} = \frac{1}{\sigma} \sum_n \tilde{J}_{xp} \ \tilde{J}_{x,p'}^* \qquad\qquad (3.68a)$$

$$k_{22} = \frac{1}{\sigma} \sum_n \tilde{J}_{zq} \ \tilde{J}_{qm'}^* \qquad\qquad (3.68b)$$

où σ est donné par l'équation (3.63)

Les coefficient k_{11} et k_{22} dépendent surtout de la profondeur de London λ_L et de la température T. Ces deux paramètres donnent les modifications à apporter pour tenir compte de la supraconductivité dans le cadre de la méthode d'A.D.S. Nous obtenons un système algébrique de (P+Q) équations linéaires homogènes en fonction des (P+Q) coefficients inconnus a_p et b_q. Ce système se présente sous la forme matricielle :

$$\begin{bmatrix} C^{11}(\beta) & C^{12}(\beta) \\ C^{21}(\beta) & C^{22}(\beta) \end{bmatrix} \begin{bmatrix} a_p \\ b_q \end{bmatrix} = 0 \qquad (3.69)$$

Les solutions non triviales du système d'équations homogènes (3.69) fournissent, à une fréquence f donnée, les constantes de propagation des modes guidés par la structure. Ceci permettra de tracer le diagramme de dispersion. Les solution non triviales sont obtenues en annulant le déterminant de la matrice [C(β,ω)].

3.9.4. Prise en compte de l'influence des épaisseurs des métallisations

Pour la majorité des circuits planaires, l'effet de l'épaisseur des métallisations sur les paramètres de conception est très faible. Son influence peut être négligée même si les circuits sont fabriqués en utilisant la technologie couche épaisse. Cette épaisseur peut néanmoins jouer un rôle important si les circuits sont conçus pour supporter une forte puissance ou bien que les pertes dans le conducteur soient élevées [1]. C'est le cas des circuits en technologie monolithique. L'effet de cette épaisseur se traduit par des effets de bord modifiant la distribution des champs.

Les équations de continuité sur l'interface métallisée sont exprimées en remplaçant le ruban supraconducteur par son impédance de surface, comme suit [79]:

$$\vec{n} \wedge (\vec{E}_{i+1} - \vec{E}_i) = 0 \qquad (3.70a)$$

$$\vec{n} \wedge (\vec{H}_{i+1} - \vec{H}_i) = \vec{j}_s = -\left(\frac{1}{Z_s} \right) \vec{n} \wedge (\vec{n} \wedge \vec{E}_{i+1}) \qquad (3.70b)$$

où $\vec{E}_{i+1}$ et $\vec{H}_{i+1}$ représentent les composantes du champ électrique et magnétique au dessus du ruban supraconducteur alors que $\vec{E}_i$ et $\vec{H}_i$ représentent les composantes du champ électrique et magnétique au dessous du ruban supraconducteur. Z_s est l'impédance de surface du ruban supraconducteur. Elle est exprimée dans notre cas par [80] :

$$Z_s = \sqrt{\frac{\omega\mu_0}{2\sigma}} \qquad (si \quad t > 3 \ \lambda_L) \qquad (3.71a)$$

$$Z_s = \frac{1}{t\sigma} \qquad (si \quad t < 3 \ \lambda_L) \qquad (3.71b)$$

En appliquant ces résultats à la méthode d'approche dans le domaine spectral, nous aboutissons à un changement dans les fonctions de Green. En effet, le système d'équations (3.66) devient:

$$\begin{bmatrix} E_x(\alpha_n) \\ E_z(\alpha_n) \end{bmatrix} = \begin{bmatrix} G_{11}^t(\alpha_n,\beta) & G_{12}(\alpha_n,\beta) \\ G_{21}(\alpha_n,\beta) & G_{22}^t(\alpha_n,\beta) \end{bmatrix} \begin{bmatrix} J_x(\alpha_n) \\ J_z(\alpha_n) \end{bmatrix} \qquad (3.72)$$

tels que :

$$G_{11}^t(\alpha_n,\beta) = G_{11}(\alpha_n,\beta) + Z_s \qquad (3.73a)$$

$$G_{22}^t(\alpha_n,\beta) = G_{22}(\alpha_n,\beta) + Z_s \qquad (3.73b)$$

Pour valider la théorie développée, nous présenterons dans le chapitre 5 les résultats obtenus pour le calcul du diagramme de dispersion et de la permittivité effective des circuits planaires supraconducteurs sur des substrats hybrides et monolithiques isotropes [81], [82].et anisotropes, en configuration multicouche.

3.10.   Extension aux circuits anisotropes bilatéraux (à 2 niveaux de métallisation)

3.10.1. Cas symétrique

Considérons la structure planaire anisotrope multicouche couplée bilatérale de la figure 3.13. Ce type de circuits trouve des applications très variées dans la réalisation des circuits intégrés micro-ondes notamment les filtres et les coupleurs directifs. Il a été ainsi démontré [83] que l'utilisation du couplage par faces (broadside-coupled) en technologie coplanaire était très approprié pour la conception des circuits MIC et MMIC larges bandes avec un couplage étroit, dans la mesure où elles présentent un bon rapport entre les vitesses de phase de modes pairs et impairs. Ces avantages sont aussi valables pour les filtres utilisant le couplage par faces en technologie coplanaire.

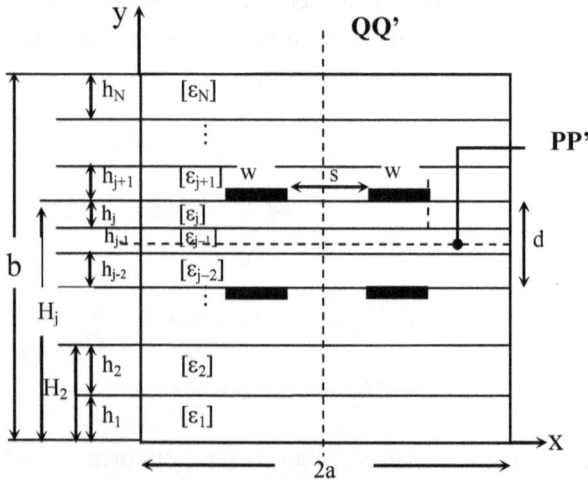

Figure. 3.15 Coupe transversale d'une structure planaire anisotrope multicouche couplée bilatérale.

Cette structure peut supporter 4 modes de propagation selon l'emplacement des murs de symétrie électriques et magnétiques dans les plans PP ' et QQ' :

- Pair-pair: QQ ' mur magnétique, PP ' mur magnétique.
- Pair-impair: QQ ' mur magnétique, PP ' mur électrique.
- Impair-pair: QQ ' mur électrique, PP ' mur magnétique.
- Impair-impair: QQ ' mur électrique, PP ' mur électrique.

Pour déterminer la permittivité effective et tracer le diagramme de dispersion de la structure à analyser, il suffit d'analyser seulement le quart de la structure avec les conditions aux limites correspondant à l'emplacement des murs de symétrie PP' et QQ' et dont la nature fixe le mode de propagation supporté par la structure.

Les composantes tangentielles du champ électrique sont nulles sur un mur électrique [Annexe A].

$$\vec{E}_{Tg} = \vec{0}$$

$$\frac{\partial \vec{H}_{Tg}}{\partial n} = \vec{0}$$

Pour un mur magnétique, qui est un concept de calcul sans existence physique, la propriété duale du mur électrique donne [Annexe A]:

$$\vec{H}_{Tg} = \vec{0}$$

$$\frac{\partial \vec{E}_{Tg}}{\partial n} = \vec{0}$$

$\vec{n}$ étant le vecteur unitaire normal à l'interface.

L'analyse de la structure de la figure 3.13 nous a permis de modéliser toute une panoplie de structures [66], [84] dont nous présenterons les résultats dans les chapitres qui suivent.

3.10.2. Cas asymétrique

Après l'application de la méthode d'approche dans le domaine spectral (M.A.D.S) pour l'étude des circuits planaires unilatéraux, nous allons nous intéresser à présent à l'extension de cette technique dans l'étude de circuits plus complexes. Les circuits planaires couplés par proximité peuvent, dans certaines applications spécifiques, être remplacés par des structures où le couplage est réalisé entre deux lignes appartenant à des niveaux de métallisation différents [83].

Ce type de circuits connaît une demande accrue en raison de la flexibilité offerte par cette configuration dans la conception des filtres et des coupleurs directifs.

Le circuit à analyser est représenté sur la figure 3.14. Il s'agit d'un circuit planaire multicouche asymétrique (par rapport au plan PP') couplé par niveaux M_1/M_2 et réalisé sur des substrats anisotropes uniaxiaux.

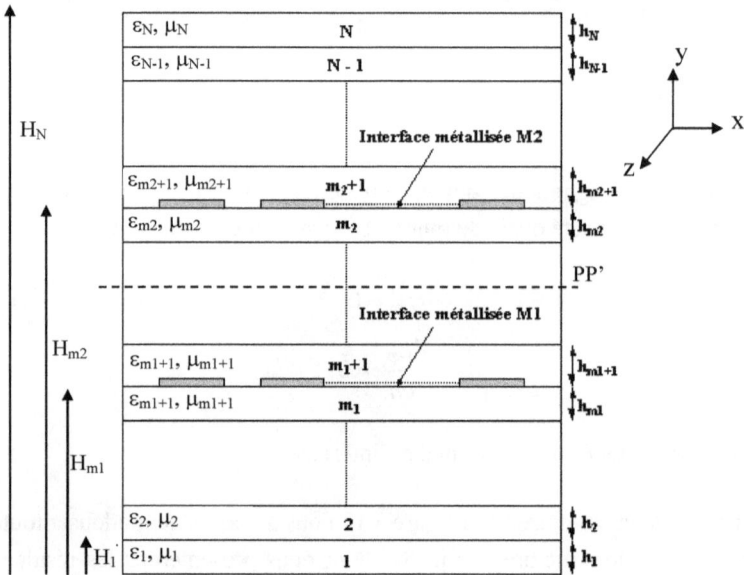

Figure. 3.14 Structure planaire multicouche à anisotropie uniaxiale couplée par niveaux M_1/M_2

L'analyse de cette structure consiste dans un premier temps à déterminer les fonctions de Green par la technique *immitance approach* [65]. Pour cela, nous établirons les circuits équivalents des modes LSE ($\tilde{E}_y = 0$) et LSM ($\tilde{H}_y = 0$). Ainsi, à titre d'exemple, les circuits équivalents respectifs des structures couplées Microstrip/Slotline (fig. 3.15a) et CPW/Slotline (fig. 3.15b) sont représentés dans les figures 3.16a et 3.16b.

Dans lesquels, les paramètres γ_i et η_i désignent respectivement les constantes de propagation fictives (selon oy) et les admittances de modes, donnés respectivement pour les modes LSE et LSM par [68]:

Mode	LSE	LSM
η_i	$\eta_i^{LSE} = \dfrac{\gamma_i^{LSE}}{j\,\omega\,\mu_{ci}}$	$\eta_i^{LSM} = \dfrac{j\,\omega\,\varepsilon_{ci}}{\gamma_i^{LSM}}$
γ_i	$\gamma_i^{LSE} = \sqrt{\dfrac{\mu_c}{\mu_y}\left(\alpha_n^2 + \beta^2 - \omega^2\,\varepsilon_c\,\mu_y\right)}$	$\gamma_i^{LSM} = \sqrt{\dfrac{\varepsilon_c}{\varepsilon_y}\left(\alpha_n^2 + \beta^2 - \omega^2\,\varepsilon_y\,\mu_c\right)}$

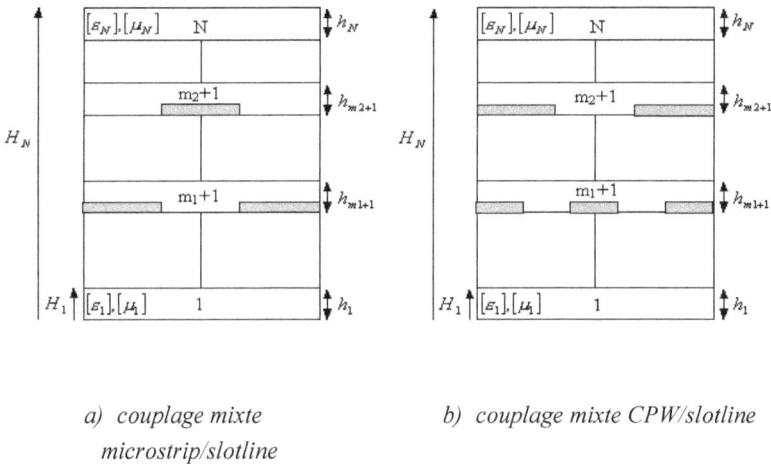

a) couplage mixte   b) couplage mixte CPW/slotline
microstrip/slotline

Figure.3.15 Structures planaires couplées par niveaux en configuration multicouche

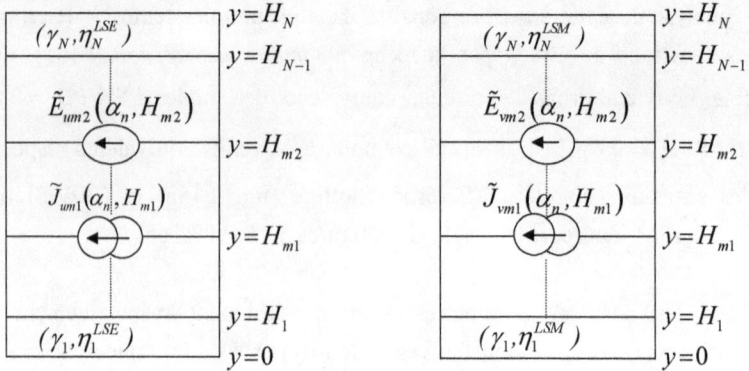

Figure.3.16a Schéma équivalent des modes LSE et LSM pour une structure couplée microstrip/slotline

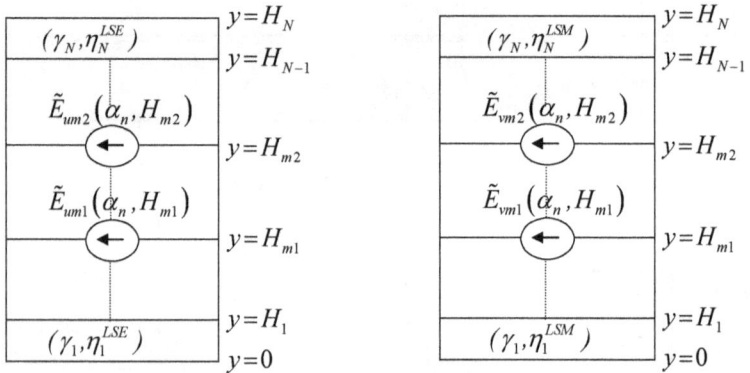

Figure. 3.16b Schéma équivalent des modes LSE et LSM pour une structure couplée CPW/slotline

Les circuits équivalents étant établis, il y a lieu de passer au calcul des fonctions de Green dyadiques suivant la nature des métallisations existantes sur les deux interfaces M_1 et M_2. Pour cela, il faut passer tout d'abord par le calcul de la matrice impédance de Green $[Z]$ dans le repère d'Itoh (u, y, v) avant de retourner au repère initial (x, y, z).

La matrice impédance de Green Z relie dans le système $(v,\ y,\ u)$ les composantes tangentielles du champ électrique à celles du courant sur les deux interfaces métallisées, comme le montre le système suivant:

$$
\begin{pmatrix}
\tilde{E}_{um1}\left(\alpha_n, H_{m1}\right) \\
\tilde{E}_{vm1}\left(\alpha_n, H_{m1}\right) \\
\tilde{E}_{um2}\left(\alpha_n, H_{m2}\right) \\
\tilde{E}_{vm2}\left(\alpha_n, H_{m2}\right)
\end{pmatrix}
=
\begin{bmatrix}
Z_{11}^{LSE} & 0 & Z_{12}^{LSE} & 0 \\
0 & Z_{11}^{LSM} & 0 & Z_{12}^{LSM} \\
Z_{21}^{LSE} & 0 & Z_{22}^{LSE} & 0 \\
0 & Z_{21}^{LSM} & 0 & Z_{22}^{LSM}
\end{bmatrix}
\begin{pmatrix}
\tilde{J}_{um1}\left(\alpha_n\right) \\
\tilde{J}_{vm1}\left(\alpha_n\right) \\
\tilde{J}_{um2}\left(\alpha_n\right) \\
\tilde{J}_{vm2}\left(\alpha_n\right)
\end{pmatrix}
\tag{3.74}
$$

Les paramètres Z_{ij} tels que $i \neq j$ (i, j = M_1 ou M_2) peuvent être interprétés comme étant les impédances mutuelles entre les niveaux métallisés *i* et *j*. Il s'agit de la relation qui relie le champ observé à l'interface *i*, au courant crée à l'interface *j*.

Dans ce qui suit, nous allons calculer les éléments de la matrice Z dans le système $(v,\ y,\ u)$ en appliquant le théorème de superposition.

3.10.2.1. Calcul des éléments de la matrice impédance Z de Green

A. Cas des modes LSE

Pour ce mode, il s'agira de déterminer les éléments de la matrice impédance de Green selon le système suivant :

$$
\begin{pmatrix}
\tilde{E}_{um1}\left(\alpha_n, H_{m1}\right) \\
\tilde{E}_{um2}\left(\alpha_n, H_{m2}\right)
\end{pmatrix}
=
\begin{bmatrix}
Z_{11}^{LSE} & Z_{12}^{LSE} \\
Z_{21}^{LSE} & Z_{22}^{LSE}
\end{bmatrix}
.
\begin{pmatrix}
\tilde{J}_{um1}\left(\alpha_n\right) \\
\tilde{J}_{um2}\left(\alpha_n\right)
\end{pmatrix}
\tag{3.75}
$$

Pour un courant nul sur l'interface 1 (absence de M_1), il y a lieu de calculer les impédances Z_{22}^{LSE} et Z_{12}^{LSE}. La configuration géométrique obtenue est celle d'une structure planaire multicouche à un seul plan de métallisation localisé en M_2 (à y = H_{m2}).

Pour un courant nul sur l'interface 2 (absence de M_2), il y a lieu de déterminer les impédances Z_{11}^{LSE} et Z_{21}^{LSE}. La configuration géométrique obtenue est celle d'une structure planaire multicouche à un seul plan de métallisation localisé en M_1 (à $y = H_{m1}$).

A.1. Calcul des impédances propres à chaque interface métallisée Z_{22}^{LSE} et Z_{11}^{LSE}

Les impédances Z_{11}^{LSE} et Z_{22}^{LSE} sont définies respectivement par les expressions suivantes :

$$Z_{11}^{LSE} = \left. \frac{\tilde{E}_{um1}(\alpha_n, H_{m1})}{\tilde{J}_{um1}} \right|_{\tilde{J}_{um2}=0} \tag{3.76}$$

$$Z_{22}^{LSE} = \left. \frac{\tilde{E}_{um2}(\alpha_n, H_{m2})}{\tilde{J}_{um2}} \right|_{\tilde{J}_{um1}=0} \tag{3.77}$$

Le mode de calcul de ces deux paramètres est identique à celui mentionné aux paragraphes précédents pour le cas d'un plan de métallisation. Il s'agira de déterminer les impédances ramenées aux plans métallisés M_1 (ou M_2) en absence de la métallisation M_2 (ou M_1), ces impédances sont désignées par Z_{11}^{LSE} et Z_{22}^{LSE} respectivement.

L'application des lois de continuité des composantes tangentielles du champ électrique sur les plans métallisés M_1 et M_2 permet d'écrire respectivement [68] :

$$Z_{11}^{LSE} = \left. \frac{\tilde{E}_{um1}(\alpha_n, H_{m1})}{\tilde{J}_{um1}} \right|_{\tilde{J}_{um2}=0} = \frac{1}{\left(Y_{sup\ m1}^{LSE} + Y_{inf\ m1}^{LSE}\right)} \tag{3.78}$$

$$Z_{22}^{LSE} = \left. \frac{\tilde{E}_{um2}(\alpha_n, H_{m2})}{\tilde{J}_{um2}} \right|_{\tilde{J}_{um1}=0} = \frac{1}{\left(Y_{inf\ m2}^{LSE} + Y_{sup\ m2}^{LSE}\right)} \tag{3.79}$$

Les valeurs de $Y_{sup\,(m1\,ou\,m2)}^{LSE}$ et $Y_{inf\,(m1\,ou\,m2)}^{LSE}$ pour les modes LSE se calculent selon le processus itératif (3.34) avec $m = m_1$ (ou m_2) sachant que $(\varepsilon_{rxi} = \varepsilon_{rzi}$ et $\mu_{rxi} = \mu_{rxi})$.

A.2. Calcul des impédances mutuelles entre les interfaces métallisées Z_{12}^{LSE} et Z_{21}^{LSE}

L'impédance Z_{12}^{LSE} est définie par la formule suivante :

$$Z_{12}^{LSE} = \frac{\tilde{E}_{um1}\left(\alpha_n, H_{m1}\right)}{\tilde{J}_{um2}}\Bigg|_{\tilde{J}_{um1}=0} \tag{3.80}$$

qui peut aussi s'écrire sous la forme suivante :

$$Z_{12}^{LSE} = \frac{\tilde{E}_{um1}\left(\alpha_n, H_{m1}\right)}{\tilde{E}_{u(m1+1)}\left(\alpha_n, H_{m1+1}\right)} \frac{\tilde{E}_{u(m1+1)}\left(\alpha_n, H_{m1+1}\right)}{\tilde{E}_{u(m1+2)}\left(\alpha_n, H_{m1+2}\right)} \cdots$$
$$\cdots \frac{\tilde{E}_{u(m2-1)}\left(\alpha_n, H_{m2-1}\right)}{\tilde{E}_{um2}\left(\alpha_n, H_{m2}\right)} \frac{\tilde{E}_{um2}\left(\alpha_n, H_{m2}\right)}{\tilde{J}_{um2}} \tag{3.81}$$

D'après les relations de continuité sur l'ensemble des interfaces de la structure, nous aurons :

à $y = H_{m1}$: $\tilde{E}_{um1}\left(\alpha_n, H_{m1}\right) = \tilde{E}_{u(m1+1)}\left(\alpha_n, H_{m1}\right)$

$y = H_{m1+1}$: $\tilde{E}_{u(m1+1)}\left(\alpha_n, H_{m1+1}\right) = \tilde{E}_{u(m1+2)}\left(\alpha_n, H_{m1+1}\right)$

$y = H_{m2-1}$: $\tilde{E}_{u(m2-1)}\left(\alpha_n, H_{m2-1}\right) = \tilde{E}_{um2}\left(\alpha_n, H_{m2-1}\right)$

L'équation (3.81) relative à Z_{12}^{LSE} devient alors :

$$Z_{12}^{LSE} = \frac{\tilde{E}_{u(m1+1)}(\alpha_n, H_{m1})}{\tilde{E}_{u(m1+1)}(\alpha_n, H_{m1+1})} \frac{\tilde{E}_{u(m1+2)}(\alpha_n, H_{m1+1})}{\tilde{E}_{u(m1+2)}(\alpha_n, H_{m1+2})} \cdots$$
$$\cdots \frac{\tilde{E}_{um2}(\alpha_n, H_{m2-1})}{\tilde{E}_{um2}(\alpha_n, H_{m2})} \frac{\tilde{E}_{um2}(\alpha_n, H_{m2})}{\tilde{J}_{um2}}$$

(3.82a)

Nous rappelons la formule de la composante du champ $\tilde{E}_{ui}(\alpha_n, y)$ pour la couche d'indice i :

$$\tilde{E}_{ui}(\alpha_n, y) = -\frac{\omega \mu_{yi}}{\rho} \left\{ A_i^{LSE} \sinh\left(\gamma_i^{LSE}(y - H_{i-1})\right) + B_i^{LSE} \cosh\left(\gamma_i^{LSE}(y - H_{i-1})\right) \right\}$$

(3.82b)

Ce qui implique que :

$$\frac{\tilde{E}_{ui}(\alpha_n, H_{i-1})}{\tilde{E}_{ui}(\alpha_n, H_i)} = \frac{B_i^{LSE}}{A_i^{LSE} \sinh\left(\gamma_i^{LSE} h_i\right) + B_i^{LSE} \cosh\left(\gamma_i^{LSE} h_i\right)}$$
$$= \frac{1 / \sinh\left(\gamma_i^{LSE} h_i\right)}{\dfrac{A_i^{LSE}}{B_i^{LSE}} + \coth\left(\gamma_i^{LSE} h_i\right)}$$

(3.83)

avec
$$\frac{A_i^{LSE}}{B_i^{LSE}} = \frac{Y_{i-1}^{LSE}}{\eta_i^{LSE}}$$

(3.84)

En associant les relations (3.83) et (3.84), il vient:

$$\frac{\tilde{E}_{ui}(\alpha_n, H_{i-1})}{\tilde{E}_{ui}(\alpha_n, H_i)} = \frac{\eta_i^{LSE} / \sinh\left(\gamma_i^{LSE} h_i\right)}{\eta_i^{LSE} \coth\left(\gamma_i^{LSE} h_i\right) + Y_{(i-1)-}^{LSE}}$$

(3.85)

sachant que le paramètre $Y_{(i-1)-}^{LSE}$ désigne l'admittance ramenée à l'interface H_{i-1} qui peut être évaluée selon les équations (3.34) et (3.35a).

De la formule (3.81), nous déduisons la relation suivante :

$$Z_{12}^{LSE} = \prod_{i=m1+1}^{m2} \frac{\tilde{E}_{ui}\left(\alpha_n, H_{i-1}\right)}{\tilde{E}_{ui}\left(\alpha_n, H_i\right)} \cdot Z_{22}^{LSE} \tag{3.86}$$

Enfin, en associant les relations (3.85) et (3.86) nous obtenons la formulation de Z_{12}^{LSE} :

$$Z_{12}^{LSE} = \prod_{i=m1+1}^{m2} \frac{\eta_i^{LSE} / sinh\left(\gamma_i^{LSE} h_i\right)}{\eta_i^{LSE} coth\left(\gamma_i^{LSE} h_i\right) + Y_{(i-1)-}^{LSE}} \cdot Z_{22}^{LSE} \tag{3.87}$$

Par ailleurs, l'impédance Z_{21}^{LSE} est définie par la formule suivante :

$$Z_{21}^{LSE} = \frac{\tilde{E}_{um2}\left(\alpha_n, H_{m2}\right)}{\tilde{J}_{um1}} \Bigg|_{\tilde{J}_{um2}=0} \tag{3.88}$$

Cette dernière peut aussi s'écrire sous la forme suivante :

$$Z_{21}^{LSE} = \frac{\tilde{E}_{um2}\left(\alpha_n, H_{m2}\right)}{\tilde{E}_{u(m2-1)}\left(\alpha_n, H_{m2-1}\right)} \frac{\tilde{E}_{u(m2-1)}\left(\alpha_n, H_{m2-1}\right)}{\tilde{E}_{u(m2-2)}\left(\alpha_n, H_{m2-2}\right)} \cdots$$
$$\cdots \frac{\tilde{E}_{u(m1+1)}\left(\alpha_n, H_{m1+1}\right)}{\tilde{E}_{um1}\left(\alpha_n, H_{m1}\right)} \frac{\tilde{E}_{um1}\left(\alpha_n, H_{m1}\right)}{\tilde{J}_{um1}}$$

D'après les relations de continuité appliquées aux différents plans de la structure, nous savons que :

à $y = H_{m2-1}$: $\tilde{E}_{u(m2-1)}\left(\alpha_n, H_{m2-1}\right) = \tilde{E}_{um2}\left(\alpha_n, H_{m2-1}\right)$

$y = H_{m2-2}$: $\tilde{E}_{u(m2-2)}\left(\alpha_n, H_{m2-2}\right) = \tilde{E}_{u(m2-1)}\left(\alpha_n, H_{m2-2}\right)$

$y = H_{m1}$: $\tilde{E}_{um1}\left(\alpha_n, H_{m1}\right) = \tilde{E}_{u(m1+1)}\left(\alpha_n, H_{m1}\right)$

L'équation (3.88) relative à Z_{21}^{LSE} devient alors :

$$Z_{21}^{LSE} = \frac{\tilde{E}_{um2}(\alpha_n, H_{m2})}{\tilde{E}_{um2}(\alpha_n, H_{m2-1})} \frac{\tilde{E}_{u(m2-1)}(\alpha_n, H_{m2-1})}{\tilde{E}_{u(m2-1)}(\alpha_n, H_{m2-2})} \cdots$$
$$\cdots \frac{\tilde{E}_{u(m1+1)}(\alpha_n, H_{m1+1})}{\tilde{E}_{u(m1+1)}(\alpha_n, H_{m1})} \frac{\tilde{E}_{um1}(\alpha_n, H_{m1})}{\tilde{J}_{um1}} \qquad (3.89)$$

Nous rappelons la formule de la composante du champ $\tilde{E}_{ui}(\alpha_n, y)$ pour la couche d'indice (i) :

$$\tilde{E}_{ui}(\alpha_n, y) = -\frac{\omega \mu_{yi}}{\rho} \left\{ A_i^{LSE} \sinh\left(\gamma_i^{LSE}(H_i - y)\right) + B_i^{LSE} \cosh\left(\gamma_i^{LSE}(H_i - y)\right) \right\} \qquad (3.90)$$

Ce qui implique que :

$$\frac{\tilde{E}_{ui}(\alpha_n, H_i)}{\tilde{E}_{ui}(\alpha_n, H_{i-1})} = \frac{B_i^{LSE}}{A_i^{LSE} \sinh\left(\gamma_i^{LSE} h_i\right) + B_i^{LSE} \cosh\left(\gamma_i^{LSE} h_i\right)} \frac{1/\sinh\left(\gamma_i^{LSE} h_i\right)}{\frac{A_i^{LSE}}{B_i^{LSE}} + \coth\left(\gamma_i^{LSE} h_i\right)} \qquad (3.91)$$

avec : $$\frac{A_i^{LSE}}{B_i^{LSE}} = \frac{Y_{i+1}^{LSE}}{\eta_i^{LSE}} \qquad (3.92)$$

En associant les relations (3.91) et (3.92) nous obtenons :

$$\frac{\tilde{E}_{ui}(\alpha_n, H_i)}{\tilde{E}_{ui}(\alpha_n, H_{i-1})} = \frac{\eta_i^{LSE}/\sinh\left(\gamma_i^{LSE} h_i\right)}{\eta_i^{LSE} \coth\left(\gamma_i^{LSE} h_i\right) + Y_{(i+1)+}^{LSE}} \qquad (3.93)$$

sachant que le paramètre $Y_{(i+1)+}^{LSE}$ désigne l'admittance ramenée à l'interface H_{i+1} et qui peut être évaluée selon les équations (3.34) et (3.35b).

De la formule (3.89), nous déduisons la relation suivante :

$$Z_{21}^{LSE} = \prod_{i=m2}^{m1+1} \frac{\tilde{E}_{ui}\left(\alpha_n, H_i\right)}{\tilde{E}_{ui}\left(\alpha_n, H_{i-1}\right)} \cdot Z_{11}^{LSE} \tag{3.94}$$

Enfin, en associant les relations (3.93) et (3.94), nous aboutissons à la forme de Z_{21}^{LSE} :

$$Z_{21}^{LSE} = \prod_{i=m2}^{m1+1} \frac{\eta_i^{LSE} / sinh\left(\gamma_i^{LSE}\, h_i\right)}{\eta_i^{LSE}\, coth\left(\gamma_i^{LSE}\, h_i\right) + Y_{(i+1)+}^{LSE}} \cdot Z_{11}^{LSE} \tag{3.95}$$

B. Cas des modes LSM

Pour ces modes, il s'agira de déterminer les éléments de la matrice impédance des modes LSM selon le système suivant :

$$\begin{pmatrix} \tilde{E}_{vm1}\left(\alpha_n, H_{m1}\right) \\ \tilde{E}_{vm2}\left(\alpha_n, H_{m2}\right) \end{pmatrix} = \begin{bmatrix} Z_{11}^{LSM} & Z_{12}^{LSM} \\ Z_{21}^{LSM} & Z_{22}^{LSM} \end{bmatrix} \cdot \begin{pmatrix} \tilde{J}_{vm1}\left(\alpha_n\right) \\ \tilde{J}_{vm2}\left(\alpha_n\right) \end{pmatrix} \tag{3.96}$$

En suivant les mêmes étapes que précédemment pour les modes LSE, nous obtenons les expressions suivantes des impédances Z_{22}^{LSM}, Z_{12}^{LSM}, Z_{11}^{LSM} et Z_{21}^{LSM} pour le mode LSM [67].

$$Z_{11}^{LSM} = \left. \frac{\tilde{E}_{vm1}\left(\alpha_n, H_{m1}\right)}{\tilde{J}_{vm1}} \right|_{\tilde{J}_{vm2}=0} = \frac{1}{\left(Y_{sup\,m1}^{LSM} + Y_{inf\,m1}^{LSM}\right)} \tag{3.97a}$$

$$Z_{22}^{LSM} = \left. \frac{\tilde{E}_{vm2}\left(\alpha_n, H_{m2}\right)}{\tilde{J}_{vm2}} \right|_{\tilde{J}_{vm1}=0} = \frac{1}{\left(Y_{sup\,m2}^{LSM} + Y_{inf\,m2}^{LSM}\right)} \tag{3.97b}$$

Les valeurs de $Y_{sup\,(m1\,ou\,m2)}^{LSM}$ et $Y_{inf\,(m1\,ou\,m2)}^{LSM}$ pour les modes LSE se calculent selon les processus itératifs (3.32) avec $m = m_1$ (ou m_2) sachant que $(\varepsilon_{rx} = \varepsilon_{rz}\ et\ \mu_{rx} = \mu_{rx})$.

Par ailleurs, nous avons :

$$Z_{12}^{LSM} = \prod_{i=m1+1}^{m2} \frac{\eta_i^{LSM} \Big/ sinh\left(\gamma_i^{LSM} h_i\right)}{\eta_i^{LSM} coth\left(\gamma_i^{LSM} h_i\right) + Y_{(i-1)-}^{LSM}} \cdot Z_{22}^{LSM} \qquad (3.97c)$$

$$Z_{21}^{LSM} = \prod_{i=m2}^{m1+1} \frac{\eta_i^{LSM} \Big/ sinh\left(\gamma_i^{LSM} h_i\right)}{\eta_i^{LSM} coth\left(\gamma_i^{LSM} h_i\right) + Y_{(i+1)+}^{LSM}} \cdot Z_{11}^{LSM} \qquad (3.97d)$$

sachant que les paramètres $Y_{(i-1)-}^{LSM}$ et $Y_{(i+1)+}^{LSM}$ pour les modes LSM sont évalués à partir de l'équation (3.32) et en exécutant les processus récursifs (3.33a) et (3.33b) respectivement.

3.10.2.2. Déduction des fonctions de Green

Ayant ainsi calculé tous les éléments de la matrice impédance Z de Green (3.73) dans le système *(v,y,u)*, il s'agira de revenir au repère initial (x, y, z) et déterminer ainsi la matrice de Green dyadique [G].

Le changement de repère va se faire via la matrice de passage P qu'on reprend ici:

$$P = P^{-1} = \begin{bmatrix} -cos\theta & sin\theta \\ sin\theta & cos\theta \end{bmatrix}$$

La matrice impédance de Green étant une matrice d'ordre 4, nous effectuerons le changement de repère en quatre étapes comme suit :

$$\begin{pmatrix} \tilde{E}_{xm1} \\ \tilde{E}_{zm1} \end{pmatrix} = \begin{bmatrix} -cos\theta & sin\theta \\ sin\theta & cos\theta \end{bmatrix} \begin{bmatrix} Z_{11}^{LSE} & 0 \\ 0 & Z_{11}^{LSM} \end{bmatrix} \begin{bmatrix} -cos\theta & sin\theta \\ sin\theta & cos\theta \end{bmatrix} \begin{pmatrix} \tilde{J}_{xm1}(\alpha_n) \\ \tilde{J}_{zm1}(\alpha_n) \end{pmatrix}$$

$$= \begin{bmatrix} G_{11} & G_{12} \\ G_{21} & G_{22} \end{bmatrix} \begin{pmatrix} \tilde{J}_{xm1}(\alpha_n) \\ \tilde{J}_{zm1}(\alpha_n) \end{pmatrix}$$

$$\begin{pmatrix} \tilde{E}_{xm2} \\ \tilde{E}_{zm2} \end{pmatrix} = \begin{bmatrix} -\cos\theta & \sin\theta \\ \sin\theta & \cos\theta \end{bmatrix} \begin{bmatrix} Z_{21}^{LSE} & 0 \\ 0 & Z_{21}^{LSM} \end{bmatrix} \begin{bmatrix} -\cos\theta & \sin\theta \\ \sin\theta & \cos\theta \end{bmatrix} \begin{pmatrix} \tilde{J}_{xm1}(\alpha_n) \\ \tilde{J}_{zm1}(\alpha_n) \end{pmatrix}$$

$$= \begin{bmatrix} G_{31} & G_{32} \\ G_{41} & G_{42} \end{bmatrix} \begin{pmatrix} \tilde{J}_{xm1}(\alpha_n) \\ \tilde{J}_{zm1}(\alpha_n) \end{pmatrix}$$

$$\begin{pmatrix} \tilde{E}_{xm1} \\ \tilde{E}_{zm1} \end{pmatrix} = \begin{bmatrix} -\cos\theta & \sin\theta \\ \sin\theta & \cos\theta \end{bmatrix} \begin{bmatrix} Z_{12}^{LSE} & 0 \\ 0 & Z_{12}^{LSM} \end{bmatrix} \begin{bmatrix} -\cos\theta & \sin\theta \\ \sin\theta & \cos\theta \end{bmatrix} \begin{pmatrix} \tilde{J}_{xm2}(\alpha_n) \\ \tilde{J}_{zm2}(\alpha_n) \end{pmatrix}$$

$$= \begin{bmatrix} G_{13} & G_{14} \\ G_{23} & G_{24} \end{bmatrix} \begin{pmatrix} \tilde{J}_{xm2}(\alpha_n) \\ \tilde{J}_{zm2}(\alpha_n) \end{pmatrix}$$

$$\begin{pmatrix} \tilde{E}_{xm2} \\ \tilde{E}_{zm2} \end{pmatrix} = \begin{bmatrix} -\cos\theta & \sin\theta \\ \sin\theta & \cos\theta \end{bmatrix} \begin{bmatrix} Z_{22}^{LSE} & 0 \\ 0 & Z_{22}^{LSM} \end{bmatrix} \begin{bmatrix} -\cos\theta & \sin\theta \\ \sin\theta & \cos\theta \end{bmatrix} \begin{pmatrix} \tilde{J}_{xm2}(\alpha_n) \\ \tilde{J}_{zm2}(\alpha_n) \end{pmatrix}$$

$$= \begin{bmatrix} G_{33} & G_{34} \\ G_{43} & G_{44} \end{bmatrix} \begin{pmatrix} \tilde{J}_{xm2}(\alpha_n) \\ \tilde{J}_{zm2}(\alpha_n) \end{pmatrix}$$

Ce qui nous amène au système suivant :

$$\begin{pmatrix} \tilde{E}_{xm1}(\alpha_n, H_{m1}) \\ \tilde{E}_{zm1}(\alpha_n, H_{m1}) \\ \tilde{E}_{xm2}(\alpha_n, H_{m2}) \\ \tilde{E}_{zm2}(\alpha_n, H_{m2}) \end{pmatrix} = \begin{bmatrix} G_{11} & G_{12} & G_{13} & G_{14} \\ G_{21} & G_{22} & G_{23} & G_{24} \\ G_{31} & G_{32} & G_{33} & G_{34} \\ G_{41} & G_{42} & G_{43} & G_{44} \end{bmatrix} \begin{pmatrix} \tilde{J}_{xm1}(\alpha_n) \\ \tilde{J}_{zm1}(\alpha_n) \\ \tilde{J}_{xm2}(\alpha_n) \\ \tilde{J}_{zm2}(\alpha_n) \end{pmatrix} \qquad (3.98)$$

avec :

$$G_{11} = Z_{11}^{LSE}\cos^2\theta + Z_{11}^{LSM}\sin^2\theta \; ; G_{12} = \left[Z_{11}^{LSM} - Z_{11}^{LSE} \right]\sin\theta\cos\theta \; ;$$

$$G_{13} = Z_{12}^{LSE}\cos^2\theta + Z_{12}^{LSM}\sin^2\theta \; ; G_{14} = \left[Z_{12}^{LSM} - Z_{12}^{LSE} \right]\sin\theta\cos\theta \; ; \qquad G_{21} = G_{12}$$

$$; G_{22} = Z_{11}^{LSM}\cos^2\theta + Z_{11}^{LSE}\sin^2\theta \; ; G_{23} = G_{14} \; ; \quad G_{24} = Z_{12}^{LSM}\cos^2\theta + Z_{12}^{LSE}\sin^2\theta \; ;$$

$$G_{31} = Z_{21}^{LSE}\cos^2\theta + Z_{21}^{LSM}\sin^2\theta \; ; G_{32} = \left[Z_{21}^{LSM} - Z_{21}^{LSE} \right]\sin\theta\cos\theta \; ;$$

$$G_{33} = Z_{22}^{LSE}\cos^2\theta + Z_{22}^{LSM}\sin^2\theta \; ; G_{34} = \left[Z_{22}^{LSM} - Z_{22}^{LSE} \right]\sin\theta\cos\theta \; ; G_{41} = G_{32} \; ;$$

$$G_{42} = Z_{21}^{LSM}\cos^2\theta + Z_{21}^{LSE}\sin^2\theta \; ; \; G_{43} = G_{34} \; ; G_{44} = Z_{22}^{LSM}\cos^2\theta + Z_{22}^{LSE}\sin^2\theta$$

où les $G_{i,j}$ représentent les éléments de la matrice de Green Dyadique [G].

3.10.3. Différents types de couplage

Il existe plusieurs types de couplage pouvant être réalisés dans les circuits planaires bilatéraux. Les métallisations déposées sur les deux interfaces peuvent être de même nature comme par exemple microstrip/microstrip ou slotline/slotline ou de nature différente comme c'est le cas du couplage microstrip/slotline (fig. 3.17a) ou CPW/slotline (fig. 3.17b); nous parlons alors de couplage mixte. Il est donc important de choisir la forme adéquate des fonctions de Green (impédance, admittance ou hybride) afin d'exploiter efficacement les avantages de la M.A.D.S dans la modélisation du couplage.

La nature de ce couplage influe sur la grandeur à modéliser (champ ou courant) ainsi que sur le choix des fonctions de base. Nous désignerons par *'strip'* l'interface (M_1 ou M_2) sur laquelle seul le courant électrique est modélisé et par *'slot'* l'interface sur laquelle c'est le champ électrique qui est modélisé. Nous classerons en conséquence les différents cas de couplages M_1/M_2 comme suit:

3.10.3.1. Couplage strip/strip

Dans ce cas, il sera plus avantageux de modéliser le courant sur les rubans [67]. Nous utiliserons pour cela la forme Impédance des fonctions de Green G pour la détermination de la matrice $[C(\omega,\beta)]$ comme cela a été effectué précédemment.

3.10.3.2. Couplage slot/slot

A l'inverse du cas précédent, il est préférable de modéliser le champ dans les régions à fentes. Nous utiliserons cette fois l'autre forme alternative des fonctions de Green à savoir la forme admittance Y [Annexe D]. Dans ce cas, au lieu d'utiliser des sources de courant dans les circuits équivalent, nous utiliserons des sources de tension.

3.10.3.3. Couplage mixte strip/slot

Dans ce cas, le couplage est réalisé entre deux niveaux métallisés de nature différente (microstrip/slotline par exemple). Nous modéliserons alors simultanément le courant sur M_1 (ou M_2) et le champ sur M_2 (ou M_1) en utilisant la troisième forme alternative des fonctions de Green à savoir la forme hybride H [Annexe D]. Notons que les circuits équivalents requis pour ce cas exigent l'existence à la fois de sources de courant et de sources de tension.

Comme il ressort des différentes formes alternatives des fonctions de Green, impédance G (3.97), admittance Y (Annexe D, eq. D.6) et hybride H (Annexe D, eq. D.14), le système à résoudre comprend toujours huit inconnues : les composantes tangentielles du courant ainsi que celles du champ électrique sur les deux interfaces métallisées. Nous rappelons que la grandeur recherchée à ce stade est la constante de phase β dont la connaissance permettrait la détermination de toutes les autres grandeurs restantes. Pour cela, nous avons utilisé la méthode de Galerkin dont les détails de calcul peuvent être consultés en annexe D.

Nous donnerons dans le chapitre 5 des résultats détaillés obtenus pour ces trois types de couplage asymétrique (absence de symétrie par rapport au plan PP', fig. 3.14) [68].

3.11. Applications aux coupleurs coplanaires bilatéraux

Les coupleurs directifs en configuration planaire ont toujours suscité un intérêt certain en raison de leurs multiples applications dans les radars et les systèmes de communications micro-ondes. Ces éléments sont plus fréquemment utilisés dans les antennes, les mélangeurs, les multiplexeurs de fréquence et les amplificateurs équilibrés. Leur utilisation est aussi très appropriée pour la conception en large bande de circuits intégrés micro-ondes hybrides (MICs) et monolithiques (MMICs). Leurs performances (bande de fréquence, isolation, directivité...) déterminent largement celles des circuits dans lesquels ils sont utilisés.

La technologie MMIC est récente et se base sur la réalisation d'éléments passifs (capacités, inductances) et actifs (transistors à effet champ, diodes) sur un même substrat, par exemple de l'arséniure de Gallium (GaAs). Elle présente plusieurs avantages parmi lesquels la miniaturisation, la large bande passante ainsi que la présence de faibles dispersions dues à l'absence de connexions perturbatrices. Le coût élevé de leur fabrication et l'impossibilité de porter des rectifications sur le circuit après fabrication, constituent quelques-uns de leurs inconvénients.

La technologie MIC appelée aussi technologie multicouche est plus ancienne. Elle est constituée de différents niveaux de conducteurs et de diélectriques superposés et peut être utilisée en configuration microstrip ou coplanaire.

Outre la possibilité d'utiliser les différentes couches comme support des différents éléments composant une chaîne radiofréquence, augmentant ainsi la capacité des systèmes et leur efficacité, la filière multicouche permet d'optimiser les dispositifs, qu'ils soient à stubs ou à lignes couplées. En effet, le niveau de couplage réalisable et les différences des vitesses de phase entre les modes pair et impair constituent les facteurs limitant les technologies classiques. Néanmoins, il est possible de réaliser des lignes partiellement couplées par face sur deux niveaux de métallisation différents afin d'atteindre des niveaux de couplage importants [85]. Par ailleurs, l'utilisation de la technologie hybride multicouche permet, sous certaines conditions, l'uniformisation des vitesses de phase des modes pair et impair des lignes couplées. Ces différents points permettent une amélioration substantielle des réponses des structures à réaliser.

Dans le travail qui suit, nous appliquerons la MADS pour l'analyse en mode hybride des coupleurs coplanaires anisotropes à deux niveaux de métallisation en configuration multicouche. L'aspect multicouche de ce type de coupleurs n'a pas été pris en compte à ce jour, les différentes études ayant porté uniquement sur des cas se limitant à 3 couches diélectriques [86]-[87]. Dans notre travail, le nombre de couches est arbitraire.

Des résultats concernant l'étude de la dispersion seront présentés dans le chapitre 5 pour une large variété de substrats anisotropes à faibles ou à fortes permittivités: le saphir, l'Epsilam 10, le nitrure de bore et le niobate de lithium. D'autres résultats porteront sur l'analyse de la convergence.

3.11.1. Intérêt de la configuration coplanaire

Usuellement, les coupleurs et les filtres planaires sont réalisés en configuration microstrip. En dépit de la simplicité de ce procédé de réalisation, cette approche comporte un certain nombre d'inconvénients. En effet, si la connexion des composants en série reste aisée, il n'en est pas de même pour leur implantation en parallèle compte tenu de la présence du plan de masse en face arrière. La réalisation des courts-circuits et retour à la masse se font à l'aide de trous métallisés. L'influence de tels trous sur les performances électriques du circuit n'est pas négligeable compte tenu des effets parasites qu'ils génèrent. Du point de vue comportement électrique, les lignes microstrip sont relativement dispersives. Enfin, une fois que les caractéristiques du substrat sont choisies, la plage d'impédances caractéristiques réalisables est relativement restreinte, compte tenu des largeurs importantes des rubans pour les impédances capacitives (lignes larges avec apparition de modes supérieurs et d'effets parasites) et de la résolution des procédés de gravure pour des impédances inductives (lignes étroites).

Ces inconvénients ont conduit au développement de la technologie coplanaire, qui est très utilisée de nos jours pour la conception des circuits hyperfréquences. Compte tenu de leur géométrie, les structures coplanaires possèdent deux modes fondamentaux de propagation : le mode pair (non dispersif ou quasi-TEM) et le mode impair (quasi-TE dispersif). Même si l'utilisation de ces deux modes n'est pas à négliger, c'est en général le mode pair qui est privilégié en raison de sa faible dispersion. Afin de filtrer le mode impair, il est nécessaire de forcer le potentiel entre les deux plans de masse à une même valeur. L'utilisation des ponts à air pour filtrer les modes impairs est l'un des principaux inconvénients de cette technologie, puisqu'elle requiert un processus technologique supplémentaire.

Cette technologie présente néanmoins plusieurs avantages parmi lesquels: facilité de report de composants (actifs ou passifs) en parallèle ou en série, élimination des trous métallisés et par conséquent des effets parasites associés, possibilité d'assurer un bon découplage entre les lignes compte tenu de la présence du plan de masse sur la même face du substrat et souplesse de conception liée à la possibilité de réaliser une même impédance caractéristique avec différents dimensionnements de lignes.

De plus, les structures coplanaires sont moins dispersives, ce qui est un atout indéniable pour une utilisation aux fréquences millimétriques. Ces différents avantages qu'offrent les circuits coplanaires justifient le choix que nous portons sur cette configuration pour la conception des coupleurs anisotropes multicouches bilatéraux.

3.11.2. Structure analysée

La Figure 3.17 illustre la structure d'un coupleur coplanaire bilatéral blindé constitué de N_b couches diélectriques anisotropes caractérisées chacune par des tenseurs de permittivité électrique $\bar{\varepsilon}_j$ et perméabilité magnétique $\bar{\mu}_j$ ($j=1 \ldots N_b$) tenant compte de l'anisotropie uniaxiale ($\varepsilon_{rx} = \varepsilon_{rz}$ et $\mu_{rx} = \mu_{rz}$). Le ruban central infiniment mince est supposé être un conducteur parfait de largeur w, la largeur des fentes étant notée par s. La distance d indique la largeur des plans de masse.

BB'

h_{Nb} $[\mu_{Nb}]$ $[\varepsilon_{Nb}]$ $y=H_{Nb}$

h_{Nb-1} $[\mu_{Nb-1}]$ $[\varepsilon_{Nb-1}]$ $y=H_{Nb-1}$

d s w s d

Plan AA' x

$y=H_m$

h_m $[\mu_m]$ $[\varepsilon_m]$

h_2 $[\mu_2]$ $[\varepsilon_2]$ $y=H_2$

h_1 $[\mu_1]$ $[\varepsilon_1]$ $y=H_1$

$2a$

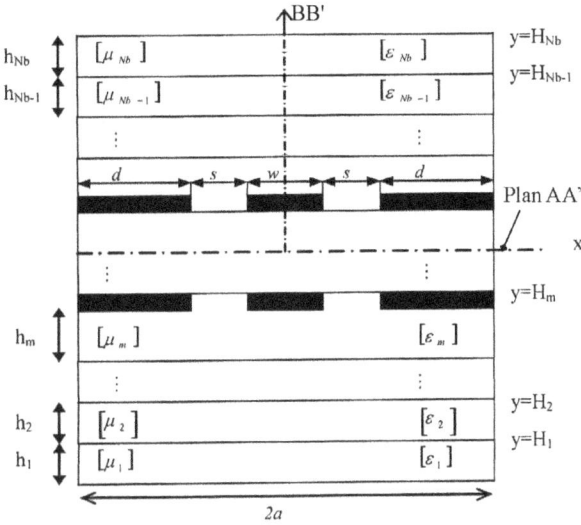

Figure. 3.17 Illustration d'un coupleur coplanaire bilatéral en configuration multicouche sur substrats anisotropes

Par raison de symétrie (par rapport au plan AA'), l'analyse portera sur la moitié de la structure. Les modes de propagation pairs et impairs sont obtenus en insérant au plan de séparation AA' un mur magnétique ou électrique respectivement. Les courbes de variation de la constante de phase et de la permittivité effective pour des coupleurs coplanaires anisotropes bilatéraux [88], seront données dans les chapitres qui suivent.

3.11. Conclusion

Dans ce chapitre, nous avons abordé plusieurs aspects théoriques relatifs à la modélisation et à la caractérisation des circuits micro-ondes anisotropes unilatéraux et bilatéraux en configuration multicouche. Nous avons ainsi développé une nouvelle formulation basée sur le principe de l'admittance conjointe tout en améliorant le calcul des performances de ces structures. Le chapitre suivant sera consacré à l'extension de l'étude aux circuits à anisotropie non diagonale en se focalisant surtout sur les circuits à ferrites utilisés dans la conception des circuits non réciproques notamment les isolateurs et les circulateurs ainsi que des dispositifs réciproques; il s'agit par exemple des déphaseurs commandables électriquement.

4.1. Introduction

Après l'analyse des circuits hyperfréquences sur des substrats anisotropes biaxiaux (à anisotropie diagonale), nous tâcherons dans ce qui suit de généraliser cette étude aux circuits à anisotropie non diagonale toujours en configuration multicouche. Les ferrites qui sont des matériaux magnétiques anisotropes en sont l'exemple le plus probant puisqu'ils présentent un tenseur de perméabilité non diagonal [89]. Le caractère faiblement conducteur des substances ferrimagnétiques permet une pénétration d'une onde haute fréquence (onde centimétrique ou millimétrique) dans le matériau et autorise une forte interaction entre l'onde et l'aimantation interne à la matière. La possibilité de contrôler la propagation de l'onde dans un tel milieu par l'application d'un champ magnétique statique ou alternatif, a permis la réalisation de plusieurs dispositifs hyperfréquences indispensables à la réalisation de fonctions de traitement du signal (radars, télécommunications par satellites, compatibilité électromagnétique, etc.). Selon la fonction visée, les dispositifs sont réciproques ou non réciproques (circulateur, isolateur, etc.). Ces derniers constituent le groupe principal des circuits hyperfréquences à ferrites. Ils exploitent le fait que l'onde électromagnétique se propage différemment selon son sens de propagation dans la matière ferrimagnétique aimantée. Trois catégories principales de matériaux émergent : ferrites spinelles, grenats et hexagonaux [89]. Pour chacune d'entre elles, les multiples substitutions ioniques possibles dans les sous-réseaux cristallins ont permis, et permettent toujours, de sélectionner et d'améliorer les propriétés des matériaux selon l'application visée.

En hyperfréquences, c'est-à-dire à des fréquences comprises approximativement entre 100 MHz et 100 GHz, deux classes de dispositifs sont réalisés à l'aide des ferrites:

La première classe est celle des *dispositifs non réciproques* pour lesquels les ferrites sont pratiquement irremplaçables dans la majorité des applications. Ces dispositifs sont les plus souvent des *isolateurs* ou des *circulateurs* dont les fonctions sont les suivantes:

- *l'isolateur* qui fait propager des ondes EM dans le sens direct (de l'entrée vers la sortie) sans atténuation notable, tandis qu'elles sont très atténuées si elles se propagent dans le sens inverse (de la sortie vers l'entrée);

- un *circulateur* à *n* voies : Une onde électromagnétique entrant par la voie 1 sort par la voie 2, une onde entrante par la voie 2 sort par la voie 3, etc. Une onde entrant par la voie *n* sort par la voie *n*+1, les autres possibilités étant interdites.

Ce type d'appareils permet ainsi des séparations faciles entre différentes voies d'un circuit hyperfréquences, ce qui s'avère indispensable, notamment dans la technique actuelle des radars et des faisceaux hertziens. La deuxième classe est celles des dispositifs réciproques; il s'agit par exemple des *déphaseurs* commandables électriquement.

Dans tous les cas, il s'agit d'exploiter aux hyperfréquences, la perméabilité du matériau à ferrite qui est sous dépendance du phénomène gyromagnétique. Il en résulte que cette perméabilité dépend de la polarisation de l'onde électromagnétique par rapport à ce champ statique, c'est la base des effets de non–réciprocité.

4.2. Dispositifs hyperfréquences à ferrites

Étant donné le nombre conséquent de dispositifs hyperfréquences passifs à ferrites, notre prétention n'est nullement de les décrire tous ici. Une revue plus générale de ceux existants peut être trouvée dans les références [90]-[93]. En pratique, l'échantillon de ferrite se présente sous forme massive mais également, de plus en plus fréquemment sous forme de couche mince ou épaisse.

Le fonctionnement de ces dispositifs repose sur l'un, voire plusieurs, des effets suivants :

- la rotation de Faraday : une onde Transverse Electro-Magnétique (TEM), entrant dans un ferrite aimanté suivant la direction de

135

propagation de l'onde, est décomposée en deux ondes polarisées respectivement circulaire gauche et droite. L'une des ondes polarisées circulairement va évoluer dans le sens de la gyrorésonance, entraînant une forte interaction onde-matière. L'autre onde évoluera en sens inverse à celui de la gyrorésonance, conduisant à une faible interaction onde-matière. Cette propriété produit une rotation du plan de polarisation de l'onde TEM initiale,

- le phénomène de résonance gyromagnétique, conduisant à une forte absorption de l'onde électromagnétique se propageant dans le matériau, lorsqu'un champ magnétique hyperfréquence polarisé elliptiquement est perpendiculaire à la direction de l'aimantation,

- le déplacement de champs : la distribution des champs hyperfréquences, transverse à la direction de propagation de l'onde électromagnétique dans le ferrite, est déplacée dans la structure de propagation, résultant en une concentration plus ou moins importante des champs dans le matériau,

- les effets non linéaires engendrés pour de forts niveaux de puissance injectés au ferrite.

4.2.1. Dispositifs non réciproques

Les propriétés d'anisotropie induite des ferrites aimantés sont indispensables au bon fonctionnement des dispositifs non réciproques passifs que sont les circulateurs et les isolateurs.

4.2.1.1. Le circulateur hyperfréquence

Le circulateur a pour rôle essentiel de séparer la voie émission des autres parties d'un système de transmission (téléphone mobile, duplexeurs de radar, etc.). Son utilisation permet alors d'émettre et recevoir avec un même dispositif. Il peut aussi être employé pour isoler deux fonctions susceptibles d'interagir entre elles. Les circulateurs sont formés d'au moins trois ports d'accès. Ceux exploitant l'anisotropie induite des matériaux à ferrites partiellement aimantés, sont généralement à jonction en Y ou à éléments localisés. Les premiers cités sont principalement réalisés en structure triplaque ou microruban. Le fonctionnement optimal du circulateur est tel que, lorsqu'un champ magnétique statique est appliqué perpendiculairement au plan du ferrite, le signal micro-onde entrant sur un port d'accès donné est presque transmis intégralement à l'un des deux autre ports.

Dans les applications actuelles du secteur des télécommunications, les circulateurs opèrent dans une gamme de températures importante, comprise, entre -40°C et 85 °C pour des applications militaires. La bande de fréquences utilisable doit être large, avec de très faibles pertes d'insertion (<1 dB) du port incident vers le port transmis et un fort niveau d'isolation entre le port incident et les ports non transmis (> 20 dB). Les dimensions des composants doivent également être inférieures au centimètre.

Afin de diminuer davantage la taille et le poids des circulateurs planaires et tendre vers la réalisation de circuits intégrés monolithiques micro-ondes (MMIC), les ferrites massifs ont été progressivement remplacés par des couches minces ou épaisses ferrimagnétiques [94]-[97]. L'intérêt d'un dispositif MMIC est d'intégrer sur un même substrat des éléments passifs à base de ferrites et des éléments actifs utilisant des semi-conducteurs. Les faibles températures requises pour déposer une couche ferrimagnétique sont compatibles avec la réalisation des circuits intégrés sur semi-conducteurs (arséniure de gallium et silicium).

4.2.1.2. L'isolateur hyperfréquence

Les isolateurs constituent l'autre grande classe de circuits hyperfréquences non réciproques à ferrites. Ils ont pour fonction de permettre à une onde électromagnétique de se propager principalement dans un sens et très peu, voire pas dans un cas idéal, dans l'autre sens de propagation. Nous les retrouvons dans tout système de télécommunication où un découplage d'étages amplificateurs ou un découplage entre un générateur et sa charge, etc., sont nécessaires. Par ailleurs, différents types d'isolateurs en guides d'ondes ou en configuration microstrip ont été élaborés en technologie MIC et MMIC dans un souci de miniaturisation et en large bande [92], [98]-[102].

4.2.1.3. Les antennes à ferrite

- **Principe et intérêts** [103]

Comme nous l'avons signalé précédemment, une conséquence de la non-réciprocité dans les ferrites aimantés à saturation est la propagation de deux ondes à polarisation circulaire, l'une droite et l'autre gauche. Ainsi, ont été développées des antennes à ferrite, rayonnant deux ondes à polarisation circulaire de sens contraires, ce qui permet d'envisager deux communications simultanées à partir de la même antenne. Si le champ appliqué est variable, nous pouvons obtenir des antennes accordables en fréquence en insérant le ferrite dans un électro-aimant à induction variable. Les applications se situent dans les systèmes embarqués dans les avions, qui nécessitent des communications de très bonne qualité.

- **Intégration des antennes à polarisation circulaire**

La structure des antennes à ferrite intégrées est globalement identique à celle d'un circulateur intégré où l'armature supérieure est un patch. La position de l'aimant pose cependant un problème. En effet, l'alimentation de l'antenne par un câble coaxial nécessite de percer l'aimant. Ce problème, déjà étudié à l'état massif par C. Melon [104], nécessite donc une étude plus complète.

Pour concevoir ce type de composants, il faut un champ magnétique statique perpendiculaire à la direction de propagation de l'onde. Ce champ peut être créé par un aimant massif mais son encombrement empêche l'intégration de l'ensemble aimant/ferrite. Il faut donc que l'aimant se trouve sous forme de couche, laquelle sera adjointe à celle du ferrite, et que les propriétés magnétiques de la couche d'aimant soient les plus proches possibles de celles de l'aimant massif.

4.2.2. Autres dispositifs à ferrites

Les ferrites sont également employés en tant qu'absorbants, pour la réalisation de lignes à retard et dans deux catégories principales de dispositifs hyperfréquences passifs réciproques : les filtres accordables en fréquence et les circuits accordables en phase ou déphaseurs. Ces deux derniers types de dispositifs remplacent souvent les éléments localisés actifs (diodes Varactors, diodes PIN, etc.) qui ne supportent pas des niveaux de puissance élevés et qui ont généralement un cycle de vie limité, à l'inverse des déphaseurs de puissance.

Le principal dispositif réciproque accordable en fréquence est le filtre à YIG. Il se comporte comme un résonateur et réalise une fonction de filtrage de type passe-bande [105] ou coupe- bande [106]. Un tel dispositif a essentiellement pour rôle de coupler deux lignes de transmission sur une bande de fréquences et à une fréquence centrale données. La taille des filtres à YIG a été réduite à environ 1 cm^3 [107]. La diminution de la puissance consommée a aussi été rendue possible en utilisant des aimants permanents.

Par ailleurs, les déphaseurs réciproques à ferrites sont essentiellement employés dans les systèmes d'antennes à balayage électronique et les radars.

4.3. Application de la M.A.D.S à l'analyse des circuits à anisotropie non diagonale en configuration multicouche: cas des ferrites

Dans le cas général, nous pouvons avoir trois cas de figures pour le tenseur de perméabilité μ selon la direction de polarisation du champ magnétique statique H_0 suivant les directions x, y et z. Le tableau suivant donne la forme tenseur de perméabilité $[\mu]$ pour chaque type de polarisation dans une couche à ferrite d'indice i:

Direction de H_0	ox	oy	oz
Tenseur$[\mu]$	$\begin{bmatrix} \mu_0 & 0 & 0 \\ 0 & \mu & -j\kappa \\ 0 & j\kappa & \mu \end{bmatrix}$	$\begin{bmatrix} \mu & 0 & j\kappa \\ 0 & \mu_0 & 0 \\ -j\kappa & 0 & \mu \end{bmatrix}$	$\begin{bmatrix} \mu & -j\kappa & 0 \\ j\kappa & \mu & 0 \\ 0 & 0 & \mu_0 \end{bmatrix}$

où :

$$\mu_r = 1 + \frac{\omega_0 \omega_m}{\omega_0^{\,2} - \omega^2} \qquad (4.1)$$

$$\kappa = \frac{\omega \omega_m}{\omega_0^{\,2} - \omega^2} \qquad (4.2)$$

μ_0 : Perméabilité magnétique du vide avec $\mu = \mu_0 \mu_r$

M_s : Aimantation à saturation.

H_0 : Champ magnétique statique appliqué [A/m].

ω désigne la pulsation de l'onde hyperfréquence, $\omega_0 = \gamma H_0$, $\omega_m = \gamma M_s$ et γ le rapport gyromagnétique.

Dans certains milieux, tels que les plasmas à électrons et les diélectriques artificiels, l'application d'un champ magnétique régulier transforme la permittivité scalaire en une forme de tenseur non diagonal tel que [108]:

$$[\varepsilon] = \begin{bmatrix} \varepsilon & 0 & j\varepsilon_a \\ 0 & \varepsilon_y & 0 \\ -j\varepsilon_a & 0 & \varepsilon \end{bmatrix} \qquad (4.3)$$

avec $\varepsilon = \varepsilon_0 \varepsilon_r$ et $\varepsilon_y = \varepsilon_0 \varepsilon_{ry}$

Il s'agira dans ce qui suit d'appliquer la M.A.D.S en mode hybride pour des substrats anisotropes présentant cette forme de tenseur, parmi lesquels le ferrite ($\varepsilon_a = 0$, $\varepsilon = \varepsilon_y$). Nous choisirons pour cela, une polarisation de H_0 selon l'axe oy, caractérisé à priori par des tenseurs de perméabilité et permittivité données respectivement par:

$$[\mu] = \begin{bmatrix} \mu & 0 & j\kappa \\ 0 & \mu_0 & 0 \\ -j\kappa & 0 & \mu \end{bmatrix} \quad (4.4a) \qquad \text{et} \qquad [\varepsilon] = \begin{bmatrix} \varepsilon & 0 & j\varepsilon_a \\ 0 & \varepsilon_y & 0 \\ -j\varepsilon_a & 0 & \varepsilon \end{bmatrix} \quad (4.4b)$$

Notons que les deux autres types de polarisation de H_0 selon *ox* ou *oz* peuvent être traitées de façon analogue. Le circuit à étudier est schématisé sur la figure 4.3.

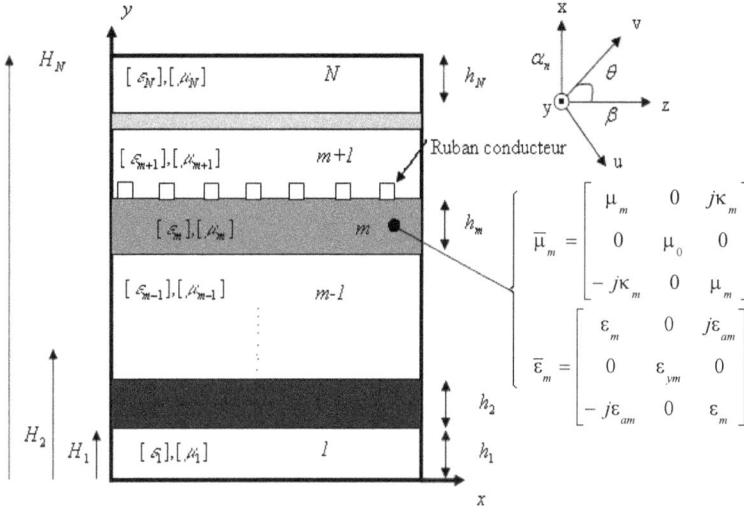

Figure. 4.3 Structure planaire multicouche sur substrats à anisotropie non-diagonale.

4.3.1. Ecriture des champs hybrides en modes LSE et LSM

Les équations de Maxwell décrivant la propagation d'une onde électromagnétique dans un milieu diélectrique à anisotropie non diagonale (4.4), permettent de relier dans le domaine spectral les composantes tangentielles du champ EM aux composantes normales selon [Annexe E]:

$$\tilde{E}_x = -j\frac{\alpha_n \varepsilon_y}{\varepsilon(\beta^2 + \alpha_n^2)}\frac{\partial \tilde{E}_y}{\partial y} + j\frac{\omega\mu_0(\varepsilon_a\alpha_n - j\beta\varepsilon)}{\varepsilon(\beta^2 + \alpha_n^2)}\tilde{H}_y \qquad (4.5a)$$

$$\tilde{E}_z = -j\frac{\beta\varepsilon_y}{\varepsilon(\beta^2 + \alpha_n^2)}\frac{\partial \tilde{E}_y}{\partial y} + j\frac{\omega\mu_0(\varepsilon_a\beta + j\alpha_n\varepsilon)}{\varepsilon(\beta^2 + \alpha_n^2)}\tilde{H}_y \qquad (4.5b)$$

$$\tilde{H}_x = -j\frac{\mu_0\alpha_n}{\mu(\beta^2 + \alpha_n^2)}\frac{\partial \tilde{H}_y}{\partial y} - \omega\varepsilon_y\frac{(j\kappa\alpha_n + \beta\mu)}{\mu\varepsilon(\beta^2 + \alpha_n^2)}\tilde{E}_y \qquad (4.5c)$$

$$\tilde{H}_z = -j\frac{\mu_0\alpha_n}{\mu(\beta^2 + \alpha_n^2)}\frac{\partial \tilde{H}_y}{\partial y} + \omega\varepsilon_y\frac{(\alpha_n\mu - j\kappa\beta)}{\mu\varepsilon(\beta^2 + \alpha_n^2)}\tilde{E}_y \qquad (4.5d)$$

Le mode de propagation hybride étant considéré comme la superposition des modes L.S.E et L.S.M (par rapport à y), nous pouvons écrire les composantes des champs EM hybride en découplant ce mode en deux paires de modes (L.S.E et L.S.M) ayant chacun ses propres composantes du champ en fonction des composantes H_y et E_y respectivement. Nous obtenons ainsi:

Pour les modes L.S.E $(\tilde{E}_y = 0)$:

$$\tilde{E}_x = j \frac{\omega\mu_0(\varepsilon_a\alpha_n - j\beta\varepsilon)}{\varepsilon(\beta^2 + \alpha_n^2)} \tilde{H}_y \tag{4.6a}$$

$$E_z = j \frac{\omega\mu_0(\varepsilon_a\beta + j\alpha_n\varepsilon)}{\varepsilon(\beta^2 + \alpha_n^2)} \tilde{H}_y \tag{4.6b}$$

$$\tilde{H}_x = -j \frac{\mu_0\alpha_n}{\mu(\beta^2 + \alpha_n^2)} \frac{\partial \tilde{H}_y}{\partial y} \tag{4.6c}$$

$$\tilde{H}_z = -j \frac{\mu_0\alpha_n}{\mu(\beta^2 + \alpha_n^2)} \frac{\partial \tilde{H}_y}{\partial y} \tag{4.6d}$$

et pour les modes L.S.M $(\tilde{H}_y = 0)$:

$$\tilde{E}_x = -j \frac{\alpha_n\varepsilon_y}{\varepsilon(\beta^2 + \alpha_n^2)} \frac{\partial \tilde{E}_y}{\partial y} \tag{4.7a}$$

$$\tilde{E}_z = -j \frac{\beta\varepsilon_y}{\varepsilon(\beta^2 + \alpha_n^2)} \frac{\partial \tilde{E}_y}{\partial y} \tag{4.7b}$$

$$\tilde{H}_x = -\omega\varepsilon_y \frac{(j\kappa\alpha_n + \beta\mu)}{\mu\varepsilon(\beta^2 + \alpha_n^2)} \tilde{E}_y \tag{4.7c}$$

$$\tilde{H}_z = \omega\varepsilon_y \frac{(\alpha_n\mu - j\kappa\beta)}{\mu\varepsilon(\beta^2 + \alpha_n^2)} \tilde{E}_y \tag{4.7d}$$

Le passage du repère *(x, y, z)* au nouveau repère *(v, y, u)* se fait au moyen de la relation suivante :

$$\begin{bmatrix} u \\ v \end{bmatrix} = [P] \begin{bmatrix} x \\ z \end{bmatrix} \quad \text{avec} \quad [P] = \begin{bmatrix} -\cos\theta & \sin\theta \\ \sin\theta & \cos\theta \end{bmatrix} \tag{4.8}$$

sachant que $\quad \cos\theta = \dfrac{\beta}{\sqrt{\beta^2 + \alpha^2_n}}$ et $\sin\theta = \dfrac{\alpha_n}{\sqrt{\beta^2 + \alpha^2_n}}$

Ainsi, après avoir projeté les composantes $(\tilde{E}_x, \tilde{E}_z, \tilde{H}_x, \tilde{H}_z)$ dans le nouveau repère, il vient:

Pour les modes L.S.M $(\tilde{H}_y = 0)$:

$$\tilde{E}_v = -j\frac{\varepsilon_y}{\rho\varepsilon}\frac{\partial \tilde{E}_y}{\partial y} \tag{4.9a}$$

$$\tilde{H}_u = \frac{\omega\varepsilon_y}{\rho}\tilde{E}_y \tag{4.9b}$$

$$\tilde{H}_v = -j\frac{\omega\varepsilon_y\kappa}{\rho\mu}\tilde{E}_y \tag{4.9c}$$

Pour les modes L.S.E $(\tilde{E}_y = 0)$:

$$\tilde{E}_u = -\frac{\omega\mu_0}{\rho}\tilde{H}_y \tag{4.10a}$$

$$\tilde{E}_v = j\frac{\omega\mu_0\varepsilon_a}{\rho\varepsilon}\tilde{H}_y \tag{4.10b}$$

$$\tilde{H}_v = -j\frac{\mu_0}{\rho\mu}\frac{\partial \tilde{H}_y}{\partial y} \tag{4.10c}$$

4.3.2. Equations de propagation des champs E_y et H_y

Les équations de Maxwell permettent d'écrire dans une couche à anisotropie non diagonale d'indice i, l'équation différentielle suivante [Annexe E]:

$$\frac{\partial^4(E_{yi} \text{ ou } \tilde{H}_{yi})}{\partial y^4} + d_{1i}^{(h \text{ ou } e)}\frac{\partial^2(E_{yi} \text{ ou } \tilde{H}_{yi})}{\partial y^2} + d_{2i}^{(h \text{ ou } e)} = 0 \tag{4.11}$$

Les indices 'e' et 'h' sont relatifs aux modes LSM et LSE respectivement. Sachant que pour les modes LSE, nous avons:

$$d_{1i}^{h} = -(\alpha_n^2 + \beta^2)(\frac{\varepsilon_i}{\varepsilon_{yi}} + \frac{\mu_i}{\mu_0}) + 2\omega^2(\mu_i\varepsilon_i + \varepsilon_{ai}\kappa_i) \qquad (4.12a)$$

$$d_{2i}^{h} = -(\alpha_n^2 + \beta^2)\omega^2[\frac{\mu_i}{\varepsilon_{yi}}(\varepsilon_i^2 - \varepsilon_{aii}^2) + \frac{\varepsilon_i}{\mu_0}(\mu_i^2 - \kappa_i^2)] + \frac{\varepsilon_i}{\mu_0}\frac{\mu_i}{\varepsilon_{yi}}(\alpha_n^2 + \beta^2)^2$$
$$+ (\mu_i^2 - \kappa_i^2)(\varepsilon_i^2 - \varepsilon_{ai}^2)\omega^4 \qquad (4.12b)$$

Les paramètres d_i pour les modes LSM sont obtenus à partir des équations (4.12) simplement en permutant entre ε et μ d'une part et entre l et κ d'autre part. Les solutions des équations d'ondes se présentent alors sous la forme :

Pour les modes LSM :

$$\tilde{E}_{yi}(\alpha_n, y) = A_i^{LSM} \sinh(\gamma_i^{e,a}(y - H_{i-1})) + B_i^{LSM} \cosh(\gamma_i^{e,b}(y - H_{i-1})) \qquad (4.13a)$$

Pour les modes LSE :

$$\tilde{H}_{yi}(\alpha_n, y) = A_i^{LSE} \sinh(\gamma_i^{h,a}(y - H_{i-1})) + B_i^{LSE} \cosh(\gamma_i^{h,b}(y - H_{i-1})) \qquad (4.13b)$$

avec :

$$\gamma_i^{x,a} = \sqrt{\frac{-d_{1i}^x - (d_{1i}^{x2} - 4d_{2i}^{x})^{1/2}}{2}} \qquad (4.14a)$$

$$\gamma_i^{x,b} = \sqrt{\frac{-d_{1i}^x + (d_{1i}^{x2} - 4d_{2i})^{1/2}}{2}} \qquad (4.14b)$$

où x= e ou h

Comme il ressort de l'équation (4.11), les équations de propagation des champs normaux est identique à celle déjà retrouvée pour le cas des substrats anisotropes biaxiaux. De plus, le champ EM présente 4 composantes par mode, i.e *(E$_y$, E$_v$, H$_u$ et H$_y$)* pour le mode LSM et *(E$_u$, E$_v$,*

H_y, H_v) pour le mode LSE ce qui justifie l'application de la technique de *l'admittance conjointe* [65] *associée à* la méthode *immittance approach* en configuration multicouche développée précédemment.

Cette analogie nous a permis de définir les éléments des fonctions de Green en se basant sur les formules déjà établies aux paragraphes (3.6) simplement en substituant les équations (4.12) et (4.14) à (3.9) et (3.14) respectivement. Ainsi les fonctions de Green prennent la forme (3.31) après avoir remplacé dans les équations (3.32) et (3.34) les paramètres η^{LSE} et η^{LSM} par leurs équivalents définis comme suit:

LSM	$\eta_{vi}^{LSM} = j\omega\varepsilon_i$	$\eta_{uvi}^{LSM} = \dfrac{\omega\kappa_i\varepsilon_i}{\mu_i}$
LSE	$\eta_{ui}^{LSE} = \dfrac{j}{\omega\mu_i}$	$\eta_{uvi}^{LSE} = \dfrac{\varepsilon_i}{\mu_i\omega\varepsilon_{ai}}$

Nous obtenons alors un système à résoudre identique à (3.22) où les inconnues sont les composantes tangentielles du champ électrique et celles de la densité de courant sur les métallisations. La méthode de Galerkin est ensuite appliquée pour transformer ce système (3.22) en un système d'équations algébriques exploitables sur micro-ordinateur. Les différentes étapes d'application de cette méthode ont déjà été développées dans le

paragraphe 3.7. Des résultats seront exposés dans le prochain chapitre concernant la modélisation des circuits multicouches à ferrites

4.4. Conclusion

Ce chapitre a permis de mettre en évidence les propriétés des ferrites utilisées pour la réalisation des dispositifs hyperfréquences (circulateurs, isolateurs, déphaseurs, etc.). Face à la nécessaire évolution du secteur des télécommunications, des dispositifs aux performances toujours plus importantes (pertes minimisées, dispositif miniature et à coût de fabrication réduit, fréquence de fonctionnement du dispositif augmentée) doivent être développés afin de tester les performances des matériaux conçus et de les optimiser pour l'application hyperfréquence recherchée, la connaissance du comportement fréquentiel des composantes de leur tenseur de perméabilité (ou permittivité) est essentielle. Les besoins en matériaux nouveaux s'accompagnent ainsi, inévitablement, de la nécessité de développer des modèles mathématiques adaptés aux propriétés spécifiques du matériau ainsi que des méthodes de mesure expérimentale du tenseur de perméabilité. Ces dernières ont une double importance: elles doivent permettre de contrôler les performances des matériaux en vue de leur intégration dans des circuits non réciproques mais, également, de valider les modèles théoriques du tenseur de perméabilité employés par le concepteur pour prédire la réponse en fréquence du circuit.

Le chapitre qui suit sera entièrement consacré à l'exposé des résultats obtenus concernant la   modélisation des circuits hyperfréquences à anisotropie diagonale/non-diagonale parmi lesquels les résonateurs et les coupleurs.

Dans ce chapitre, nous présenterons la mise en œuvre numérique de la méthode d'approche dans le domaine spectral pour la modélisation, en mode hybride, de l'influence de l'anisotropie dans les circuits planaires micro-ondes blindées en configuration multicouche. Pour ce faire, nous avons défini les différentes étapes communes à tout programme qui traite la méthode d'approche dans le domaine spectral. Le langage de programmation choisi est le *MATLAB,* un logiciel commercial de calcul interactif qui permet de réaliser des simulations numériques basées sur des algorithmes d'analyse numérique.

Nous présenterons dans ce qui suit les résultats numériques de la modélisation. Les organigrammes peuvent être consultées à l'annexe F.

5.1. Validation préliminaire de la technique *immittance approach associée à l'admittance conjointe*

Dans le premier volet de ce chapitre, nous axerons notre travail sur la validation de la nouvelle approche développée précédemment et basée sur la technique *immittance approach associée à l'admittance conjointe* Pour cela, nous avons simulé plusieurs types de coupleurs sur des substrats anisotropes uniaxiaux et biaxiaux [66], [68]. Les résultats obtenus ont été comparés aux données publiées dans la littérature et à l'outil de simulation Neuromodeler [52] qui exploite la technique des réseaux de neurones.

Ainsi, la figure 5.1 montre un bon accord avec les résultats publiés [110] pour un coupleur microstrip bilatéral. Cette figure montre l'influence de l'anisotropie magnétique sur le diagramme de dispersion. Il est intéressant de remarquer que pour le mode pair, la constante de phase β est peu sensible à la variation des éléments du tenseur de perméabilité $[\mu]$, jusqu'aux environs de 25 GHz, tandis que pour le mode impair, β montre une sensibilité aux changements des éléments de $[\mu]$ autour 10 GHz. Ceci démontre que l'anisotropie, qu'elle soit d'origine électrique ou magnétique, est importante et ne peut pas être négligée, particulièrement aux fréquences plus élevées, et donc, doit être prise en compte dans les modèles de conception des circuits MICs et MMICs.

147

Une autre comparaison a été faite sur la permittivité effective pour le cas d'une structure couplée sur saphir (fig. 5.1 et un bon accord a été trouvé par rapport à [111]. Par ailleurs, les résultats obtenus ont montré une amélioration sensible du temps de calcul [66], moins de 2s ont été nécessaires pour modéliser toutes les structures bilatérales analysées soit une réduction d'un facteur de 6 comparés à la technique FDTD [112] où un circuit bilatéral microstrip/microstrip-couplée a été analysé. Par ailleurs, pour un circuit bilatéral slotline/microstrip (fig. 3.1a) [113], le temps de calcul a été divisé par 2.

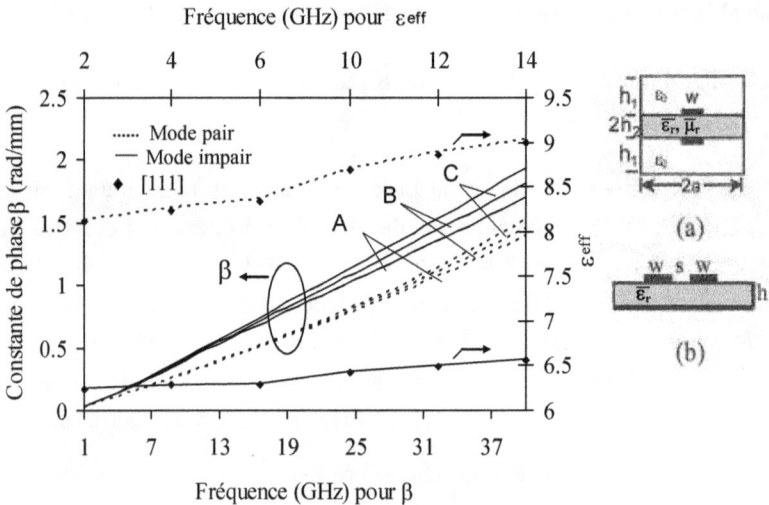

Figure. 5.1. Constante de phase et permittivité effective:
(a) Coupleur microstrip bilatéral (ε_{rx} =2.35, ε_{ry} =2, ε_{rz} =3.5, 2a =4.318 mm,
h_2=0.254 mm, h_1=5.08mm) (A: μ_{rx} = 2.25 μ_{ry} = 2.75 μ_{rz} = 5; B: μ_{rx} = 2.75
μ_{ry}=3.25 μ_{rz} = 5.5; C: μ_{rx} = 3.25 μ_{ry} = 3.75 μ_{rz} = 6) (b) structure couplée
unilatérale sur saphir (w = 0.6mm, s = 0.4mm, h = 0.635mm)

La figure 5.2 illustre la variation de la permittivité effective des modes pairs et impairs en fonction de la fréquence pour un coupleur bilatéral à 3 lignes sur saphir [66]. Un très bon accord a été obtenu par rapport à l'outil Neuromodeler [52] qui exploite la technique des réseaux de neurones.

Les modèles neuronaux de la permittivité effective ont été générés en utilisant 300 échantillons avec une erreur moyenne d'apprentissage d'environ 0.07% et une erreur de test maximum inférieure à 0.03%, ce qui confirme la fiabilité de ces modèles.

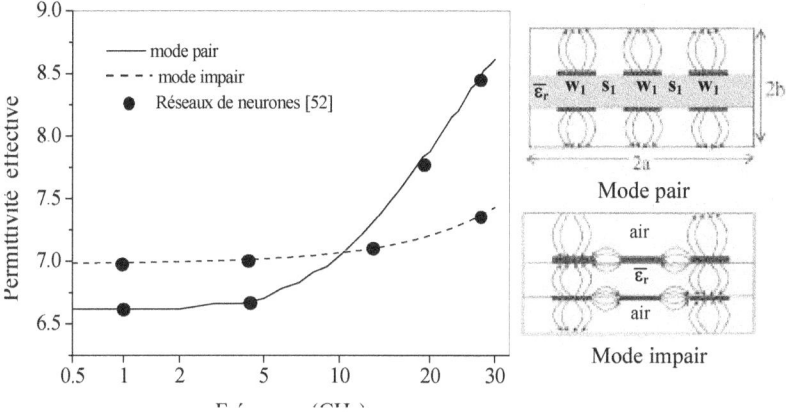

Figure. 5.2 Permittivité effective d'un coupleur bilatéral à 3 lignes
(w_1 = 0.0125 mm, s_1 = 0.5 mm, 2a = 3.556 mm, 2b = 7.112 mm, h_2 = 1mm).

Les coupleurs à trois lignes sont particulièrement utiles dans les systèmes de communications pour combiner deux signaux en un sans aucune interaction entre les signaux sources. Par ailleurs, la conception des filtres par cette configuration possède deux avantages principaux par rapport à celle en ligne couplée traditionnelle [114]. En effet, la contrainte de l'utilisation de gaps serrés lors de la conception des filtres passe-bande en large bande est considérablement allégée; en outre, les caractéristiques des filtres stop-bande peuvent être améliorées.

Par ailleurs, l'utilisation d'un substrat anisotrope peut être exploitée pour améliorer l'isolation et la directivité des coupleurs en égalisant les vitesses de phase des modes pairs et impairs. Elle procure également une flexibilité de conception grâce à la possibilité de changer les caractéristiques des matériaux anisotropes, en changeant les éléments du tenseur permittivité (ε_x et ε_y).

La figure 5.3 illustre la variation de la constante diélectrique effective du mode pair vis à vis de la fréquence pour un coupleur bilatéral suspendu constitué de 3 lignes sur une interface et de deux lignes couplées sur l'autre interface et ceci pour divers types de substrats anisotropes, le saphir ($\varepsilon_x=\varepsilon_z=9.4$, $\varepsilon_y=11.6$), l'epsilam 10 ($\varepsilon_x=\varepsilon_z=13$, $\varepsilon_y=10.2$) et le PTFE cloth ($\varepsilon_x=\varepsilon_z=2.89$, $\varepsilon_y=2.45$) [68]. La configuration du champ électrique pour ce mode est indiquée sur la figure 5.4.

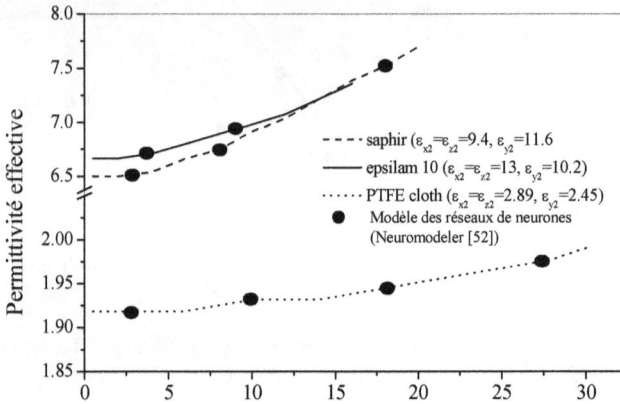

Figure. 5.3 Comparaison entre les résultats obtenus pour la permittivité effective et ceux simulés par le modèle des réseaux de neurones Neuromodeler: cas du coupleur 3 lignes/2 lignes sur différents substrats anisotropes avec: $w_1=0.0125$ mm, $s_1 = 0.5$ mm, $w_2 = 0.05$ mm, $s_2 = 0.5$ mm, $2a = 3.556$ mm, $2b=7.112$mm.

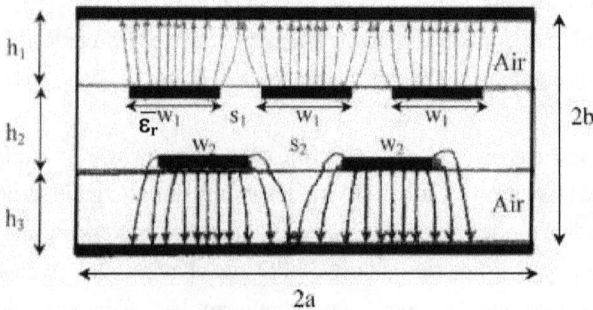

Figure. 5.4 Configuration du champ électrique pour le mode pair

Nous constatons ainsi que la permittivité effective augmente avec la fréquence, la dispersion étant accentuée pour les fréquences élevées. En outre, nous notons que les courbes du saphir et l'epsilam 10 coïncident autour de 15 GHz; au delà de cette limite les résultats sont semblables pour les deux substrats. Notons également que l'effet de l'anisotropie est amplifié à des valeurs élevées de la constante diélectrique. Ces résultats ont été obtenus avec 5 fonctions de base par composante du courant ($P=Q=R=S=5$) et 200 termes de Fourier.

5.2. Coupleurs unilatéraux en configuration suspendue et inversée

Après avoir confirmé la validité et la fiabilité de l'approche développée dans le cadre de l'analyse des circuits anisotropes par le principe de l'admittance conjointe [66], nous entamons à présent l'analyse des coupleurs unilatéraux à travers l'estimation de l'erreur introduite lorsque la nature anisotrope du matériau n'est pas prise en compte lors de la conception des circuits. Les fonctions de base utilisées sont celles indiquées sur le tableau III.1.

Les résultats numériques pour les lignes couplées ($s/h_1=0.1$, $h_2/h_1=10$) sont rassemblés dans le tableau V.1. Les indices i et a concernent le substrat Epsilam-10 lorsque l'anisotropie est respectivement négligée ou prise en considération. Nous constatons que les erreurs de conception dues à l'anisotropie deviennent importantes lorsque les rubans sont étroits (w faibles), d'où la nécessité de prendre en considération l'aspect de l'anisotropie dans la conception des circuits hyperfréquences. Ceci est dû au fait que les champs parasites ne sont pas correctement pris en compte lorsque l'anisotropie est négligée, une telle omission pouvant induire des erreurs de calcul conduisant à des modèles imprécis.

Nous observons de plus que l'erreur est plus importante dans le cas du mode impair. D'autres calculs démontrent que l'erreur augmente lorsque que s/h_1 diminue. Ceci est dû à une intensité plus élevée des champs parasites entre les rubans dans le cas anisotrope. La convergence a été obtenue avec Nbf=6 et Ntf=200, cette convergence étant plus lente pour le mode impair. L'erreur relative moyenne par rapport à ceux publiés [115] ne dépasse pas 1.9% dans le cas isotrope et 1.6% dans le cas anisotrope tous modes confondus.

Tab. V.1 Comparaison de la permittivité effective de la ligne couplée sur substrat isotrope (ε_r=10.3) et anisotrope Epsilam 10 (ε_{xx}= ε_{zz}=13, ε_{yy}=10.3) avec (h_1 =1mm, h_2 =9mm, 2s=0.1mm, 2a=50mm, f=100 MHz, Nbf=6, Ntf=200)

w/h	Résultats obtenus			Résultats publiés [115]		
	$\varepsilon_{eff_i}^{pair}$	$\varepsilon_{eff_a}^{pair}$	Erreur en %	$\varepsilon_{eff_i}^{pair}$	$\varepsilon_{eff_a}^{pair}$	Erreur en %
0.1	6.3586	6.8277	7.378	6.3705	6.8346	7.285
1.0	7.2822	7.5320	3.430	7.3236	7.5682	3.340
3.0	8.0261	8.1955	2.110	8.1945	8.3148	1.468
5.0	8.2270	8.3810	1.872	8.5260	8.6270	1.185
7.0	8.3346	8.4696	1.620	8.5867	8.7847	2.306

A. Mode pair

w/h	Résultats obtenus			Résultats publiés		
	$\varepsilon_{eff_i}^{impair}$	$\varepsilon_{eff_a}^{impair}$	Erreur en %	$\varepsilon_{eff_i}^{impair}$	$\varepsilon_{eff_a}^{impair}$	Erreur en %
0.1	5.6556	6.2892	11.20	5.6566	6.2889	10.054
1.0	5.9291	6.4411	8.64	5.8253	6.3809	8.707
3.0	6.7172	7.0400	4.81	6.4355	6.8208	5.987
5.0	7.1393	7.4207	3.94	6.9656	7.2468	3.880
7.0	7.3815	7.6371	3.46	7.4683	7.5920	1.656

B. Mode impair

L'uniformisation des vitesses de phase des modes pairs et impairs joue un grand rôle dans l'amélioration de la directivité des coupleurs. Les substrats anisotropes peuvent servir à rendre égales les vitesses des deux modes d'un coupleur planaire. La figure 5.5 illustre le comportement de la permittivité effective pour les lignes couplées ayant un rapport d'anisotropie AR(=$\varepsilon_x/\varepsilon_y$)> 1 (AR = 1.26 pour Epsilam-10), AR = 1 (substrat isotrope) en fonction de B/h_1. Comme il apparaît dans ces courbes, l'uniformisation des vitesses de phase est réalisée dans chacun des deux cas.

Notons cependant que du point de vue pratique, une faible valeur de B/h_1 est plus sensible aux erreurs de tolérances de fabrication pour la conception des coupleurs. Par conséquent, les substrats pour lesquels AR > 1 devraient être utilisés pour minimiser cette sensibilité aux erreurs.

L'utilisation du substrat Epsilam 10 est alors plus appropriée (AR = 1.26) pour une conception précise des coupleurs directifs. Signalons que les résultats obtenus sont conformes à ceux publiés [115].

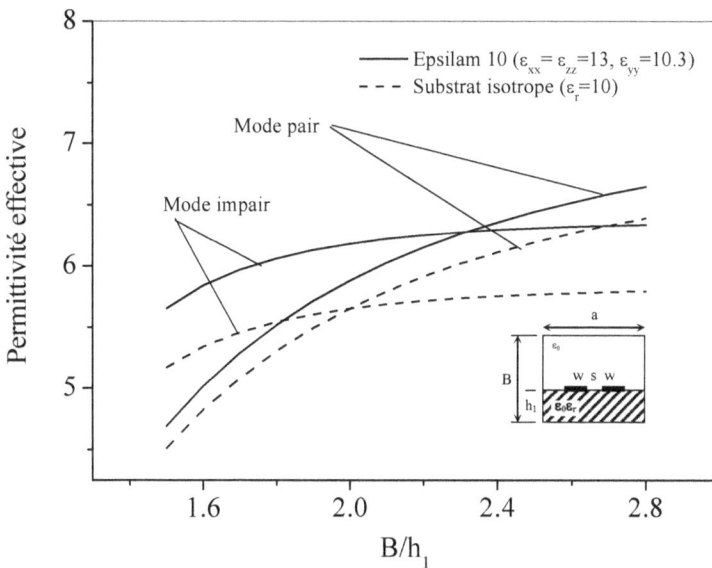

Figure. 5.5 Influence du rapport d'anisotropie (AR) sur la permittivité effective pour les coupleurs microstrip (w/h=0.7, s/h=0.26, f=100 MHz)

La figure 5.6 montre la variation du rapport des vitesses de phase v_{pair}/v_{impair} en fonction de w/h_2 avec ε_r comme paramètre pour les lignes couplées inversées (LCI) et les lignes couplées suspendues (LCS) dans le cas isotrope. Les résultats obtenus sont en bon accord par rapport à ceux publiés [116].

Pour les applications des coupleurs, de telles différences dans v_{pair} et v_{impair} conduisent à une faible directivité, ceci est dû essentiellement au mode impair. L'uniformisation des vitesses de phase peut être réalisée en perturbant les champs du mode pair en introduisant une couche diélectrique supplémentaire au-dessus du plan de masse.

Ceci aura, néanmoins, pour conséquence d'augmenter les pertes ohmiques dans les conducteurs, en raison de la présence du plan de masse.

Les courbes de la figure 5.7 donnent d'autres résultats pour les mêmes structures (LCI et LCS) mais avec deux substrats anisotropes uniaxiaux, le niobate de lithium ($\varepsilon_{xx}=\varepsilon_{zz}=28$, $\varepsilon_{yy}=43$) et l'Epsilam 10 ($\varepsilon_{xx}=\varepsilon_{zz}=13$, $\varepsilon_{yy}=10.3$).

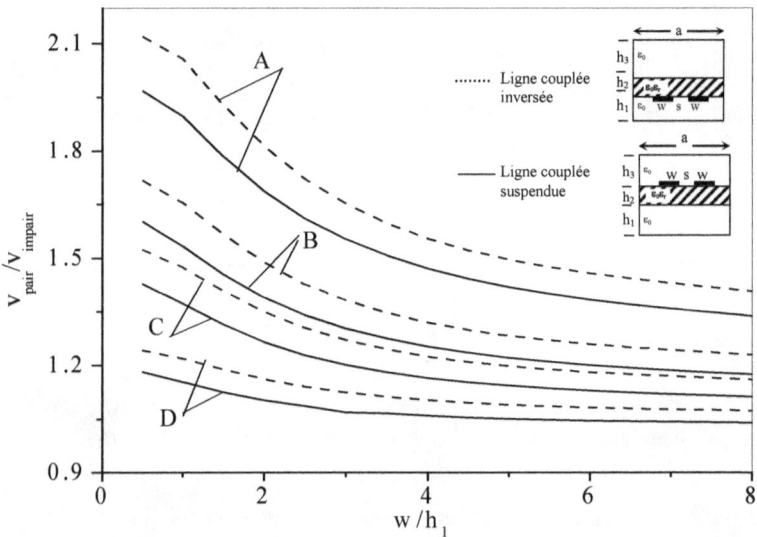

Figure. 5.6 Rapport des vitesses de phase des modes pairs et impairs en fonction de w/h₁ pour les lignes couplées suspendues et les lignes couplées inversées
(h₂/h₁=0.5, s/h₁=0.2, h₃=10(h₁+h₂), f=100 MHz)
A : $\varepsilon_r=40$; B: $\varepsilon_r=16$; C : $\varepsilon_r=9.6$; D : $\varepsilon_r=3.78$

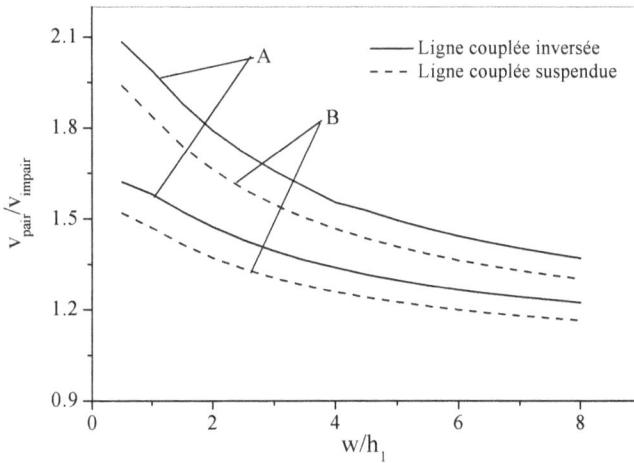

Figure. 5.7 Rapport des vitesses de phase du mode pair et impair en fonction de
w/h_1 *pour les lignes couplées suspendues et les lignes couplées inversées*
(h_2/h_1=0.5, s/h_1=0.2, h_3=10(h_1+h_2), f=100 MHz)
A : ε_{xx}= ε_{zz} =28, ε_{yy} =43 ; B : ε_{xx}= ε_{zz} =13, ε_{yy} =10.3

5.3. Résonateurs [71]

Afin de mettre en évidence la validité des résultats obtenus par le programme de conception, nous avons analysé plusieurs types de résonateurs à rubans et à fentes [71] pour calculer leurs fréquences de résonances ainsi que la longueur excédentaire due aux effets de bord et les comparer avec les résultats publiés. La méthode d'approche dans le domaine spectral nécessite la convergence des séries infinies utilisées dans le processus de résolution du système (3.53), notamment le calcul des éléments de la matrice [C(ω,β)]. La convergence est obtenue en augmentant le nombre de termes de Fourier selon x et z (soient Nx et Nz) jusqu'à ce qu'il n'y ait plus de changement significatif dans les résultats. La convergence est atteinte dans notre cas pour un nombre de raies proche de 100 environ et pour 2 fonctions de base.

Le tableau V.2 présente une comparaison entre les résultats obtenus et ceux publiés [117] pour le cas des fréquences de résonance des résonateurs microstrip anisotropes vis a vis du rapport d'anisotropie. Cette comparaison montre un bon accord avec nos résultats, l'erreur relative moyenne est évaluée à 0.52 %.

Tab. V.2 Comparaison entre les résultats obtenus et publiés pour les résonateurs microstrip anisotropes (2a= 159 mm, h_1= 15.9 mm, w= 22.9 mm, l= 19 mm)

Type d'anisotropie	ε_x	ε_y	$(\varepsilon_x/\varepsilon_y)$	f_r (GHz)	f_r (GHz) [117]	$\frac{\Delta f_r}{f_r}$ %	$\frac{\Delta f_r}{f_r}$ % [117]
Isotrope	2.32	2.32	1	4.165	4.123	0	0
Négative	4.64	2.32	2	4.053	4.042	2.68	1.96
Négative	2.32	1.16	2	5.465	5.476	31.21	32.81
Positive	1.16	2.32	0.5	4.140	4.174	0.6	1.23
Positive	2.32	4.64	0.5	3.040	3.032	27.01	26.46

Notons que lorsque la valeur de ε_y diminue, la fréquence de résonance augmente et vice versa. Cette variation est de l'ordre de 31.21 % et 27 % lorsque ε_y passe de (2.32 à 1.16) et de (2.32 à 4.64), respectivement. Cependant, lorsque ε_x varie, nous constatons un faible changement de l'ordre de 2 % environ.

Nous concluons ainsi que, pour un substrat à anisotropie uniaxiale, la fréquence de résonance dépend fortement des variations de la constante diélectrique le long de l'axe optique (oy), ce résultat explique le changement important en fréquence rapporté par Nelson *et al.* [118].

D'autres résultats sont présentés pour le cas des substrats à anisotropie uniaxiale à savoir, le nitrure de bore (ε_x= ε_z= 5.12 et ε_y= 3.4), l'Epsilam-10 (ε_x= ε_z= 13 et ε_y= 10.3) et le saphir (ε_x= ε_z= 9.4 et ε_y = 11.6).

La figure 5.8 donne la variation de la fréquence de résonance pour ces matériaux.

Ces résultats montrent que la fréquence de résonance diminue considérablement en remplaçant le substrat nitrure de bore par l'Epsilam-10. Cependant, cette variation est faible en passant de l'Epsilam-10 au saphir.

Ce comportement peut être confirmé par la théorie, où les fréquences de résonance tendent sensiblement vers la valeur $(\lambda_o/2)/\sqrt{\varepsilon_{\text{eff}}}$ [119] où ε_e désigne la permittivité effective d'une ligne microstrip infiniment longue, ε_e est sensiblement égale pour le saphir et l'Epsilam-l0.

Ceci implique que les résonateurs gravés sur ces deux substrats sont à peu près identiques. Notons que l'erreur ne dépasse pas 1% par rapport à [119].

La figure 5.9 montre le comportement de la fréquence de résonance en fonction du rapport d'anisotropie $R = \dfrac{n_x}{n_y} = \sqrt{\dfrac{\varepsilon_x}{\varepsilon_y}}$ avec $\varepsilon_y = 2.35$ où n_x et n_z désignent les indices de réfraction selon x et z respectivement. Nous remarquons que la fréquence de résonance diminue approximativement de 1.5 GHz, (environ de 15.7%) lorsque le rapport d'anisotropie varie de 1 (isotrope) à 2. Notons que le résultat pour le cas isotrope ($n_x = n_y$) est conforme à celui donné par Itoh et Menzel [120].

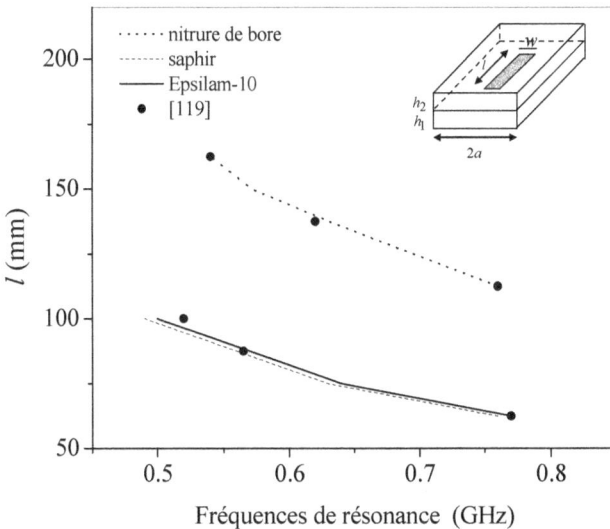

Figure. 5.8 Fréquence de résonance en fonction de la longueur du patch d'un résonateur microstrip sur différents types de substrats anisotropes. (2a= 155mm, h_1= 12.7 mm, h_2= 88.9 mm, w= 20 mm)

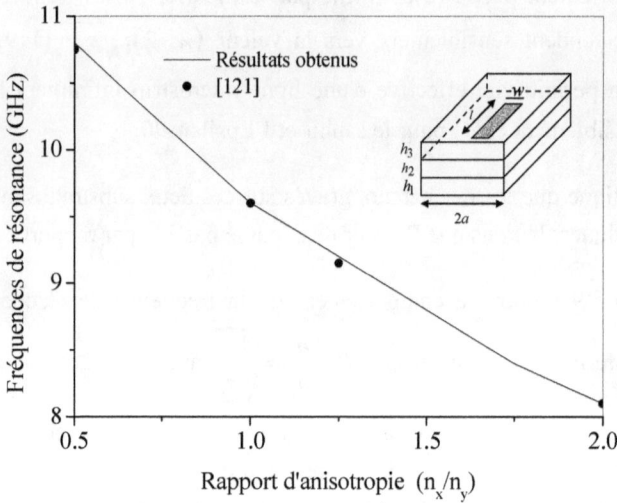

Figure. 5.9 Fréquence de résonance en fonction du rapport d'anisotropie pour un résonateur sur un seul substrat. (ε_y= 2.35, 2a= 158mm, h_1= 15.8mm, h_2=h_3=0mm, w= 2mm, l= 10 mm)

La figure 5.10 montre la variation de la fréquence de résonance en fonction de la longueur du patch pour quatre valeurs différentes du rapport d'anisotropie n_x/n_y. Nous constatons que les fréquences de résonance pour le cas isotrope ($n_x = n_y$) sont en bon accord avec ceux données par Hornsby *et al.* [122]. Il est à noter également que pour une longueur de patch de 6 mm, la fréquence de résonance augmente de 7.68 GHz à 12.19 GHz lorsque le rapport n_x/n_y augmente de 1 à 2, soit un changement de 58.7 %.

Sur cette figure, la fréquence de résonance croît avec le rapport d'anisotropie *(R=n_x/n_y)*, contrairement à la figure 5.9 où celle-ci diminue. La raison de cette contradiction apparente réside dans le fait que pour le second cas (fig. 5.9), la fréquence de résonance augmente lorsque ε_x diminue (R diminue) alors que dans le premier cas (fig. 5.10) la fréquence de résonance augmente lorsque ε_y diminue (R augmente).

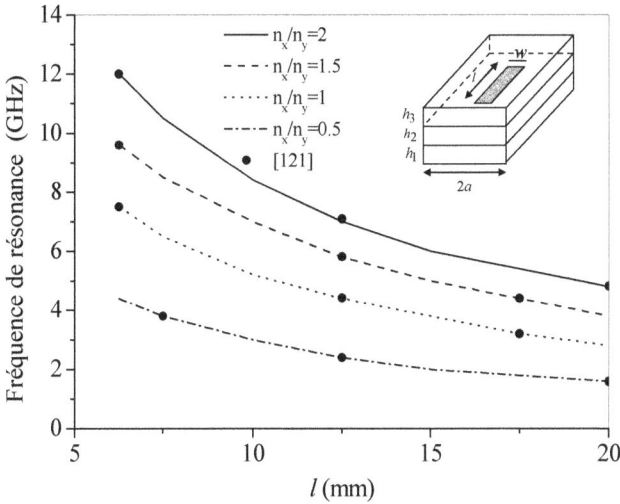

Figure 5.10 Fréquence de résonance en fonction de la longueur du patch pour différentes valeurs du rapport d'anisotropie. (2a= 158mm, h_1= 12.7mm, h_2=h_3=0mm, w= 4mm, ε_{x1}= 9.6)

Les Figures 5.11 et 5.12 illustrent l'effet de l'anisotropie diélectrique sur la résonance d'un patch rectangulaire gravé sur deux substrats diélectriques stratifiés de nature différente (isotrope et anisotrope).

Sur la figure 5.11, nous avons tracé la variation de la fréquence de résonance en fonction de l'épaisseur de la couche anisotrope (milieu 1) pour différentes valeurs du rapport d'anisotropie.

Nous remarquons que pour $n_x > n_y$ et $h_1 < h_2$, la fréquence de résonance augmente avec l'augmentation de h_1, ce qui n'est pas le cas si $n_x < n_y$.

La figure 5.12 montre l'influence de l'anisotropie sur la fréquence de résonance d'un résonateur microstrip suspendu en fonction de la longueur du patch pour différentes valeurs de n_x/n_y. Ainsi, une longueur de patch de 5 mm entraîne une diminution de la fréquence de résonance de 15 GHz à 10 GHz, soit un changement de 50% pour un rapport d'anisotropie passant de 1 (isotrope) à 2.

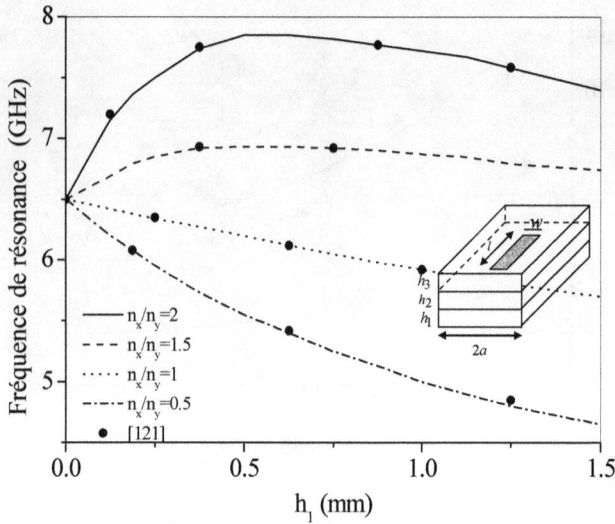

Figure. 5.11 Fréquence de résonance en fonction de h_1 pour différentes valeurs du rapport d'anisotropie. (2a= 158mm, h_2= 0.635mm, ε_{r2}= 9.6, h_3= 0mm, w=4mm, l= 8mm, ε_{x1}= 9.6,)

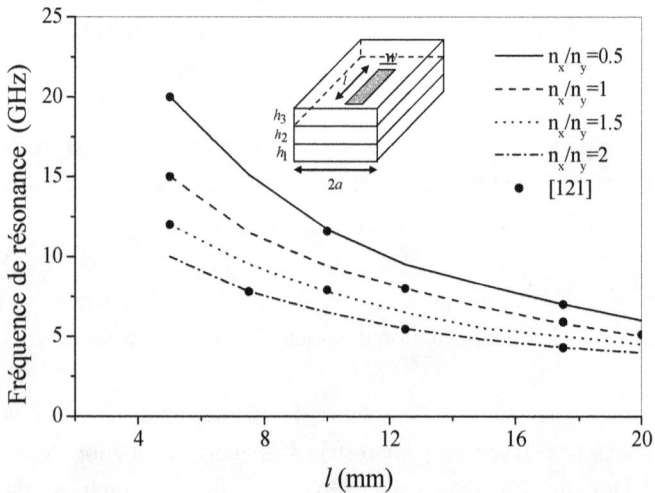

Figure. 5.12 Fréquence de résonance en fonction de la longueur du patch pour un résonateur suspendu. (2a= 158 mm, h_1= 1.651 mm, ε_{r1}=1, h_2= 0.254 mm, h_3= 0 mm, w= 1 mm, ε_{y2}= 9.6)

La Figure 5.13 illustre l'effet de l'anisotropie (ε_x varie, ε_y constant) sur la fréquence de résonance pour un résonateur à 3 couches diélectriques incluant trois types de substrats anisotropes à savoir: le nitrure de bore ($\varepsilon_{x1}= \varepsilon_{z1}= 5.12$ et $\varepsilon_{y1}= 3.4$), le saphir ($\varepsilon_{x2}= \varepsilon_{z2}= 9.4$ et $\varepsilon_{y2}= 11.6$), l'Epsilam-10 ($\varepsilon_{x3}= \varepsilon_{z3}= 13$ et $\varepsilon_{y3}= 10.3$).

Comme nous pouvons le constater, la variation du rapport d'anisotropie de la première couche (nitrure de bore) affecte de façon plus significative la valeur de la fréquence de résonance. En revanche, le changement est faible pour le cas de la dernière couche (Epsilam-10). Les valeurs obtenues sont conformes à ceux publiées [121].

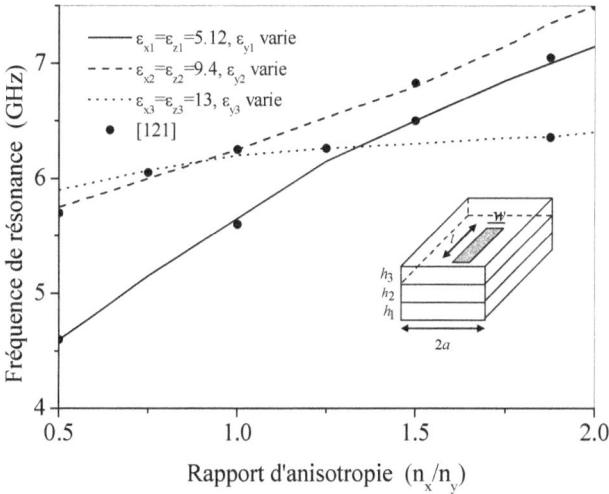

Figure. 5.13 Effet sur la fréquence de résonance en faisant varier le rapport d'anisotropie (ε_y varie) d'un substrat tout en maintenant l'anisotropie des deux autres substrats constante.(2a= 158 mm, $h_1= h_2= h_3= 0.835$ mm, w= 4 mm, l= 8 mm)

La figure 5.14 décrit la variation de la longueur excédentaire vis à vis de la longueur du patch : lorsque l augmente, Δl décroît en raison de la diminution des effets de bord au niveau des extrémités ouvertes. Les résultats obtenus sont conformes à ceux publiés [123].

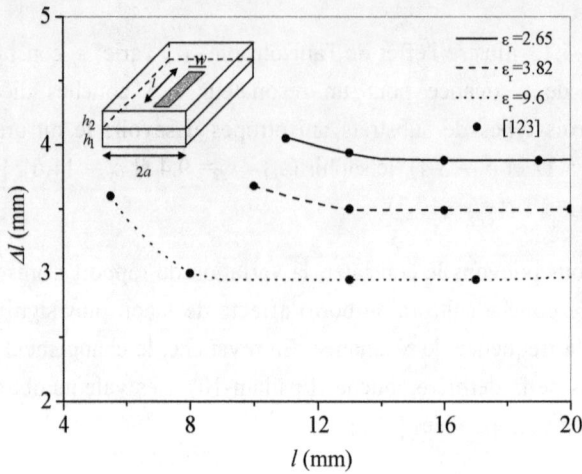

Figure. 5.14 Variation de la longueur excédentaire en fonction de la longueur
du patch.(h_1= 12.7mm, h_2= 88.9mm, 2a= 155mm, w= 20mm)

La figure 5.15 illustre la variation de la longueur excédentaire en fonction
de la largeur du patch. Nous remarquons que lorsque w augmente, Δl
augmente aussi. Si w continue à augmenter, Δl aura tendance à se
stabiliser (à partir de 2w /d= 6 environ). Un bon accord est obtenu par
rapport à [123]. L'erreur est évaluée à moins de 1%.

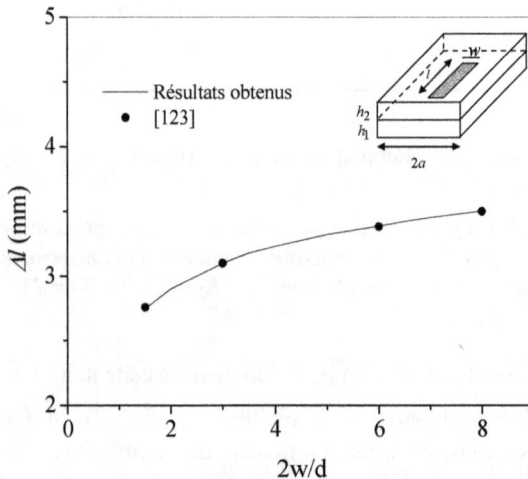

Figure. 5.15 Variation de la longueur excédentaire en fonction de la largeur
normalisée du patch. (h_1= 12.7mm, h_2= 88 mm, 2a= 155mm, l= 20mm, ε_r=3.82)

Pour le cas des résonateurs à fentes, le tableau V.3 présente une comparaison entre les résultats obtenus et ceux publiés dans la littérature pour les fréquences de résonance vis a vis de la longueur du patch. L'erreur est évaluée à 0.3 % par rapport à [124] et 0.38 % par rapport à [125].

Tab. V.3 Comparaison entre les résultats obtenus et publiés
(résonateur à fentes).
(2a= 3.556mm, h_1= 2.8mm, h_2= 0.127mm, h_3= 4.185mm, w= 0.3556, ε_r=2.2)

l (mm)	f_r slot (GHz)	f_r [185]	f_r [186]
3.25	34.8	34.7	34.50
3.75	32.6	32.6	32.54
4.25	30.3	30.4	30.27

La figure 5.16 donne la variation de la fréquence de résonance en fonction de la longueur d'un résonateur à fente suspendu. Nous constatons que les fréquences de résonance diminuent lorsque cette longueur augmente. Nous remarquons bien que cette diminution reste inchangée même pour de grandes valeurs des épaisseurs des substrats diélectriques. Les résultats obtenus sont conformes à ceux publiés [124].

Sur la figure 5.17, nous avons tracé les courbes de variation de la fréquence de résonance en fonction de la longueur de la fente d'une part et de la demi-longueur d'onde en fonction de la fréquence de résonance d'autre part. Nous constatons ainsi que la fréquence de résonance diminue lorsque la longueur du résonateur augmente et que la demi-longueur d'onde diminue avec l'augmentation de la fréquence de résonance. Les résultas obtenus sont conformes à ceux publiés [126].

La figure 5.18 montre la variation de la longueur excédentaire normalisée en fonction de la fréquence de résonance. Signalons qu'aux fréquences de la bande Ka (20-30 GHz), cette variation est très faible. Par contre, à partir de 34 GHz environ, nous notons une augmentation rapide de $\Delta l/l$ au fur et à mesure de l'augmentation de la fréquence de résonance. Les résultats obtenus sont en bon accord avec ceux publies [126]. L'erreur ne dépasse guère 1%.

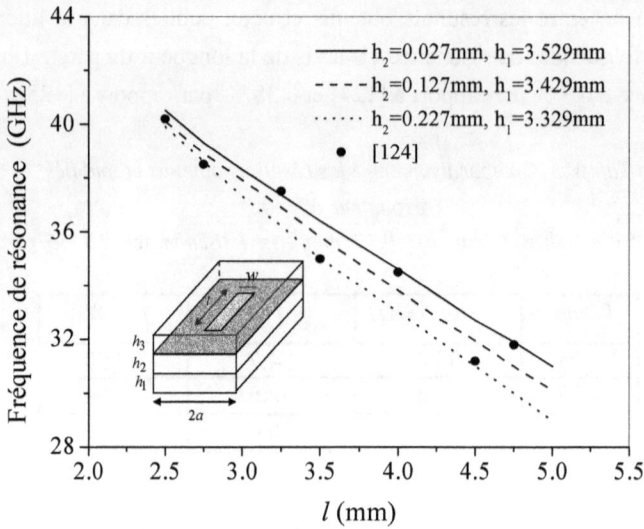

Figure. 5.16 Fréquence de résonance en fonction de la longueur du patch.
(h_3= 3.556mm, 2a= 3.556mm, ε_r= 2.22, w= 1.778mm)

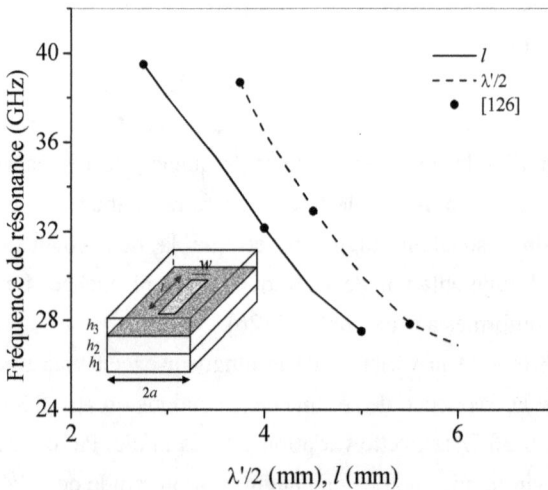

Figure. 5.17 Fréquence de résonance en fonction de la longueur de la fente, et de
la demi-longueur d'onde
(ε_r= 2.22, h_1= 3.556mm, h_2= 0.127mm, h_3= 3.429mm, 2a= 3.556mm,
w=0.3556mm, l=3.6mm)

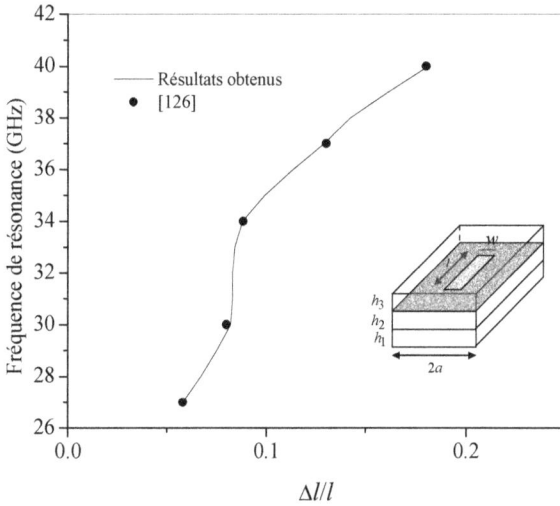

Figure. 5.18 Longueur excédentaire normalisée en fonction de la fréquence de résonance.(h_1= 3.556mm, h_2= 0.127mm, h_3= 3.429mm, ε_{r2}= 2.22, ε_{r1}= ε_{r3}= 1, 2a= 3.556mm, w= 0.3556mm, l= 3.6mm)

5.4. Influence des métallisations [81], [82]

Toujours dans le souci de mettre en évidence la validité des résultats obtenus par le programme de conception, nous avons cette fois tenu compte lors de la modélisation de l'épaisseur et de la conductivité électrique des métallisations. Nous les avons ensuite comparés aux résultats publiés.

Le tracé du diagramme de dispersion est une étape indispensable et nécessaire pour caractériser les structures planaires micro-ondes afin de fixer la bande passante du mode dominant et des modes d'ordre supérieurs, qui sont excités aux très hautes fréquences. Ces modes produisent des pertes par rayonnement qu'il faut éviter à tout prix.

Le premier circuit à analyser est constitué d'une ligne microstrip du type SOS (Silicon-On-Saphire). Le saphir a une épaisseur de 180 μm, le silicium atteint 1 μm d'épaisseur et sa conductivité est de 5 S/m. Quant au ruban, il s'agit d'une couche d'or évaporé de 180 μm de large et 150 nm d'épaisseur avec une largeur de plan de masse de 1629 µm. Les résultats obtenus sont donnés sur la figure (5.19).

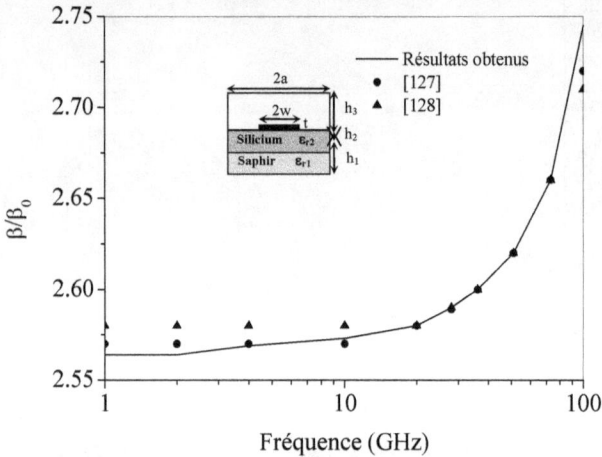

Figure. 5.19. Diagramme de dispersion d'une ligne SOS sur saphir
$$(\varepsilon_{r1} = 9.95, \varepsilon_{r2} = 12)$$

Nous notons un très bon accord entre nos résultats et ceux publiés [127] ainsi que par rapport aux résultats expérimentaux de Cooper [128]. Nous constatons à travers ces courbes, la nature non linéaire de la constante de phase normalisée vis-à-vis de la fréquence à partir de 20 GHz environ. Notons aussi la croissance relativement importante de la constante de phase aux très hautes fréquences. Par contre pour les fréquences relativement basses (< 20 GHz), la constante de phase est pratiquement linéaire avec la fréquence (β/β_0 constant) et nous nous trouvons alors dans la gamme du mode dominant quasi-TEM. Dans ce cas, l'hypothèse quasi-statique aurait été suffisante pour rendre compte convenablement des paramètres caractéristiques de cette ligne. Signalons que l'erreur relative moyenne ne dépasse pas 1% par rapport aux résultats publiés dans [127] et [128].

Par ailleurs, nous avons étudié le comportement de la ligne MIS (métal-isolant-semiconducteur) sur silicium dans un domaine de fréquences allant de 0 à 50 GHz, pour différentes valeurs de la conductivité σ_{Si} du substrat.

Les pertes ohmiques des rubans ont été prises en compte $\sigma_{ruban} = 40 \times 10^6$ S/m. L'oxyde isolant SiO_2 est considéré sans pertes.

La figure 5.20 donne les variations de la constante de phase β en fonction de la fréquence pour différentes valeurs de σ_{Si}. Nous remarquons que pour les deux valeurs de σ_{Si} (moyenne et faible), la variation de la constante de phase est presque linéaire alors que pour σ_{Si}=100 S/m, la ligne est dispersive. Les résultats obtenus sont en bon accord avec [129].

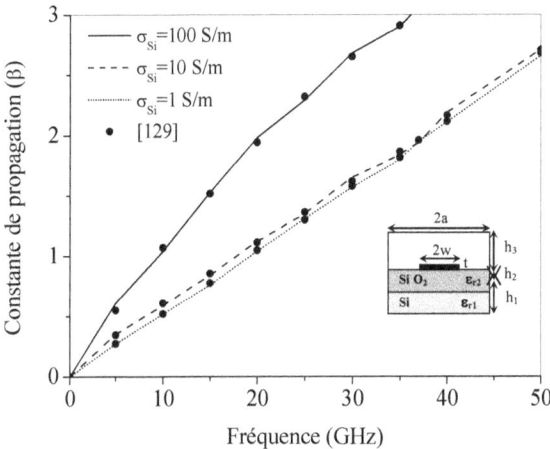

Figure. 5.20 Constante de propagation en fonction de la fréquence pour différentes valeurs de σ_{Si}. (h_1 =300µm ; h_2 =0.6µm ; h_3 =2705.4 µm ; a=2705.4µm ; w=2 µm ; t=0.6 µm; ε_{r1} = 12; ε_{r2} =4).

L'oxyde est destiné à isoler la ligne du substrat. Les particularités de ce type de ligne résident dans le caractère stratifié du diélectrique et dans la résistivité finie du substrat de silicium.

Dans ces conditions, différents modes peuvent se propager suivant la valeur de la conductivité σ_{Si} [130] [131]. Dans les substrats utilisés, σ_{Si} peut varier dans de grandes proportions (1 à 100 S/m) et une étude électromagnétique des modes de propagation est nécessaire. Pour les épaisseurs d'oxyde et de silicium données précédemment et pour une ligne à plans parallèles, la carte des modes est donnée sur la figure (5.21) [132].

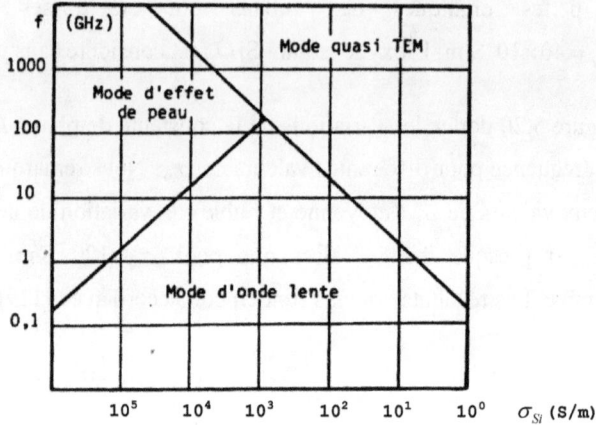

Figure. 5.21 Ligne sur Silicium : carte des modes

Mode quasi-TEM : il apparaît pour de faibles conductivités du silicium et à des fréquences élevées (fig. 5.21). Les pertes diélectriques sont faibles et l'énergie électromagnétique est véhiculée essentiellement dans les deux diélectriques (Si et SiO_2). La ligne a un comportement analogue à celui d'une ligne sur GaAs.

Mode d'onde d'effet de peau : ce mode apparaît pour des conductivités et des fréquences élevées (fig. 5.21). Aux hautes fréquences, l'épaisseur de peau dans le silicium devient inférieure à h_1. Dans ces conditions, le substrat se présente comme un plan de masse à pertes et l'énergie électrique est essentiellement localisée dans l'oxyde isolant.

Mode d'onde lente : c'est un cas intermédiaire entre les deux modes précédents. Pour des fréquences et des conductivités modérées (fig. 5.21), l'épaisseur de peau dans le silicium étant grande devant h_1, l'énergie magnétique est répartie dans les deux milieux (Si et SiO_2). Mais l'énergie électrique est concentrée essentiellement dans l'oxyde. La capacité de la ligne augmente et il en résulte un ralentissement de l'onde électromagnétique.

Nous avons représenté sur la figure 5.22 les variations de la constante de phase des modes pair et impair en fonction de la fréquence pour une ligne couplée sur GaAs ($\varepsilon_r = 12$) avec $h_1 = 300\mu m$, $h_2 = 2700\mu m$, $t=0.6\mu m$, $w=s=2\mu m$. Les pertes étant essentiellement dues aux rubans (pertes dans le plan de masse négligeables), le mode pair se propageant entre les rubans et le plan de masse est moins atténué que le mode impair qui se propage entre les rubans. La dispersion du mode pair est également plus faible que celle du mode impair. Les résultats obtenus sont en bon accord avec [129].

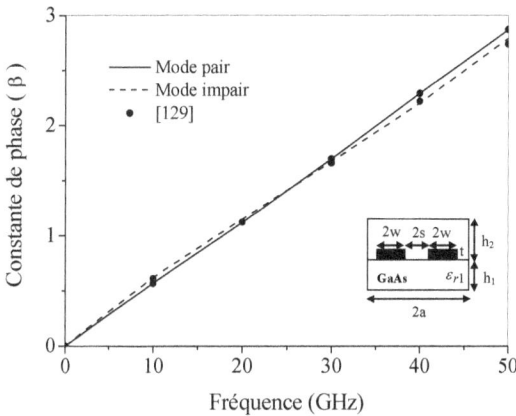

Figure. 5.22 Variation de la constante de propagation en fonction de la fréquence pour les modes pair et impair

La géométrie étudiée sur les figures 5.23 correspond à une ligne couplée MIS sur Silicium dont les dimensions sont : $t=0.6\mu m$, $w=2\mu m$, $h_1 = 300\mu m$, $\varepsilon_{r1} = 12$, $h_2 = 0.6\mu m$, $\varepsilon_{r2} = 4$, $h_3 = 2704.5\mu m$, a=2704.5μm, s=2μm.

Nous avons représenté les variations de la constante de phase des modes pair et impair pour différentes valeurs de σ_{Si}. Contrairement aux lignes déposées sur GaAs, les constantes de propagation des modes pair et impair sont différentes et donc, la nature stratifiée du diélectrique ne conduit pas à la même valeur de ε_{eff} pour ces modes.

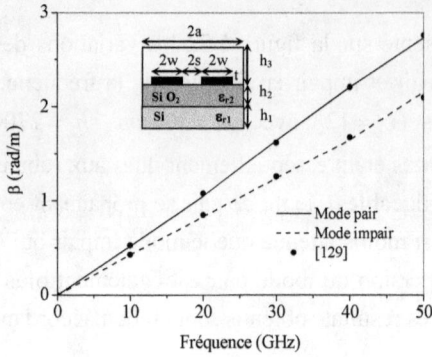

(a)

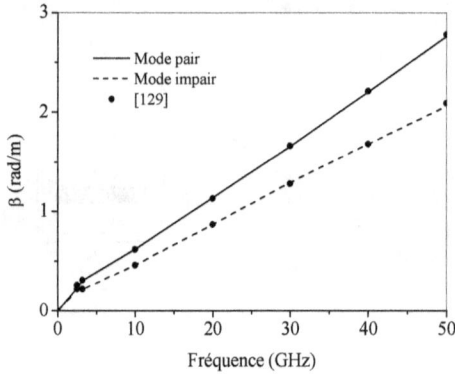

(b)

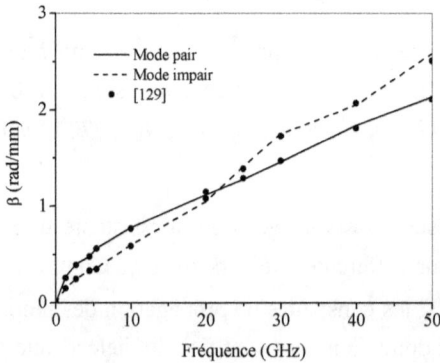

(c)

Figure. 5.23 .Variation de la constante de propagation en fonction de la fréquence pour a) $\sigma_{Si} = 1$ *S/m., b)* $\sigma_{Si} = 10$ *S/m, c)* $\sigma_{Si} = 100$ *S/m*

Lorsque les pertes dans les rubans sont prédominantes (faibles conductivités du silicium), la constante de phase du mode pair est supérieure à celle du mode impair tandis que pour une forte valeur de σ_{Si}, la constante de phase du mode pair est supérieure à celle du mode impair pour la gamme de fréquence allant de 0 à 25 GHz. Au delà de 25 GHz c'est l'inverse qui se produit et le résultat devient proche à celui obtenu pour la ligne GaAs.

Par ailleurs, afin de mettre en évidence l'effet des métallisations (épaisseurs des rubans), nous avons analysé un coupleur en configuration microstrip suspendue à 3 couches diélectriques de caractéristiques ($2a$=10 mm, w=1mm, $\varepsilon_{r1} = \varepsilon_{r3} =1$, ε_{r2}=4). La figure 5.24 indique la variation de la permittivité effective en fonction de la fréquence pour les modes pair et impair.

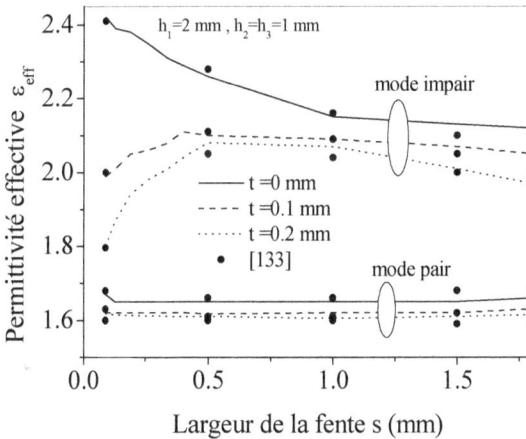

Figure. 5.24.Permittivité effective des modes pair et impair vis à vis de la largeur de la fente s pour différentes valeurs de l'épaisseur 't' dans le cas d'une ligne couplée suspendue à 3 couches.

Contrairement aux lignes couplées simples, nous remarquons que lorsque la distance 's' diminue, l'écart entre les vitesses de phase des modes pair et impair augmente d'abord (pour s élevé) avant de diminuer. Ce comportement est observé seulement lorsque nous tenons compte de l'épaisseur des métallisations puisque à *t = 0*, cette augmentation est monotone. Un tel comportement est confirmé pour les lignes couplées inversées suspendues (fig. 5.25) avec néanmoins, des pics plus prononcés, avec l'existence d'une inversion entre les écarts des vitesses de propagation des modes pairs et impairs pour de petites valeurs de *s*.

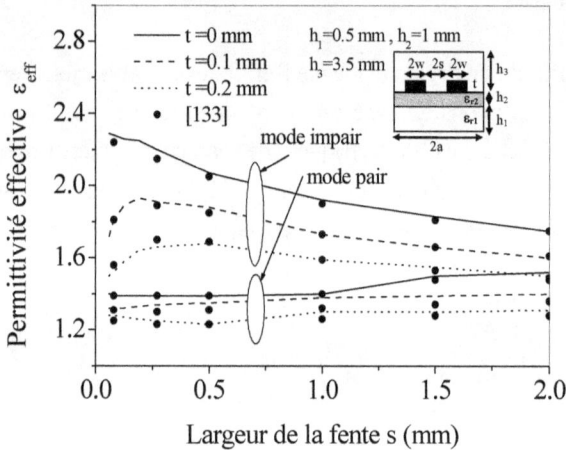

Figure. 5.25 Permittivité effective des modes pair et impair vis à vis de la largeur de la fente s pour différentes valeurs de l'épaisseur 't' dans le cas d'une ligne couplée inversée suspendue

5.5. Influence de la supraconductivité

Afin de valider le programme de calcul des circuits anisotropes à supraconducteurs, nous avons comparé les résultats obtenus [134] par rapport à ceux publiés. Rappelons que le programme a été élaboré pour le cas des circuits blindés mais il est possible de simuler des circuits ouverts en choisissant les dimensions adéquates des parois du blindage de sorte qu'elles soient très grandes par rapport aux largeurs des rubans et des épaisseurs des couches diélectriques.

Le présent exemple traite le cas blindé et multicouche. Nous commençons en premier lieu par valider les résultats publiés pour une température fixe, puis nous étudierons l'influence de la température. Le circuit étudié est constitué de 3 couches diélectriques tels que $\varepsilon_{r1} = 2.22$ et $\varepsilon_{r2} = 10.5$, le troisième milieu étant l'air. Le ruban supraconducteur est du type YBCO (YBaCuO : Yttrium Baryum Cuivre Oxygène), la température de travail est $T=800°$ K et la température critique est $Tc=90K$. Les dimensions du blindage sont $h = 7.112$ *mm* $2a = 3.556$ *mm*.

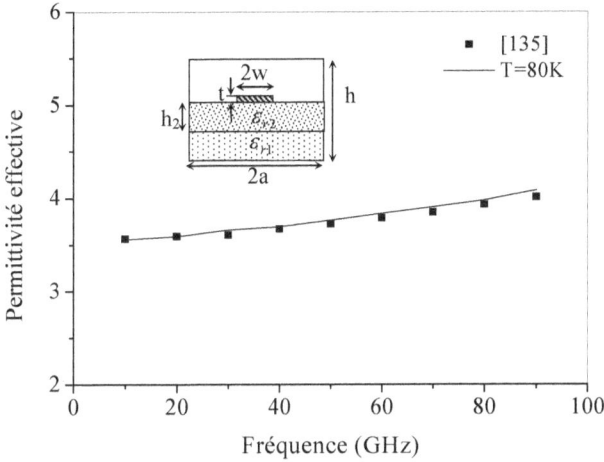

Figure. 5.26 Permittivité effective en fonction de la fréquence à T=80K
($h_1 = 0.154mm, h_2 = 0.1mm, t = 0.01\mu m, 2w = 0.4mm$
$\lambda_{L0} = 150nm, \sigma_n = 200 \ S \ / \ mm)$

Nous constatons à travers la figure 5.26 que les résultats obtenus sont en parfait accord avec les résultats publiés [135] l'erreur relative moyenne ne dépassant pas 1%. Nous remarquons aussi que la variation de la permittivité effective est faible entre 10 et 100 GHz. Cette faible dispersion est très avantageuse d'où l'intérêt d'utiliser les rubans supraconducteurs. Pour une structure identique réalisée avec des conducteurs normaux, la dispersion commencerait à se manifester bien avant 10 GHz.

Revenons à présent à l'exemple précédent et étudions l'influence de la température sur les paramètres caractéristiques de cette structure à travers le tracé de la variation de la permittivité effective pour différentes valeurs de températures, les résultats obtenus sont montrés dans la figure 6.27, les températures de travail choisies sont *10° K, 80° K* et *88° K*.

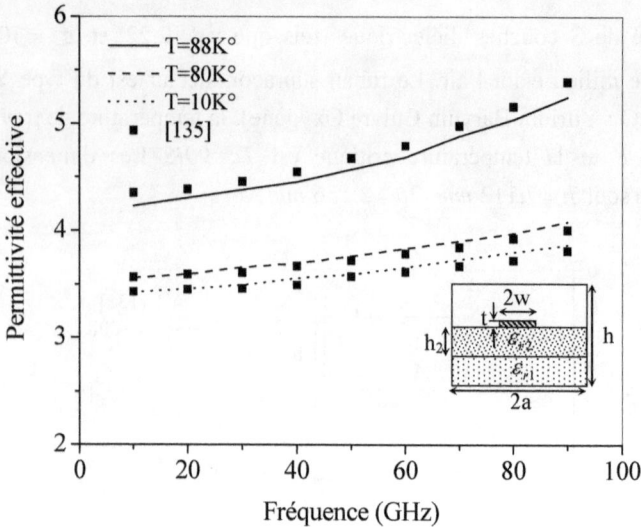

Figure. 5.27 Permittivité effective en fonction de la fréquence pour différentes valeurs de températures.

$(h_1 = 0.154mm, h_2 = 0.1mm, t = 0.01\mu m, 2w = 0.4mm$ $\lambda_{L0} = 150nm, \sigma_n = 200\ S/mm,$

$T_c = 90°\ K)$

Nous voyons bien dans cette figure un bon accord entre les résultats obtenus et ceux publiés, l'erreur relative moyenne étant de l'ordre de 1% pour T=10° K et T=80° K et ne dépassant pas 2% pour T=88°K. Nous constatons aussi que la permittivité effective croît avec la température. Notons que la température influe sensiblement sur la dispersion. A titre d'exemple, la variation de la permittivité effective qui est de 13% pour T=10° K, passe à 14% pour T=80° K et à 24% pour T=88° K et ceci dans la gamme 10-90 GHz. Nous pouvons donc conclure que l'influence de la température est d'autant plus importante que nous nous rapprochons de la température critique (Tc=90°K).

La conductivité est une grandeur importante qui permet de mieux comprendre l'influence de la température sur les supraconducteurs. Comme nous venons de le voir, les supraconducteurs sont très sensibles à la température, ceci nous pousse alors à étudier l'influence de cette dernière sur la conductivité des rubans supraconducteurs.

D'après le théorème des deux fluides, la conductivité d'un supraconducteur est constituée d'une partie réelle qui décrit l'aspect normal du supraconducteur et d'une partie imaginaire qui décrit l'aspect supraconducteur. D'après l'équation (3.60), cette dernière est fonction de la longueur de pénétration de London et dépend fortement de la température. Nous avons tracé à cet effet, la courbe de variation de la partie réelle (conductivité normale) et de la partie imaginaire de la conductivité (supraconductivité) vis-à-vis de la température. La figure 5.28 montre ces variations. Rappelons que la conductivité dans un supraconducteur est régie par les formules suivantes :

$$\sigma = \sigma_c - j\sigma_{sc} \quad \text{tel que :} \quad \sigma_c = \sigma_n \left(\frac{T}{T_c}\right)^4 \quad \text{et} \quad \sigma_{sc} = \frac{1}{\omega\,\mu_0\,\lambda_{L\,s}^2}$$

Nous constatons que pour des valeurs de températures T qui tendent vers T_c, σ_{sc} tend vers 0 alors que σ_c tend vers σ_n, ce qui implique la disparition de la supraconductivité. Au contraire, si la température T tend vers 0 (température absolue), σ_c l'est aussi et dans ce cas la supraconductivité est prédominante.

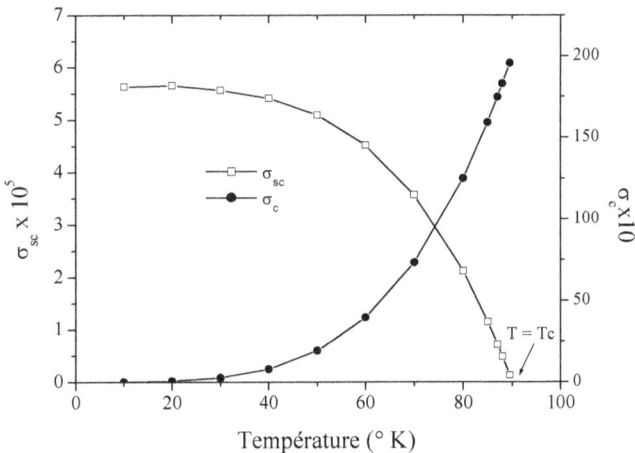

Figure. 5.28 Variation de la partie imaginaire et réelle de la conductivité en fonction de la température ($\lambda_0 = 0.15\mu m$, Tc=90K°, $\sigma_n = 2.10^2\,S/mm$, f=10GHz)

Restons toujours dans le cas d'un circuit blindé multicouche et étudions cette fois, l'effet de l'anisotropie uniaxiale ($\varepsilon_x = \varepsilon_z$). Pour cela, nous avons fait varier la permittivité relative d'une couche selon une direction donnée x (ou y) tout en la gardant constante pour les autres directions. Les milieux diélectriques 1 et 2 sont respectivement l'Epsilam 10 ($\varepsilon_{x1} = \varepsilon_{z1} = 13$, $\varepsilon_{y1} = 10.3$) et le nitrure de bore *($\varepsilon_{x2} = \varepsilon_{z2} = 5.12$, $\varepsilon_{z2} = 3.4$)*. Nous tracerons à cet effet, les variations de la constante de phase par rapport à la variation de la permittivité ε_x (ou ε_y). Les résultats sont présentés dans les figures 5.29 et 5.30.

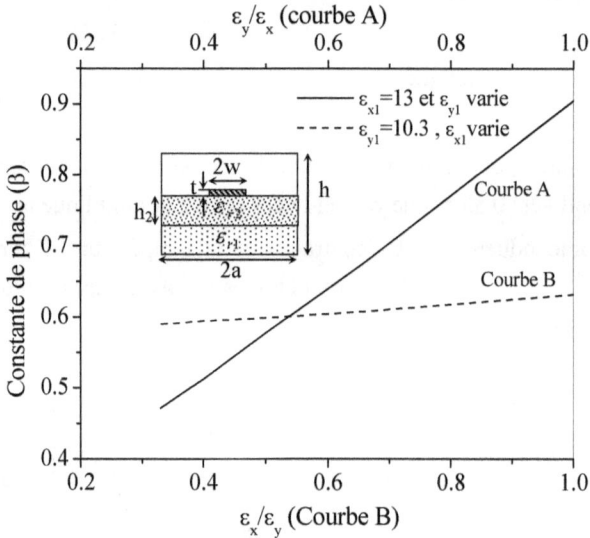

Figure. 5.29 Influence de l'anisotropie sur la constante de phase : cas de l'Epsilam 10 en faisant varier tantôt ε_{y1} en gardant ε_{x1} constant et inversement.

La figure 5.29 nous montre bien l'influence de l'anisotropie. Nous constatons que l'influence de la permittivité suivant y est plus importante que celle selon x .Ceci peut être expliqué par le fait que la distribution du champ électromagnétique se fait essentiellement selon l'axe y. La même remarque peut être formulée pour le cas du nitrure de bore (deuxième couche). Néanmoins, cette influence n'est pas très importante par rapport au cas de l'Epsilam 10 ce qui nous permet de dire que l'influence de l'anisotropie est plus accentuée pour les structures à fortes permittivités.

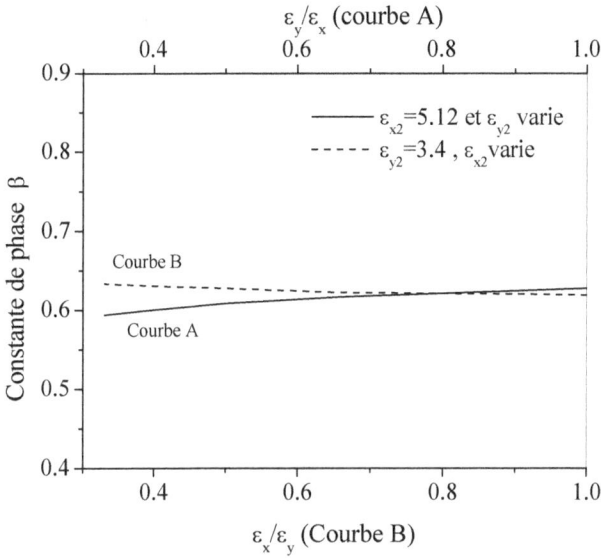

Figure. 5.30 Influence de l'anisotropie sur la constante de phase : cas du nitrure de bore en faisant varier tantôt ε_{y2} en gardant ε_{x2} constant et inversement.

Dans le but de vérifier le bon choix des fonctions de base nécessaires pour assurer la convergence avec le minimum de temps de calcul, nous avons analysé le cas d'une ligne microstrip blindée et nous comparerons les résultats obtenus à ceux résultats publiés lorsque cela est possible. La structure étudiée est gravée sur un substrat isotrope de type $LaAlO_3$ (ε_r=23.5), le ruban supraconducteur est du type *YBCO* et les dimensions du blindage sont : 2a=8mm et h=5.5mm.

La figure 5.31 montre la variation de la constante de phase en fonction du nombre de fonction de base. Nous constatons que la convergence dans notre cas est atteinte à partir de deux fonctions de bases. Par contre, 6 fonctions de bases sont nécessaires pour les polynômes de Legendre et 12 pour les fonctions de Tchebyshev [136]. Nous pouvons donc dire que notre choix des fonctions de base de Bessel est plus efficace. Notons que l'erreur relative moyenne est de 0.13% par rapport à [136].

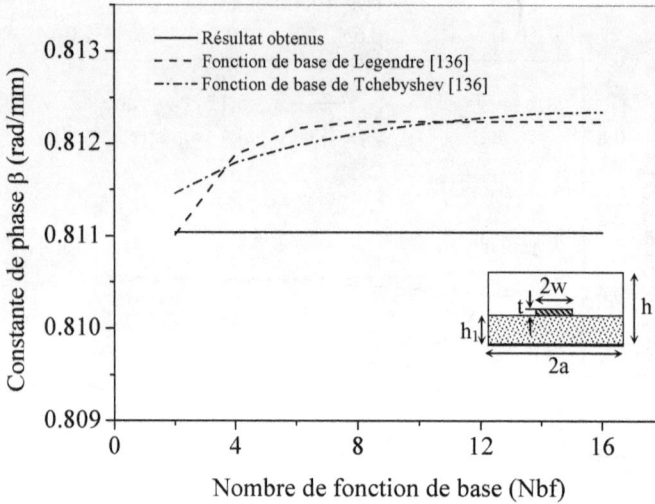

Figure. 5.31 Variation de la constante de phase en fonction du nombre de fonctions de base ($\sigma_c = 3 \times 10^3$ S/mm, $\mu_r = 1, h_1 = 0.5mm$, Ntf=600, w=180μm, t=0.4μm, F=10GHz, $\lambda_L = 0.33μm$)

La figure 5.32 montre l'influence du nombre de termes de Fourier sur la convergence, nous constatons clairement que la convergence est atteinte à partir de 150 termes de Fourier.

Afin d'analyser l'influence de la nature du matériau constituant le supraconducteur, nous avons repris l'exemple de la ligne microruban blindée et multicouche en changeant à chaque fois le type du supraconducteur. Les supraconducteurs retenus sont le niobium (Tc=9.25°K) et le YBCO (Tc=90° K).

Les résultats obtenus sont donnés sur la figure 5.33. Cette figure montre une faible variation de la permittivité effective en fonction de la fréquence, ceci était prévisible car les supraconducteurs sont généralement peu dispersifs.

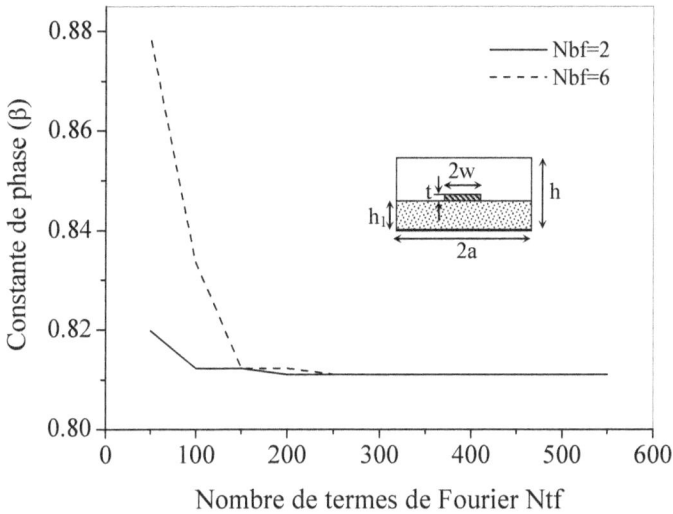

Figure. 5.32 Variation de la constante de phase en fonction du nombre de termes de Fourier ($\sigma_c = 3 \times 10^3 S/mm$, $h_1 = 0.5mm$, $w = 180 \mu m$; $t = 0.4 \mu m$; $F = 10GHz$ $\lambda_L = 0.33 \mu m$)

Nous constatons aussi que les courbes sont pratiquement confondues pour le cas T=7.5° K et T=9°K. Ceci est conforme à nos prévisions, car comme nous l'avons constaté précédemment, la profondeur de pénétration de London reste presque constante pour de faibles valeurs de la température par rapport à Tc, mais augmente rapidement quand la température se rapproche de cette température critique.

Nous remarquons aussi, que la dispersion du supraconducteur YBCO est plus importante que celle observée dans le Niobium (augmentation de 25% dans le cas d'YBCO contre 12% pour le niobium pour une température de 88° K et 9° K respectivement). Nous pouvons expliquer cela par le fait que le niobium est un matériau pur, tandis que l'YBCO est un matériau composite qui présente un certain degré d'anisotropie.

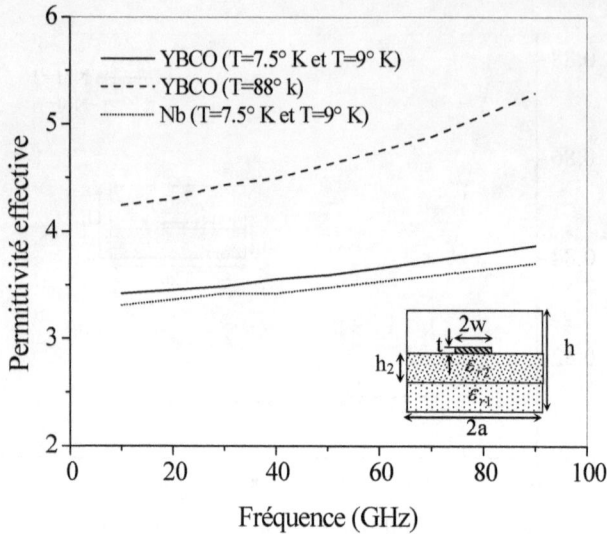

Figure. 5.33. Variation de la permittivité effective pour différents supraconducteurs

$(Tc_{YBCO} = 90K, \lambda_{L_{YBCO}} = 0.15 \ \mu m \ \ et \ \ Tc_{Nb} = 9.25K, \lambda_{L_{Nb}} = 0.0715 \mu m, 2a = 3.556mm)$

Afin de donner une plus grande marge de manœuvre au programme de calcul, nous compléterons notre travail par l'étude des circuits coplanaires. Le circuit est réalisé sur un substrat de type $LaAlO_3$ de permittivité relative $\varepsilon_r = 23.5$, le ruban supraconducteur est en Niobium, la température de travail est de 4.2° K, la température critique $Tc=9.25° \ K$ et les dimensions du blindage prises sont : $2a = 40 \times 2w$ et $b= 5mm$.

Sur la figure 5.34, nous avons tracé la variation de la permittivité effective en fonction de la fréquence pour différentes valeurs de s (largeur des fentes) et w (largeur du ruban central).

Un bon accord est observé entre nos résultats et ceux mesurés [137], notamment pour le cas (w = 87.5 μm, s = 50 μm) où l'erreur relative moyenne est de l'ordre de 0.25 %. Par ailleurs, l'erreur est de l'ordre de 2.2% pour (s=355 μm, w=20 μm) et 1.7% pour (s=35 μm, w=20 μm).

Nous constatons, en outre, que la variation de la permittivité effective est négligeable jusqu'à 20 GHz : cette ligne n'est pas très dispersive.

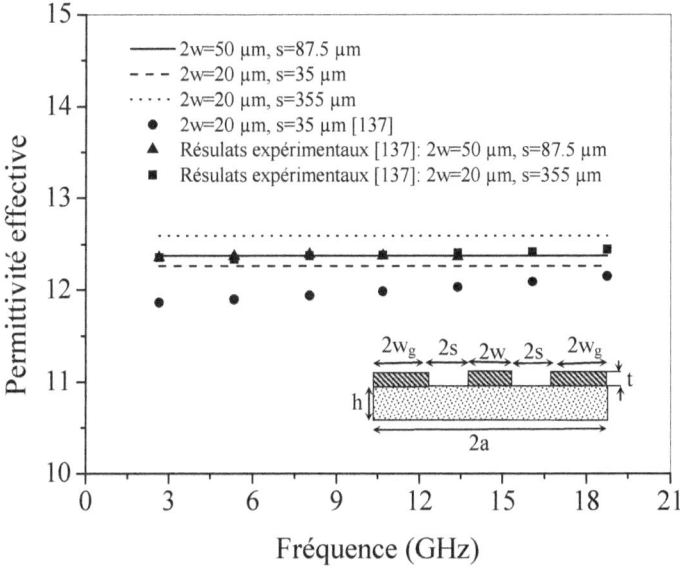

Figure. 5.34 Variation de la permittivité effective (mode pair) en fonction de la fréquence pour une ligne coplanaire à ruban supraconducteur (Nb) (h=0.508mm, 2w$_g$=0.6mm, t = 0.4μm, λ$_L$ (0K°) =0.07μm, σ$_c$ (T$_c$) =3×10^{6}S/mm)

Nous avons ensuite remplacé le substrat isotrope par des substrats anisotropes l'Epsilam-10 ($\varepsilon_x = \varepsilon_z = 13$, $\varepsilon_y = 10.3$), le saphir ($\varepsilon_x = \varepsilon_z = 9.4$, $\varepsilon_y = 11.6$) et le nitrure de Bore ($\varepsilon_x = \varepsilon_z = 5.12$, $\varepsilon_y = 3.4$). Les résultats obtenus sont présentés dans la figure 5.35.

Nous constatons à travers cette figure que les courbes de la permittivité effective gardent une allure constante vis-à-vis de la fréquence pour tous les substrats anisotropes tandis que sa valeur augmente avec la permittivité relative du substrat. Ainsi, la permittivité effective est plus importante pour les substrats à fortes permittivités. Les applications sont de ce fait très conseillées pour la conception des structures à retard notamment les déphaseurs.

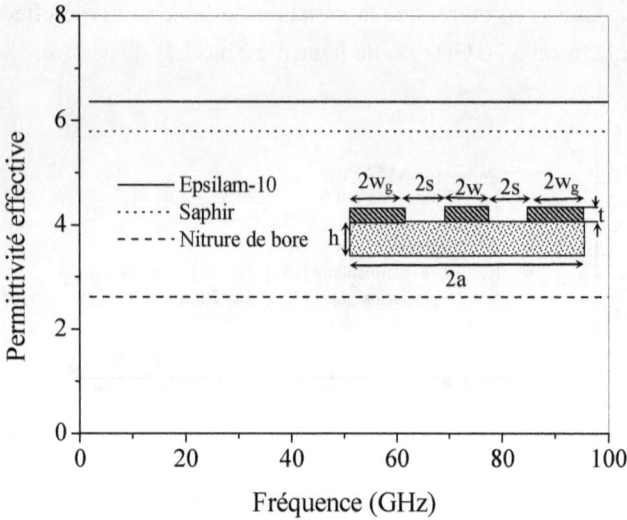

Figure. 5.35 Variation de la permittivité effective (mode pair) en fonction de la
fréquence : cas d'une ligne coplanaire à ruban supraconducteur (Nb) pour
différents types de substrats anisotropes (h=0.508mm, 2a=40×2w, 2w=50μm
,2s= 87.5μm, 2w$_g$=0.6mm, t = 0.4μm Tc=9.25K°, T=4.2K°, λ$_L$(0K°)=0.07μm,
σ$_c$(Tc)=3×10^{6}S/mm)

5.6. Extension de l'analyse aux circuits bilatéraux

Dans ce qui suit nous allons étendre l'analyse en mode hybride aux circuits planaires bilatéraux constitués de deux niveaux métallisés, notés M$_1$ et M$_2$, pouvant être composés de diverses types de métallisation en configuration, microstrip, slotline ou coplanaires.

Cette analyse concerne le calcul du diagramme de dispersion, de la permittivité effective ainsi que la longueur d'onde guidée. Nous considérerons pour cela deux cas pratiques: les circuits symétriques et asymétriques.

La symétrie est prise par rapport au plan PP' (fig. 3.16). Les résultats obtenus seront comparés aux résultats publiés dans la littérature.

5.6.1. Circuits symétriques

La figure 5.36 montre le comportement dispersif de la permittivité effective d'un coupleur bilatéral en configuration microstrip sur un substrat anisotrope du type PTFE cloth (verre tissé) (ε_{yy}=2.45, ε_{xx}=2.89, et ε_{zz}=2.95) avec w/h_1 comme paramètre. Nous remarquons ainsi que la variation vis à vis de la fréquence est presque insignifiante dans la gamme de fréquences choisie (1-50 GHz). Dans ce cas précis, la modélisation de la structure en mode quasi-statique aurait nécessité moins d'efforts de calcul, et par conséquent, des temps de calcul moins élevés.

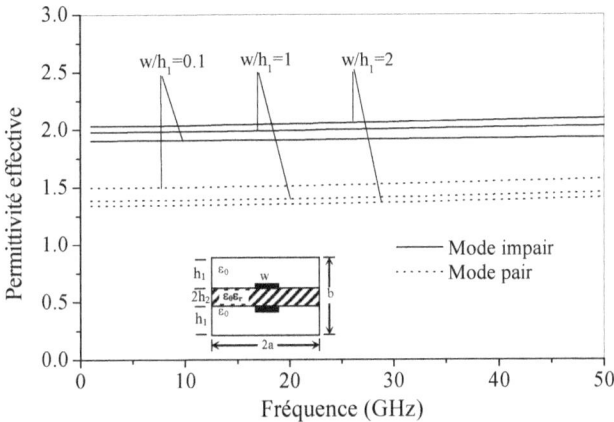

Figure. 5.36 Variation de la permittivité effective en fonction de la fréquence pour le substrat PTFE cloth (ε_{yy}=2.89, ε_{xx}=2.45, ε_{zz}=2.95, 2 a=4.318 mm, h_1=0.254 mm, h_2=5.08mm)

Les courbes des figures 5.37 et 5.38 illustrent la variation de la permittivité effective en fonction de la fréquence pour différentes valeurs de w/b et ceci pour les quatre modes de propagation à savoir : les modes pair-pair (ee), pair-impair (eo), impair-pair (oe) et impair-impair (oo) pour un coupleur bilatéral à 4 lignes (LCB) sur un substrat anisotrope, l'epsilam 10 (ε_{xx}= ε_{zz} =13, ε_{yy} =10.3).

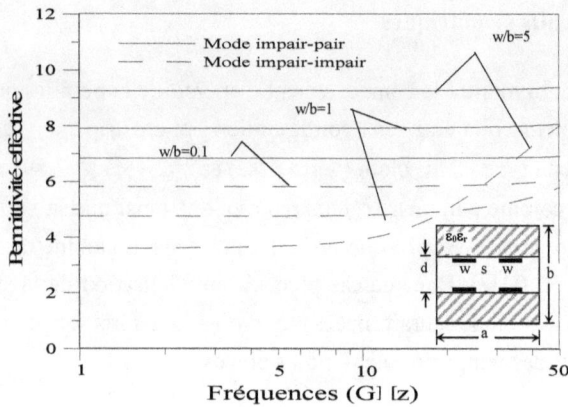

Figure. 5.37 Courbes de dispersion de la permittivité effective pour les modes impair-impair et impair-pair pour la ligne LCB avec (s=d=0.2b, a=10b, Nbf=4, Ntf=500)

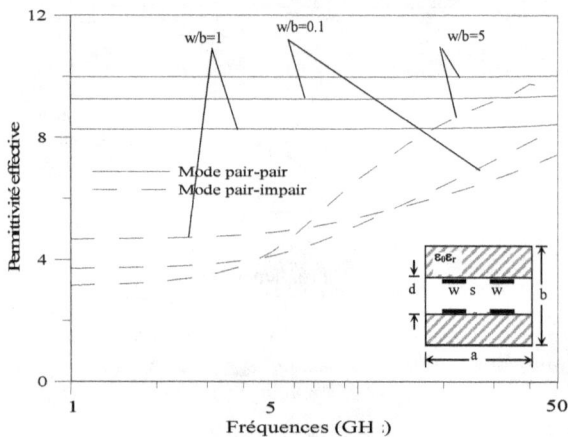

Figure. 5.38 Courbes de dispersion de la permittivité effective pour les modes pair-pair et pair-impair pour la ligne LCB avec (s=d=0.2b, a=10b, Nbf=4, Ntf=500)

Nous constatons à travers ces deux figures que les modes pair-pair et impair-pair sont insensibles au phénomène de dispersion jusqu'à la fréquence 50 GHz quelle que soit la largeur de ligne utilisée. Le mode pair-impair, par contre, est sensible à la dispersion particulièrement pour les lignes à bandes larges.

Notons aussi que pour le mode impair-impair, la dispersion devient importante au fur et à mesure que la largeur des rubans augmente, ce mode présente néanmoins une plus faible dispersion comparé au mode pair-impair.

Les courbes de dispersion des figures 5.39 et 5.40 pour les coupleurs bilatéraux suspendus LCBS anisotropes (Epsilam 10) à 4 lignes [84] illustrent le fait que les modes pair-pair et impair-pair sont relativement insensibles au phénomène de dispersion contrairement aux modes pair-impair et impair-impair dont la dispersion est significative particulièrement pour les lignes à bandes larges (w/b>>1).

Signalons pour terminer une remarque importante : les valeurs de la permittivité effective en fonction de w/b pour les quatre modes de propagation dans le cas de la LCB, varient en sens inverse par rapport à ceux de la LCBS. Ainsi pour la structure LCB, la permittivité effective pour les modes oe et ee augmente vis à vis de w/b mais diminue pour les deux autres modes. Pour la ligne LCBS c'est la variation inverse qui se produit.

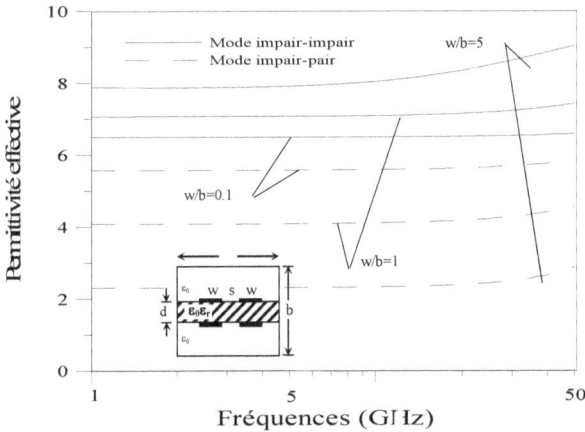

Figure. 5.39 Courbes de dispersion de la permittivité effective pour les modes impair-impair et impair-pair pour la ligne LCBS avec (s=d=0.2b, a=10b, Nbf=4, Ntf=500)

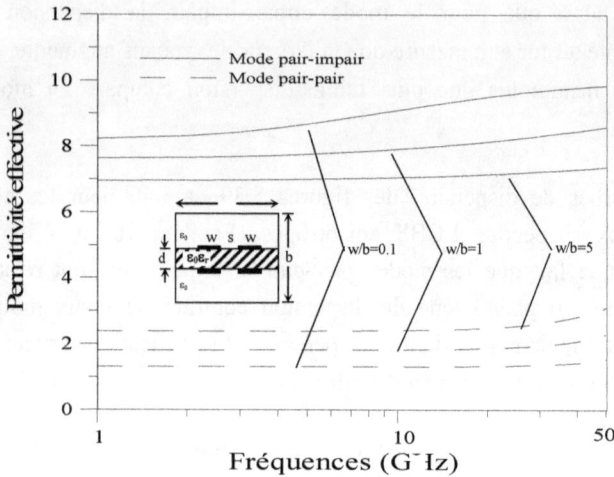

Figure. 5.40 Courbes de dispersion de la permittivité effective pour les modes pair-pair et pair-impair pour la ligne LCBS avec (s=d=0.2b, a=10b, Nbf=4, Ntf=500)

5.6.2. Circuits asymétriques [68]

Dans le but de confirmer le bon choix des fonctions de base, nous avons analysé la convergence de la constante de phase normalisée d'une structure couplée microstrip/slotline vis à vis du nombre total de fonctions de base (P+Q+R+S) et du nombre total de termes de Fourier Ntf. Dans cette section, nous prendrons $\varepsilon_c = \varepsilon_x = \varepsilon_z$. Le circuit est réalisé sur un substrat anisotrope epsilam-10 *(ε_c = 13 et ε_y = 10.3)*.

Les résultats obtenus sont représentés sur les figures 5.41 et 5.42 pour le mode pair pour différentes valeurs de s/h_2 et sur les figures 5.43 et 5.44 pour le mode impair pour différentes valeurs de w/h_2 respectivement.

Pour le mode pair, nous constatons à travers les courbes des figures 5.41 et 5.42 que la convergence est atteinte pour un nombre Ntf proche de 120 et pour 16 fonctions de base (4 fonctions de base par composante). Par ailleurs, pour les fentes étroites (s/h_2 < 1), il est nécessaire d'augmenter le nombre de termes de Fourier afin d'assurer une bonne convergence.

186

D'autre part, nous remarquons qu'un nombre plus important de termes de Fourier est nécessaire pour le cas où le rapport $s/h_2 = 1$.

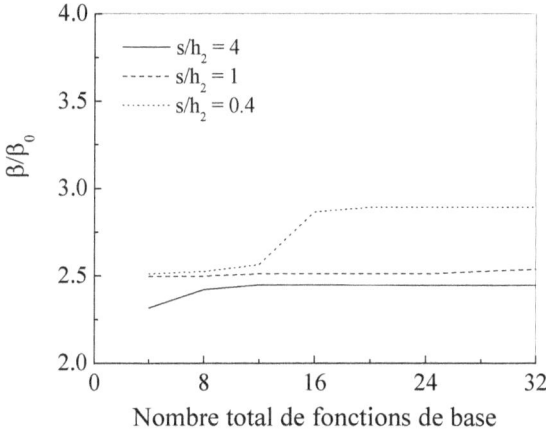

Figure.5.41 Constante de phase normalisée fonction du nombre total de fonctions de base pour une structure microruban/slotline pour le mode pair (2a= 20 mm, b= 10mm, h_1 = 4.5 mm, h_2= 1 mm, w = 2 mm, Ntf=200, f =10GHz)

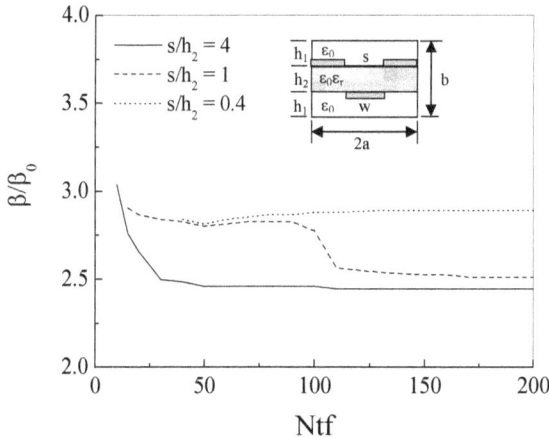

Figure.5.42 Constante de phase normalisée fonction du nombre de termes de Fourier pour une structure microruban/slotline pour le mode pair (2a = 20 mm, b = 10 mm, h_1=4.5 mm, h_2= 1 mm, w = 2 mm, Nbf = 20, f = 10 GHz)

Pour le mode impair (figs. 5.43 et 5.44), 100 termes spectraux et 8 fonctions de base suffisent pour assurer une bonne convergence. Par ailleurs, ces courbes montrent clairement que plus le rapport de w/h_2 diminue, plus le nombre de termes de Fourier nécessaire à la convergence augmente.

Nous concluons donc que les lignes à rubans étroits pour le mode impair et à fentes étroites pour le mode pair exigent davantage de termes de Fourier pour assurer une bonne convergence. Cette convergence étant plus rapide pour les lignes à rubans ou à fentes larges. Nous constatons enfin que la constante de phase normalisée diminue avec la largeur de fente pour le mode pair et croît avec la largeur du ruban pour le mode impair.

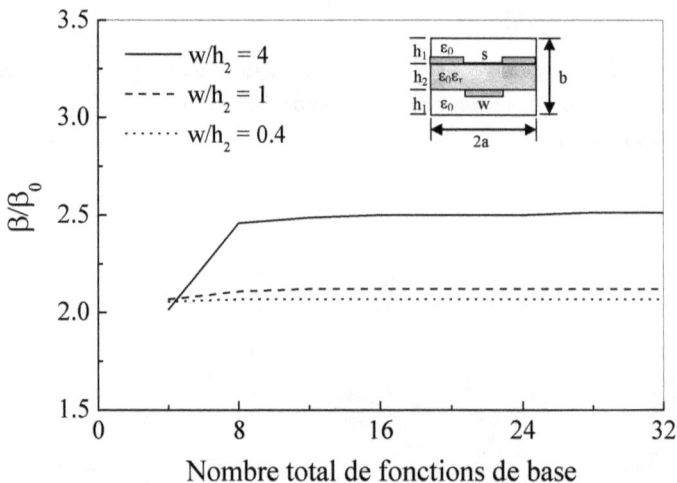

Figure. 5.43 Convergence de la constante de phase normalisée vis à vis du nombre total de fonctions de base pour une structure microruban/slotline pour le mode impair (2a = 20 mm, b = 10 mm, h_1=4.5 mm, h_2= 1 mm, s = 2 mm, Ntf=200, f = 10 GHz)

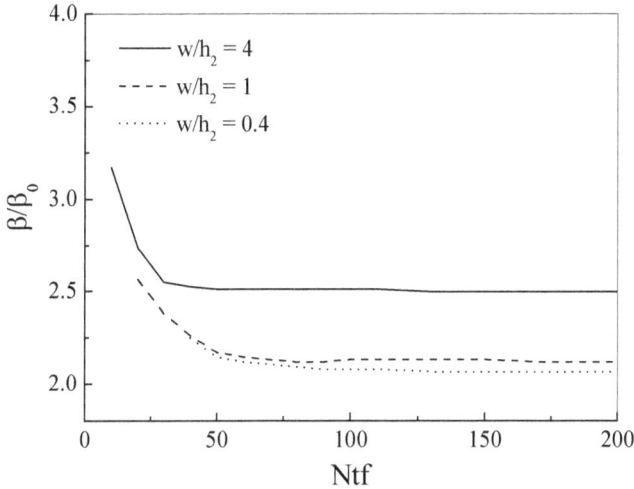

Figure. 5.44 Convergence de la constante de phase normalisée vis à vis du nombre de termes de Fourier pour une structure microruban/slotline pour le mode impair (2a = 20 mm, b= 10 mm, h₁=4.5 mm, h₂= 1 mm, s = 2 mm, Nbf=20, f = 10 GHz)

A partir des résultats obtenus par le programme de conception, nous avons tracé sur la figure 5.45 le diagramme de dispersion d'un coupleur bilatéral constitué d'une ligne microruban associée à une ligne microstrip couplée sur la face opposée, le tout réalisé sur un substrat anisotrope, le saphir (ε_c=9.4, ε_y = 11.6).

Nous constatons ainsi que la variation vis à vis de la fréquence est presque insignifiante dans la gamme de fréquence choisie (3-30 GHz). L'approche quasi-statique aurait, dans ce cas, été plus adéquate pour l'analyse de cette structure. Les résultats obtenus sont en bon accord avec ceux publiés [138], l'erreur moyenne ne dépasse pas 0.2%.

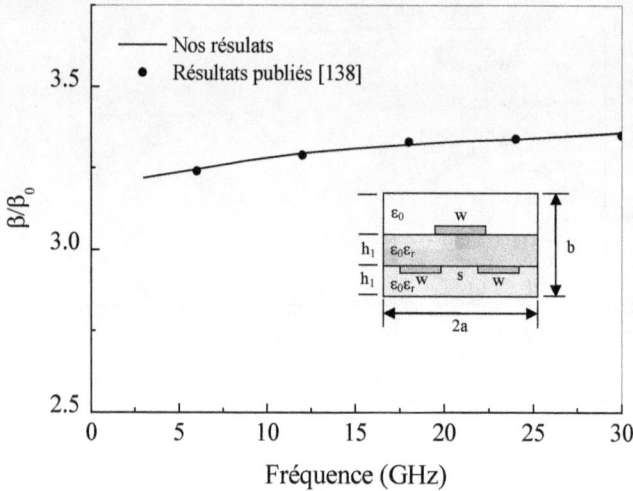

Figure. 5.45 Diagramme de dispersion de la structure microstrip/microstrip couplée sur un substrat anisotrope ($\varepsilon_c = 9,4$, $\varepsilon_y = 11,6$, $2a = 10$ mm, $b = 6$ mm, $h_1 = 1$ mm, $h_2 = 4$ mm, $w = 1$ mm, $s = 2$ mm)

Par ailleurs, nous avons illustré sur la figure 5.46 l'influence du changement de largeur du ruban w ($0 < w < 4$ mm) pour le mode impair (appelé aussi 'strip mode') et de la largeur de fente s ($2 < s < 20$ mm) pour le mode pair (appelé aussi 'slot mode') sur la constante de phase normalisée pour une structure microstrip/slotline sur un substrat isotrope ($\varepsilon_c = \varepsilon_y = 9.35$).

Il vient ainsi qu'au fur et à mesure que w augmente, β/β_0 du mode impair augmente contrairement au mode pair où ce dernier décroît avec s. Notons aussi que l'augmentation de la fréquence entraîne l'augmentation de β/β_0 et ceci pour les deux modes pair et impair. Pour le mode pair, nous remarquons un comportement dispersif de β/β_0 pour différentes valeurs de s. Notons aussi que lorsque w s'approche de zéro pour le mode impair et que s tend vers *2a* pour le mode pair, les constantes de phase normalisées tendent respectivement vers celles de la ligne à ailettes et de la ligne de microruban suspendue ce qui est conforme à la théorie.

Un contrôle de convergence pour cette structure a été effectué en augmentant le nombre de raies spectrales (Ntf) ainsi que le nombre total de fonction de base (Nbf) jusqu'à ce qu'il n'y ait plus de changement significatif dans les résultats. Les résultats obtenus prouvent que la convergence est assurée pour Nbf=20 (5 fonctions par composante) et Ntf=200. Les résultats obtenus sont également en bon accord avec ceux publiés [139] avec une erreur relative moyenne inférieure à 1%.

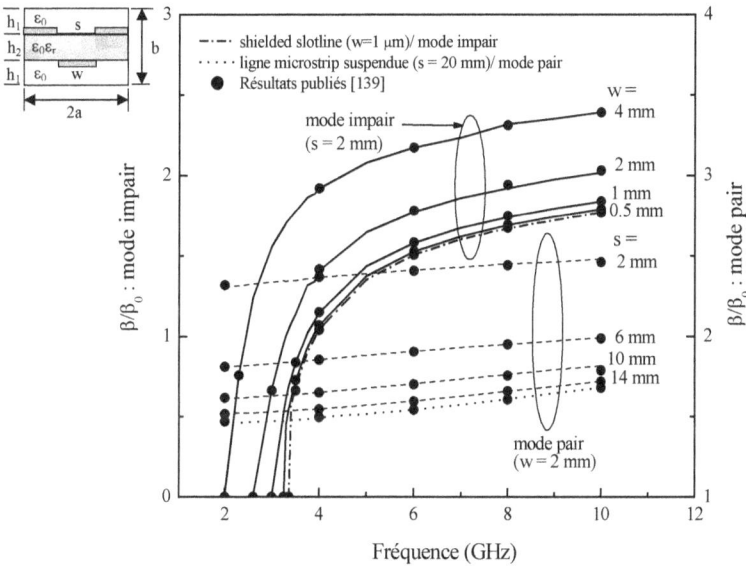

Figure.5.46 Diagramme de dispersion de la structure microruban/slotline pour les deux modes pair et impair pour différentes largeurs de ruban et de fente sur un substrat d'alumine ($\varepsilon_c = \varepsilon_y = 9.35$, 2a = 20 mm, b = 10 mm, h_1 = 4.5 mm, h_2= 1 mm)

La figure 5.47 montre la répartition du champ EM au niveau de la fente ainsi que le courant sur le ruban pour les modes pair et impair. Ces résultats reflètent clairement la forme et l'importance relative des champs et des courants dans la fente et sur la bande conductrice.

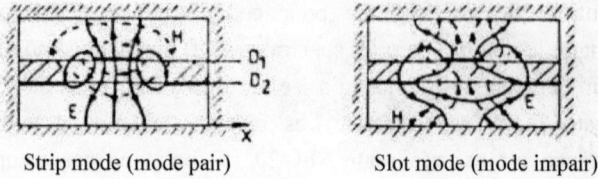

Strip mode (mode pair)   Slot mode (mode impair)

Figure. 5.47 Distributions du champ EM pour le mode pair (strip mode)
et le mode impair (slot mode) d'une structure couplée microruban/slotline

Les courbes de la figure 5.48 illustrent la variation de la longueur d'onde normalisée (λ_g/λ_0) en fonction de la fréquence pour deux valeurs de la largeur de la fente s pour un substrat isotrope ($\varepsilon_c = \varepsilon_y = 8.875$).

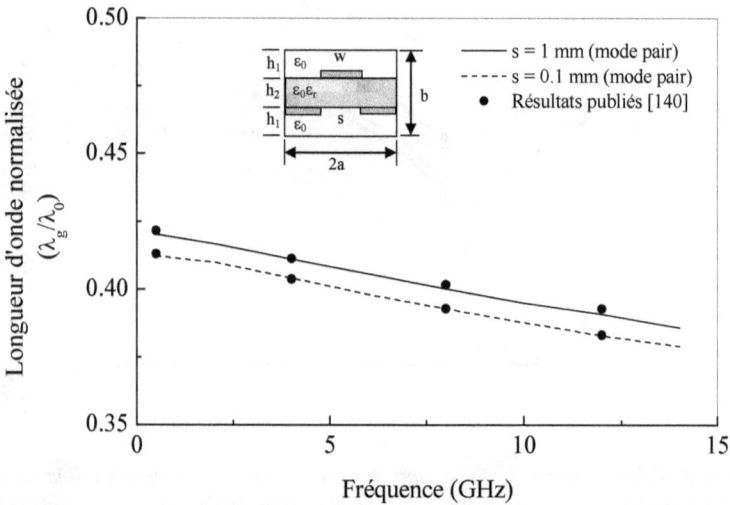

Figure. 5.48 Caractéristiques de dispersion de la ligne couplée microruban-
slotline pour un substrat isotrope ($\varepsilon_c = \varepsilon_y = 8.875$, 2a =12.7 mm, b = 24.13 mm,
$h_1 = 11.43$ mm, $h_2 = w = 1.27$ mm)

Ce tracé nous montre le caractère décroissant de la longueur d'onde normalisée vis à vis de la fréquence. D'autre part, nous constatons que celle-ci augmente lorsque s augmente. Les résultats obtenus sont conformes à ceux publiés [140]. L'erreur relative moyenne ne dépasse pas 1%.

Pour étudier l'effet de l'anisotropie sur la permittivité effective ε_{eff}, nous avons analysé une ligne à ailette bilatérale. Nous avons ainsi tracé sur la figure 5.49 la variation de la permittivité effective en fonction de la fréquence pour deux cas de substrats. Nous avons ensuite comparé les résultats obtenus avec ceux publiés dans [141].

Dans le premier cas, le substrat est isotrope et non magnétique $\varepsilon_c = \varepsilon_y = 3.75$. La structure choisie est insérée dans un guide d'ondes rectangulaire standard WR28, de dimensions $h_1 = 0.0625$ mm, $h_2 = 3.4935$ mm avec $s = 0.5$ mm. Pour le second cas, les dimensions physiques de la structure sont les mêmes, sauf que le substrat diélectrique est anisotrope avec $\varepsilon_c = 3$ et $\varepsilon_y = 3.5$.

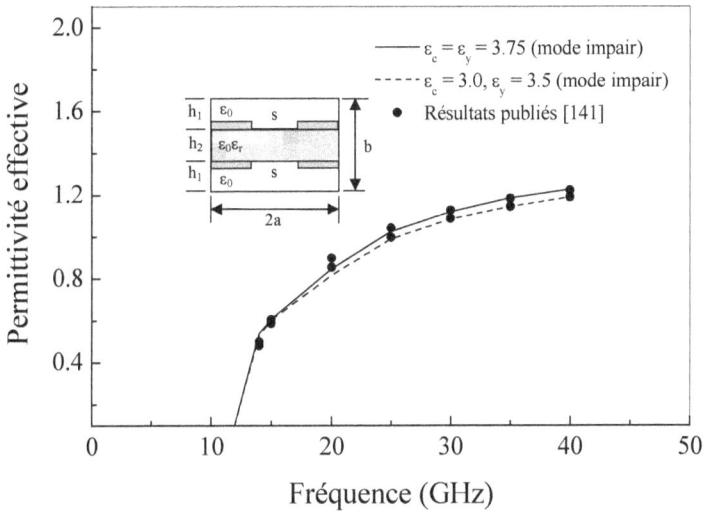

Figure. 5.49 Variation de la permittivité effective en fonction de la fréquence pour la ligne à ailette bilatérale (2a=3.556 mm, b=7.112 mm, h₁=3.4935 mm, h₂=0.125 mm, s=0.5 mm) pour un substrat isotrope (εc=εy=3.75) et un substrat à anisotropie uniaxiale (εc=3. εy=3.5)

Nous remarquons que pour une valeur donnée de la largeur de la fente s, la permittivité effective ε_{eff} augmente au fur et à mesure que la fréquence augmente. Cette augmentation est rapide jusqu'à environ 30 GHz.

Au-delà de cette fréquence, elle devient faible. Par ailleurs, nous constatons que les deux courbes ont la même allure et sont presque identiques en dépit de l'anisotropie du second substrat ; cela est dû à la faible variation de la permittivité relative.

Les résultats obtenus sont conformes à ceux publiés [141]. L'erreur relative moyenne est inférieure à 1%. Pour mieux comprendre l'effet de l'anisotropie sur la permittivité effective ε_{eff}, nous avons analysé la même structure avec d'autres dimensions h_1=0.254 mm, h_2=3.429 mm et s=1 mm pour trois variétés de substrats anisotropes.

La figure 5.50 indique l'influence de la fréquence sur la permittivité effective. Les résultats représentés sur cette figure ont été obtenus en utilisant 5 fonctions de base par composante du champ et 200 termes de Fourier. Ceci s'est avéré suffisant pour obtenir une précision inférieure à 1%. Les résultats obtenus sont en bon accord avec ceux publiés [142].

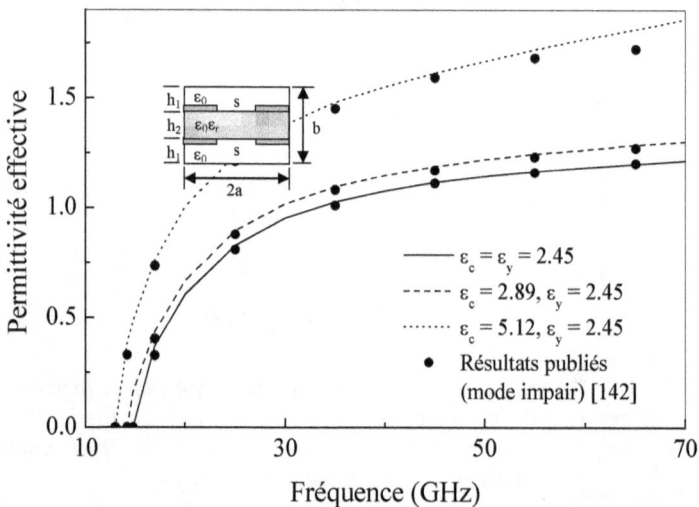

Figure. 5.50 Variation de la permittivité effective en fonction de la fréquence pour la ligne à ailette bilatérale (2a=3.556 mm, b=7.112 mm, h₁=3.429 mm, h₂=0.254 mm, s=1.0 mm) pour un substrat isotrope (εc=εy=2.45) et deux substrats à anisotropie uniaxiale: PTFE cloth (εc=2.89 εy=2.45) et nitrure de bore (εc=5.12, εy=3.4).

Nous remarquons, d'après les courbes de la figure 5.50 que la permittivité effective augmente au fur et à mesure que la fréquence augmente. Cette augmentation est plus rapide pour les fréquences faibles jusqu'à environ 30GHz, au-delà de cette fréquence elle devient faible.. La dispersion est plus accentuée pour des fréquences élevées. Enfin, l'effet de l'anisotropie est amplifié pour les fréquences élevées.

Afin d'étudier l'influence de la permittivité du substrat et de la largeur de fente s sur la longueur d'onde normalisée, nous avons analysé une structure planaire couplée bilatérale constituée par l'association d'une ligne à fente sur l'une des faces et d'une ligne microstrip couplée sur la face opposée pour différents types de substrats isotropes. La figure 5.51 illustre la variation de la longueur d'onde normalisée en fonction du changement de la largeur de fente s.

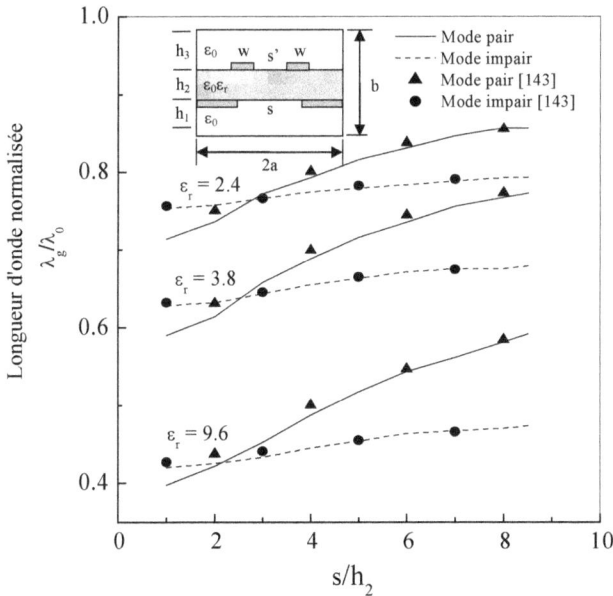

Figure. 5.51 Variation de la longueur d'onde normalisée en fonction de la largeur de fente 's'bpour la structure slotline/microstrip couplée (2a=32.8 mm, b=34.44 mm, a/h₂=h₁/h₂=h₃/h₂=10, w/h₂=1.2, s'/2h₂ =0.2) pour trois différents types de substrats isotropes.

Nous observons à travers les courbes de la figure 5.51 que la longueur d'onde normalisée croît au fur et à mesure que la largeur de fente s augmente et décroît avec l'augmentation de la permittivité du substrat et ceci pour les deux modes pair et impair.

D'autre part, il apparaît clairement que la variation de la longueur d'onde normalisée est plus accentuée pour le mode pair que pour le mode impair. Notons aussi que pour une certaine valeur de la largeur de fente s, les courbes des modes pair et impair se croisent. Ce phénomène est très utile pour les applications des coupleurs directifs. Enfin, cette structure est plus dispersive pour des substrats à forte permittivité.

Afin d'étudier l'influence de la fréquence normalisée b/λ_0 sur la longueur d'onde, nous avons analysé une structure planaire couplée bilatérale constituée par une ligne coplanaire associée à une ligne microstrip sur la face opposée sur un substrat isotrope RT-Duroid ($\varepsilon_c = \varepsilon_y = 2.22$).

La figure 5.52 montre l'influence du changement de valeur du rapport s'/a sur la longueur d'onde normalisée pour les modes pair et impair pour deux valeurs différentes de w (largeur de la ligne microstrip). Les courbes représentées pour une largeur de ruban w = 0.5 mm ont été tracées pour un rapport s'/a = 0.15.

D'après ces courbes, il vient que pour une valeur fixe du rapport s'/a, la longueur d'onde normalisée est quasiment constante pour le mode pair tandis que pour le mode impair elle diminue avec l'augmentation de la fréquence normalisée b/λ_0. D'autre part, la longueur d'onde normalisée augmente avec l'augmentation du rapport s'/a pour les modes pair et impair dans le cas où w=1 µm. Notons aussi que la longueur d'onde normalisée (λ_g/λ_0) diminue avec la largeur du ruban *w*.

Les résultats obtenus pour une largeur de ruban négligeable (w =1 µm) ont été comparés aux résultats publiés pour une ligne coplanaire unilatérale à trois couches [144]. Ces résultats montrent un bon accord, l'erreur moyenne ne dépasse pas 1%.

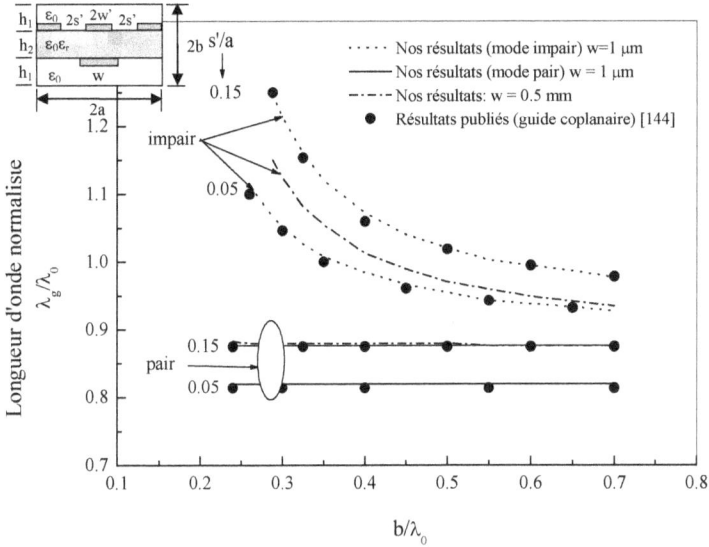

Figure. 5.52 Variation de la longueur d'onde normalisée en fonction de la
fréquence normalisée b/λ_0 pour la structure ligne coplanaire/microstrip pour les
deux modes pair et impair (2a=3.556 mm, 2b=7.112 mm, $h_2/b=0.03515$,
$2w'/h_2=0.1$) pour un substrat isotrope RT-Duroid($\varepsilon_c=\varepsilon_y=2.45$)

La structure suivante à analyser est un coupleur bilatéral constitué par une ligne coplanaire associée sur la face opposée à une ligne à fente sur un substrat isotrope RT-Duroid ($\varepsilon_c = \varepsilon_y = 2.22$). La figure 5.53 montre l'influence de la fréquence normalisée b/λ_0 et du changement de valeur du rapport s'/a sur la longueur d'onde normalisée pour les modes pair et impair pour deux valeurs différentes de la largeur de fente s.

En faisant tendre la valeur de la largeur de fente s vers celle de la largeur du blindage $2a$, la longueur d'onde normalisée de la structure couplée CPW/slotline tendra vers celle d'une guide d'onde coplanaire unilatéral suspendu. D'après les courbes de la figure 5.53, on constate que les observations sont les mêmes que ceux de figure 5.52.

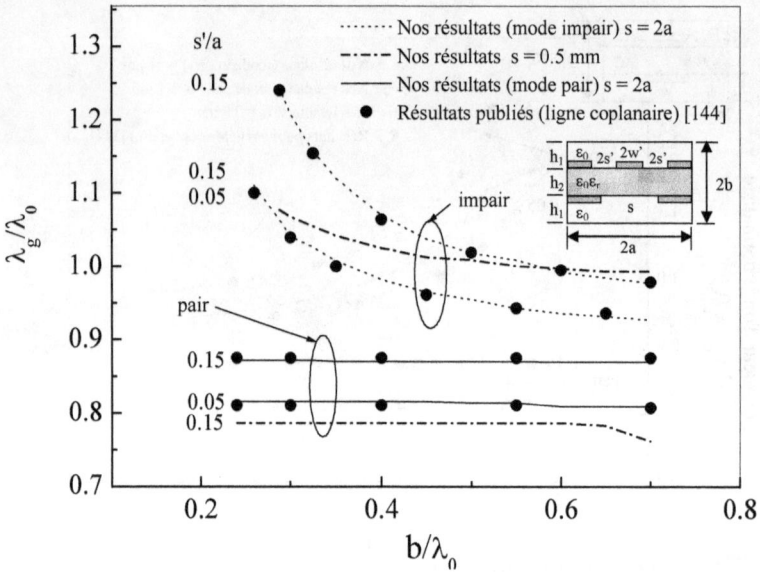

Figure. 5.53 Variation de la longueur d'onde normalisée en fonction de la fréquence normalisée b/λ_0 pour la structure CPW/slotline pour les deux modes pair et impair(2a=3.556 mm, 2b=7.112 mm, h$_2$/b=0.03515, 2w'/h$_2$=0.1) pour un substrat isotrope RT-Duroid ($\varepsilon_c=\varepsilon_y=2.45$)

D'autre part, pour une largeur de fente s $\approx$ 2a, la longueur d'onde normalisée augmente avec s'/a et ceci pour les deux modes pair et impair. Notons la diminution de λ_g/λ_0 pour un rapport fixe s'/a = 0.15 et pour une faible valeur de la largeur de fente s pour le mode pair ainsi que pour des valeurs de b/λ_0<0.6 pour le mode impair.

Les résultats obtenus pour une largeur de fente s $\approx$ 2a ont été comparés aux résultats publiés pour un guide d'ondes coplanaire suspendu [144]. Ces résultats montrent un bon accord, l'erreur moyenne ne dépasse pas 1%.

5.6.3. Coupleurs bilatéraux coplanaires CPW [88]

En vue d'illustrer l'influence de la dispersion sur les paramètres caractéristiques des modes pairs et impairs des coupleurs coplanaires bilatéraux (CCB), nous nous proposons d'analyser la variation de la permittivité effective en fonction de plusieurs paramètres entre autres : la fréquence, le nombre de termes spectraux ainsi que le nombre de fonctions de base par composante sur des substrats anisotropes [88].

Dans ce qui suit, le mode pair ou impair est défini par rapport à la nature du mur de symétrie placé suivant le plan BB' (fig. 3.17). Suivant le plan AA', nous avons considéré un mur magnétique.

Pour confirmer le bon choix des fonctions de base, nous avons analysé la convergence de la permittivité effective du CCB en fonction du nombre de fonctions de base Nfb et de raies spectrales Ntf en considérant différents cas de substrats anisotropes, l'epsilam10 ($\varepsilon_{yy} = 10.3, \varepsilon_{xx} = \varepsilon_{zz} = 13$), le nitrure de Bore ($\varepsilon_{yy} = 3.14, \varepsilon_{xx} = \varepsilon_{zz} = 5.12$), le saphir ($\varepsilon_{yy} = 11.6, \varepsilon_{xx} = \varepsilon_{zz} = 9.4$) et le niobate de lithium ($\varepsilon_{yy} = 43, \varepsilon_{xx} = \varepsilon_{zz} = 28$).

En se référant aux figures 5.54 et 5.55, nous remarquons que 220 termes de Fourier ainsi que 3 fonctions de base par composante sont suffisants pour obtenir une bonne convergence.

Cette convergence est plus rapide pour le mode impair et pour les substrats anisotropes ayant une constante diélectrique faible, cas du nitrure de bore ($\varepsilon_{yy} = 3.14$ et $\varepsilon_{xx} = \varepsilon_{zz} = 5.12$), en revanche, elle devient lente pour le mode pair et pour les substrats ayant des valeurs élevées de la constante diélectrique, cas du niobate de Lithium ($\varepsilon_{yy} = 43, \varepsilon_{xx} = \varepsilon_{zz} = 28$).

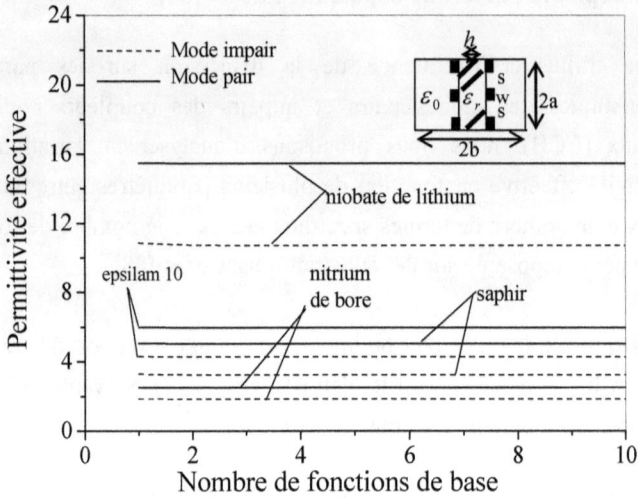

Figure.5.54 Convergence de la permittivité effective vis-à-vis du nombre de fonctions de base (2a=7.112 mm, 2b=3.556 mm, Ntf=1000,s=0.1778mm, w=0.025mm, h=0.25mm,fr=40GHz)

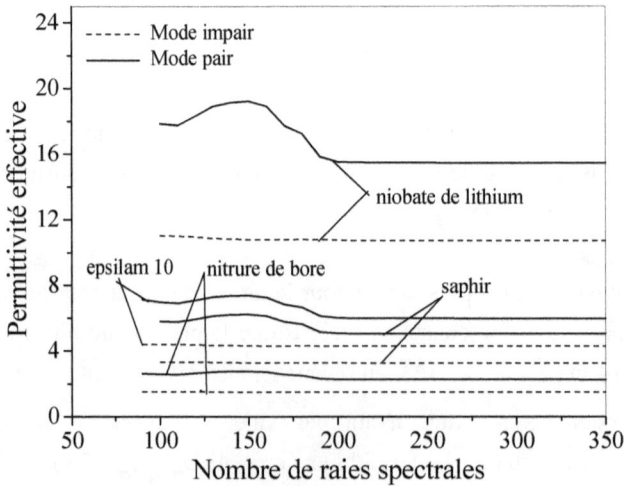

Figure. 5.55 Convergence de la permittivité effective vis-à-vis du nombre de raies spectrales (2a=7.112mm, 2b=3.556mm, Ntf=1000, s=0.1778mm,w=0.025mm, h=0.25mm ,fr=40GHz)

Pour nous assurer du bon fonctionnement du programme de conception, nous avons comparé les résultats obtenus avec ceux publiés pour les CCB blindés conçus sur substrats isotropes [145][146].

La figure 5.56 illustre la dépendance de longueur d'onde normalisée (λ_g / λ_0) en fonction de la fréquence normalisée (a / λ_0), λ_0 étant la longueur d'onde dans le vide. Nous remarquons que la fréquence influe plus sur le mode impair que sur le mode pair. D'où le caractère dispersif du mode impair.

Nous remarquons que l'écart entre les deux courbes des modes pairs et impairs diminue avec l'augmentation de la fréquence. Les résultats obtenus sont en accord avec ceux publiés [145]. L'erreur moyenne maximale commise est de 0.5%.

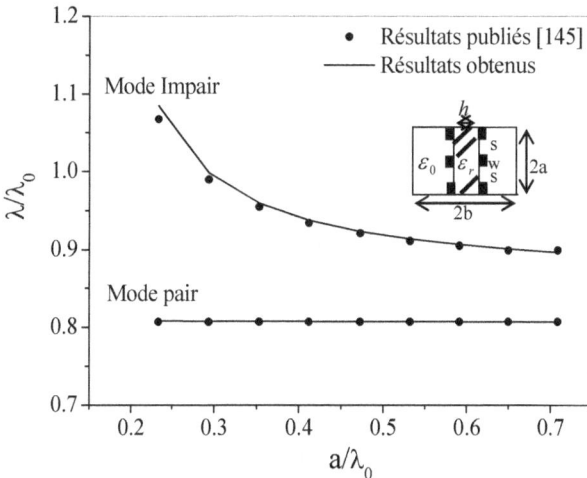

Figure. 5.56 Dépendance de la longueur d'onde normalisée par rapport à la fréquence normalisée (2a =7.112 mm, 2b =3.556 mm, ε_r=2.22, s=0.1778mm, w=0.025mm, h=0.25mm)

La figure 5.57 donne la variation de λ_g/λ_0 en fonction de la fréquence normalisée b/λ_0 pour différentes valeurs de la largeur de fente normalisée s/2a. Nous remarquons que pour une valeur de w/h fixe, λ_g/λ_0 reste pratiquement constante pour le mode pair et décroît en fonction de

b/λ_0 pour le mode impair. L'erreur moyenne obtenue est de 1.5 % par rapport à [146].

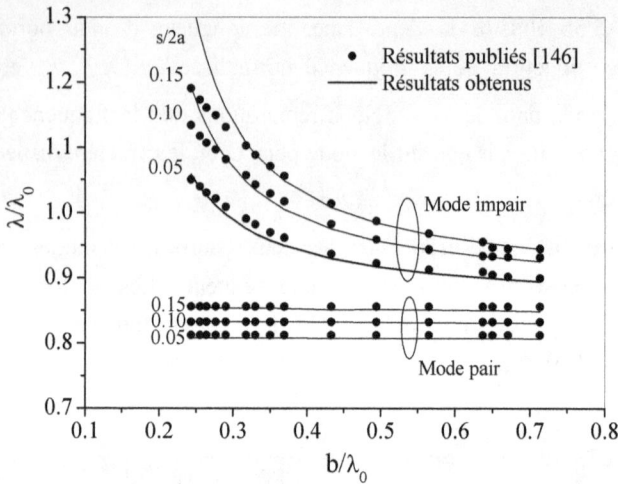

Figure. 5.57 Dépendance de la longueur d'onde normalisée par rapport à la fréquence normalisée (a= 0.718 cm, b= 0.3556 cm, ε_r=2.22, w/h=0.1, h=0.25mm)

Pour étudier l'effet de l'anisotropie sur la permittivité effective, nous avons analysé le CCB blindé en utilisant quatre types de substrats anisotropes et un substrat isotrope ($\varepsilon_r = 2.22$) [88]. Les figures 5.58 et 5.59 montrent l'influence du changement de la valeur s/2a sur la permittivité effective pour les modes impair et pair respectivement.

En définissant le rapport d'anisotropie comme R = $\varepsilon_x/\varepsilon_y$, nous constatons une grande influence du changement de la valeur de *s/2a* pour des substrats ayant un rapport d'anisotropie inférieur à 1 tel que le saphir et le niobate de lithium, tandis qu'elle est faible pour l'Epsilam 10, nitrure de bore et le substrat isotrope.

Cette influence est plus accentuée pour le mode pair que pour le mode impair. Concernant la variation de ε_{eff} en fonction de la fréquence, nous constatons une légère sensibilité pour le mode pair contrairement au mode impair, pour lequel la sensibilité est élevée.

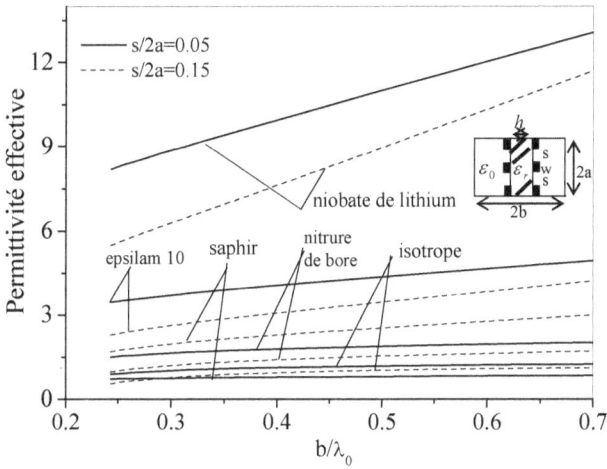

Figure.5.58 Variation de la permittivité effective en fonction de la fréquence : mode impair (a = 0.1718 cm, b = 0.3556 cm, h=0.025cm, w / h = 0.1, f=40Ghz)

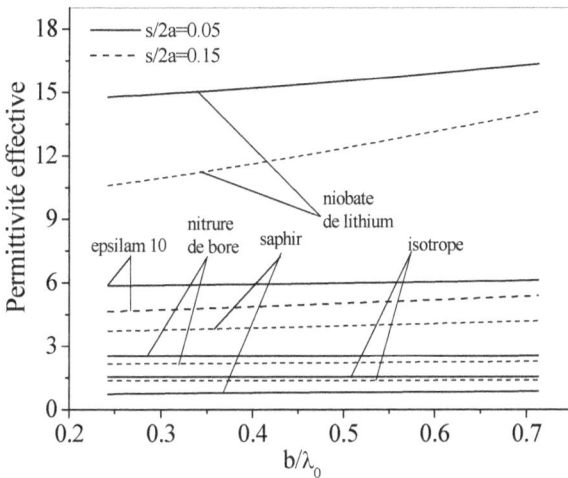

Figure 5.59 Variation de la permittivité effective en fonction de la fréquence : mode pair (a = 0.1718 cm, b = 0.3556 cm, w / h = 0.1 cm, h=0.025cm, f=40 GHz)

Les figures 5.60 et 5.61 illustrent l'influence du changement de la valeur *w/h* sur la permittivité effective pour les modes impair et pair respectivement [88].

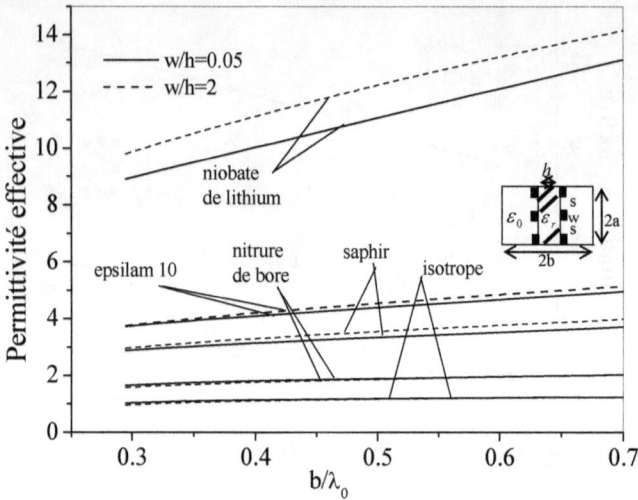

Figure5.60 Variation de la permittivité effective en fonction de la fréquence : mode impair (a = 0.1718 cm, b = 0.3556 cm, h=0.025cm, s/2a=0.05, F=40GHz)

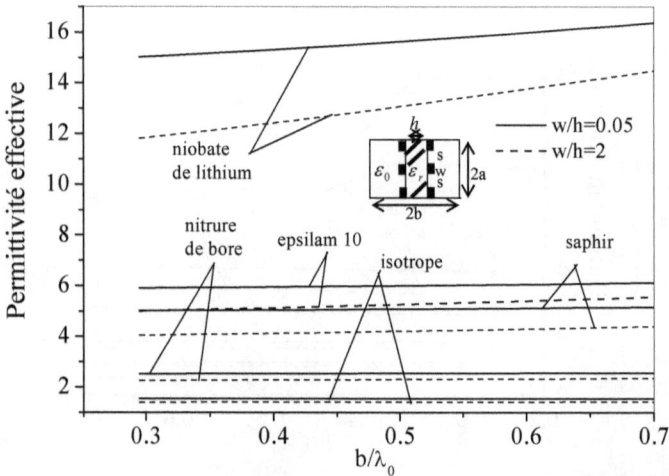

Figure.5.61 Variation de la permittivité effective en fonction de la fréquence : mode pair (a = 0.1718 cm, b = 0.3556 cm, s / 2a = 0.05, h=0.025cm, F=40 GHz)

Nous constatons que le mode pair est plus sensible à cette variation que le mode impair. De même, l'écart entre deux valeurs de ε_{eff} pour deux différentes valeurs de w/h à une fréquence donnée est plus grand pour les substrats ayant R<1 que pour ceux à R>1.

Le mode pair est plus sensible à ce changement que le mode impair. Nous remarquons également que pour le substrat isotrope et le nitrure de bore, ayant une constante diélectrique de faible valeur, cet écart est insignifiant pour le mode impair.

En ce qui concerne la variation de ε_{eff} en fonction de la fréquence, celle-ci reste plus élevée pour le mode impair que pour le mode pair.

5.7. Circuits à ferrites

Nous entamons à présent la validation de l'approche développée pour les circuits à ferrite [147]. Le circuit analysé est réalisé sur un substrat isotrope GGG (gadolinium galium garnet) avec $\varepsilon_r = 15.3$ et $\mu_r=1$, sur lequel est déposé par épitaxie un film de ferrite YIG (yttrium iron garnet) avec les données suivantes : $\varepsilon_r = 15.3$, champ d'anisotropie $H_0=79.57$ A/m et parallèle à oy, moment de saturation $M_s=137.66$ A/m.

Cette structure a été développée pour servir comme dispositif à ondes magnétostatiques en traitement de signal analogique [148] et comme composant non réciproque (isolateur et circulateur) à base des circuits planaires [149].

Sur les figures 5.62 et 5.63, nous avons analysé la convergence de la constante de phase vis-à-vis du nombre de termes spectraux Ntf et du nombre total de fonctions de base Nbf pour différentes valeurs de la fréquence. Nous constatons ainsi que 60 termes de Fourier et 6 fonctions de base sont suffisantes pour assurer une bonne convergence.

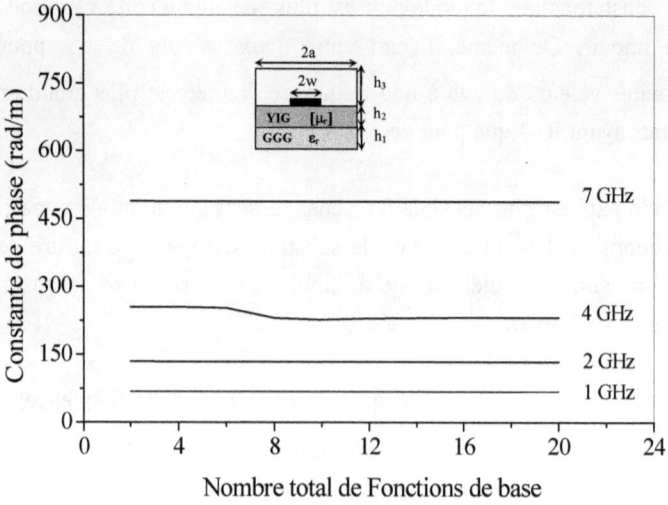

Figure. 5.62. Convergence de la constante de propagation vis-à-vis du nombre total de fonctions de base. ($h_1=0.1mm$, $h_2=0.02mm$, $h_3=5.88mm$, $2a=4mm$, $2w=0.4mm$, $Ntf=300$)

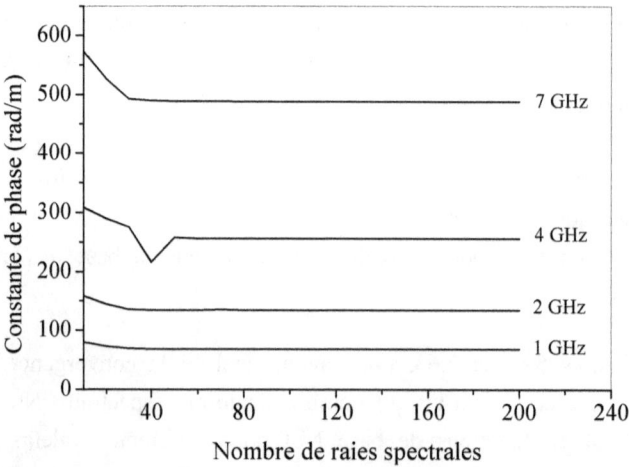

Figure. 5.63 Convergence de la constante de propagation vis-à-vis du nombre de raies spectrales. ($s=0.1mm$, $d=0.02mm$, $h=5.88mm$, $2a=4$, $2w=0.4mm$ $Nbf=10$)

Sur la figure 5.64, nous avons tracé le diagramme de dispersion pour $h_1=100$ μm. Les résultats obtenus sont en bon accord avec les résultats publiés par Krowne [150]. L'erreur moyenne est de l'ordre de 1 % dans la gamme 3-10 GHz. Par ailleurs, un bon accord est observé avec ceux obtenus avec HFSS, un logiciel de simulation EM 3D [150] qui utilise la méthode des éléments finis.

Une bonne concordance est observée par rapport à [151] au-dessous de la région de coupure autour de 3 GHz. Par ailleurs, une différence significative se produit près de l'asymptote au-delà de la région de coupure.

Nous pouvons dire que la structure analysée se comporte comme un filtre passe haut si la fréquence de travail est supérieure à la fréquence gyro-résonance, $f_0 =2.8$ GHz. La structure présente, en outre, un comportement réciproque. En prenant la même structure mais avec un champ d'anisotropie nul ($H_0 = 0$), nous avons tracé son diagramme de dispersion, les résultats obtenus sont représentés dans la figure 5.65. D'après cette figure, nous constatons que la variation de la constante de phase est quasi-linéaire (caractère non dispersif) jusqu'à 30 GHz. Le ferrite se comporte ici comme un diélectrique.

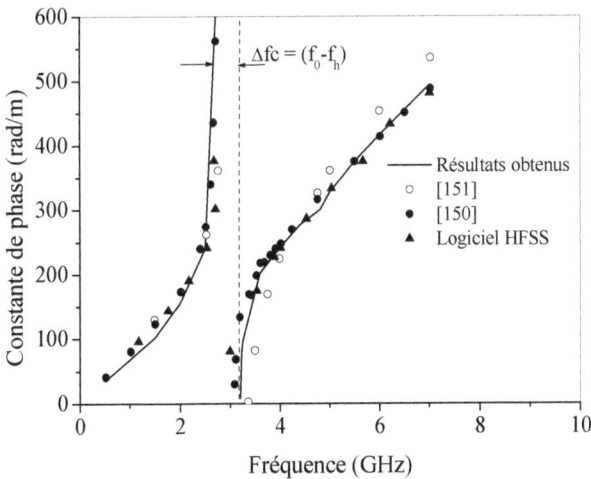

Figure. 5.64 Diagramme de dispersion d'une structure planaire3 couches à ferrite (2w=0,4mm ; h_2=20µm ; h_1=100µm; 2a=4mm; h=5.8mm)

207

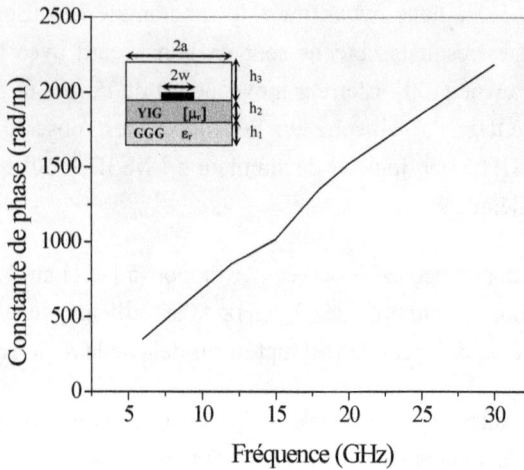

Figure. 5.65 Variation de la constante de phase en fonction de la fréquence
(w=2mm , h_1=0.1 mm, h_2=0.1 mm, h=5.8mm, M_s =137.66 A/mm, H_0=0)

Par ailleurs, les figures 5.66 et 5.67 donnent la variation de la constante de phase en fonction de la fréquence pour différentes valeurs des épaisseurs des couches 1 et 2 (h_1 pour le substrat diélectrique GGG et h_2 pour le substrat à ferrite YIG).

Dans la gamme fréquentielle $\Delta f_c = (f_0 - f_h)$, la perméabilité est négative et l'onde EM est sujette à une zone de coupure [151] avec:

$$f_h = \frac{\gamma \mu_0 H_0}{2\pi} < f < f_0 = \frac{\gamma \mu_0 \sqrt{H_0(H_0 + M)}}{2\pi} \qquad (5.1)$$

Notons que la fréquence de coupure maximale f_0 se rapproche de la fréquence de coupure minimale ω_h au fur et à mesure que l'épaisseur h_1 du substrat diélectrique GGG augmente. La bande passante de la région de coupure (ω_0 - ω_h) = $2\pi \Delta f_c$, diminiue

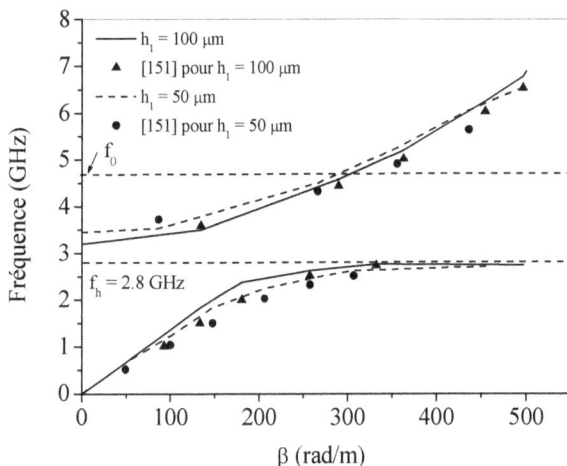

Figure.5.66. Diagramme de dispersion d'une structure planaire 3 couches à ferrite (2w=0.4mm; h$_2$=20μm; 2a=4mm; h$_3$=5.8mm)

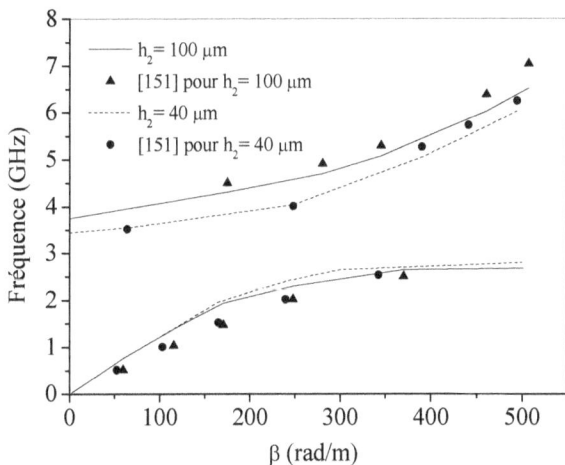

Figure. 5.67. Diagramme de dispersion d'une structure planaire 3 couches à ferrite (w= 2mm, h$_1$=0.1 mm, h$_3$=5.8mm)

Pour analyser l'influence des épaisseurs des substrats sur les fréquences de coupure limites (minimale f_h et maximale f_0), nous avons tracé sur les figures 5.68 et 5.69 la variation de ces fréquences en fonction de l'épaisseur h_1 de la couche diélectrique GGG et celle h_2 du substrat à ferrite YIG.

Ces deux figures sont données pour deux valeurs fixes de h_2, 20 µm et 40 µm, et une valeur de $h_1 = 100$ µm.

Nous pouvons constater qu'un minimum de bande passante Δf_c de 180 MHz est atteinte pour l'épaisseur h_1 la plus élevée du substrat diélectrique GGG. Par ailleurs, d'après la figure 5.69, nous constatons qu'un maximum de bande Δf_c, de 1 GHz environ, est obtenu pour l'épaisseur h_2 la plus élevée de ferrite YIG.

La bande passante Δf_c la plus large est ainsi obtenue pour le diélectrique GGG le plus fin et le ferrite YIG le plus épais. Le changement de Δf_c, est provoqué par le taux variation du flux de puissance du champ EM entre le diélectrique GGG et le ferrite YIG. Pour de larges épaisseurs h_1 du substrat GGG, la majeure partie du flux de puissance se concentre dans le diélectrique, l'influence magnétique du composé YIG-GGG est de ce fait réduite, avec comme conséquence une région de coupure étroite.

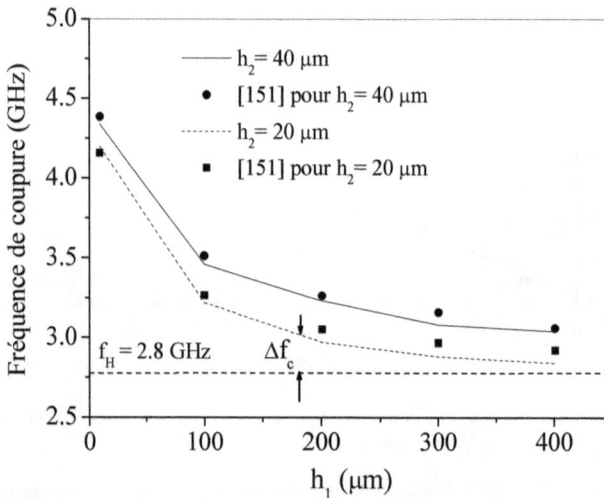

Figure 5.68 Variation de la fréquence de coupure on fonction de l'épaisseur de la couche diélectrique GGG

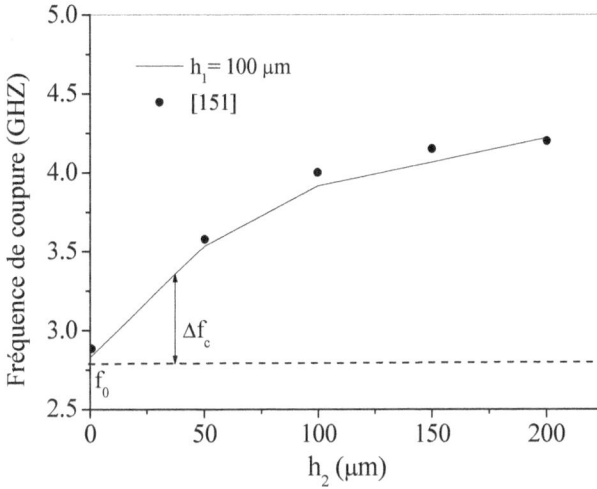

Fig 5.69 Variation de la fréquence de coupure on fonction de l'épaisseur de la couche à ferrite YIG

Afin d'analyser l'influence de l'anisotropie uniaxiale $(\varepsilon_x=\varepsilon_z)$ du substrat à ferrite sur la constante de phase, nous avons fait varier d'une part, la permittivité ε_x (en maintenant $\varepsilon_y = 15.3$) et d'autre part ε_y (en maintenant $\varepsilon_x = 15.3$), ceci, pour deux fréquences de travail différentes.

D'après la figure 5.70, nous observons que la variation par rapport à ε_x est négligeable pour les deux valeurs de la fréquence ($f= 1$ et 6 GHz).

En revanche, la variation par rapport à ε_y (fig. 5.71) pour f=1 GHz, est importante pour les faibles valeurs de permittivité (jusqu'à $\varepsilon_y =5$ environ), au-delà de cette limite, la variation semble faible.

Par contre, pour une fréquence plus élevée (f=6 GHz), la variation est importante particulièrement pour les faibles valeurs de la permittivité.

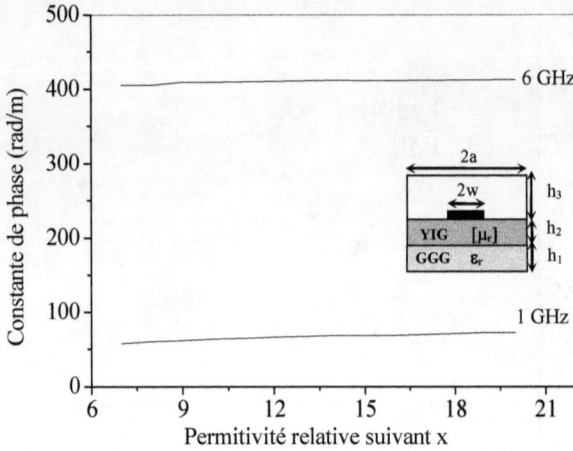

Figure. 5.70 Variation de constante de phase on fonction de permittivité relative selon x (ou z) du substrat à ferrite YIG (2w= 2mm, h_1= h_2=0.1 mm, h_3=5.8mm, 2a=4mm, H_0=79.57A/m)

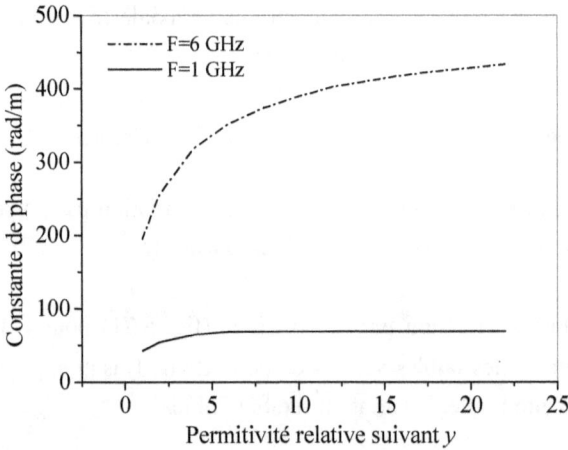

Figure. 5.71 Variation de la constante de phase on fonction de permittivité relative selon y du substrat à ferrite YIG (2w= 2mm, h_1= h_2=0.1 mm, h_3=5.8mm, H_0=79.57 A/m)

Les valeurs de μ dépendent très fortement du sens de propagation de l'onde : c'est le phénomène de non réciprocité. Lorsque les ondes se propagent vers les z croissants (sens +) et décroissants (sens -), les valeurs de μ notées, μ^+ et μ^- s'écrivent respectivement [89]:

$$\mu^+ = \mu + \kappa \qquad \text{et} \qquad \mu^- = \mu - \kappa \qquad (5.2)$$

où les valeurs de μ et κ sont données par les équations (4.1) et (4.2) respectivement.

Pour illustrer le caractère de non-réciprocité dans les ferrites, nous avons analysé le circuit planaire à 3 couches diélectriques GGG-YIG déjà étudié précédemment. Nous avons tracé sur la figure 5.72 les courbes de variation du déphasage linéique $\phi = (\beta^+ - \beta^-)$ qui donne une idée très précise sur le degré de non-réciprocité.

La structure est dite réciproque si le déphasage est nul, elle est non réciproque lorsque $\beta^+ \neq \beta^-$.

Par conséquent, il est utile de définir le déphasage linéique $\Delta\beta$ de deux manières différentes, soit en l'écrivant comme suit :

$$\phi_1 = \beta^+\big|_{H_0 \neq 0} - \beta^+\big|_{H_0 = 0} \qquad (5.3)$$

où $H_0 = 0$ correspond à la saturation du ferrite. Dans ce cas, ϕ_1 est une mesure du changement de phase en augmentant le champ magnétique statique au-delà de la saturation. Ceci est très utile dans les déphaseurs réciproques.

Une deuxième façon de définir le déphasage $\Delta\beta$ consiste à l'écrire en tenant compte de la non-réciprocité sous sa forme classique : $\phi_2 = (\beta^+ - \beta^-)$ (pour une même valeur de H_0). L'application dans ce cas est très utile pour les déphaseurs non-réciproques.

D'après la figure 5.72, nous avons représenté les courbes de variation de β^+ et β^- en fonction de la fréquence pour une polarisation de H_0 (champ magnétique statique appliqué au ferrite) parallèle à *oy*.

Nous constatons ainsi que l'effet de non réciprocité n'étant pas très apparent, le circuit est ici considéré comme réciproque.

Néanmoins la réciprocité peut être obtenue en utilisant une répartition asymétrique du ruban conducteur ou bien changeant la polarisation de H_0 en la prenant selon *ox* ou *oz*.

Sur la figure 5.73, nous constatons que le déphasage linéique ϕ_1 croît à chaque fois que H_0 augmente et diminue au fur et à mesure que la fréquence augmente. Le déphasage ϕ_1 est ici très sensible à la variation de l'amplitude du champ statique de polarisation H_0.

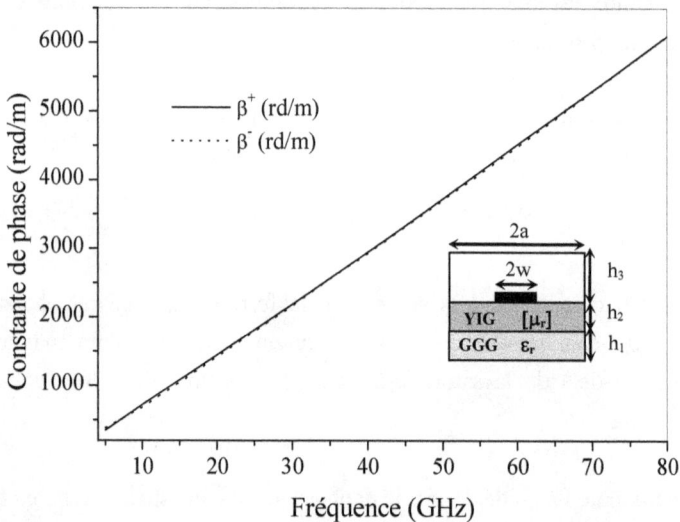

Figure. 5.72 Variation de β^+ et β^- en fonction de la fréquence (2w= 2mm, h_1=h_2=0.1 mm, h_3=5.8mm, , $M_s = 137.669\,A/m$, H_0=1.6.10^4 A/m)

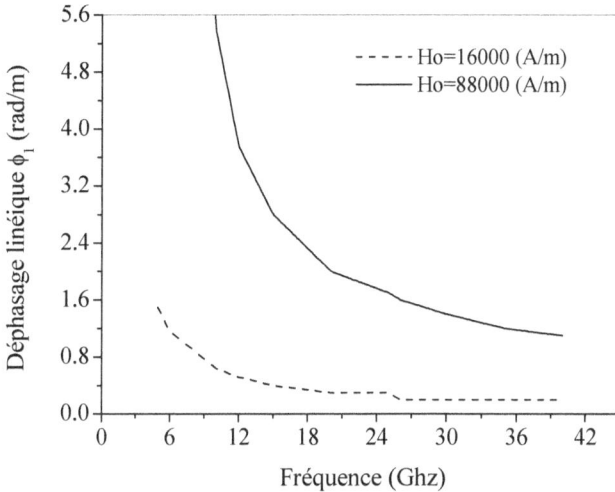

Figure. 5.73 Variation de $\beta_{H_0 \neq 0} - \beta_{H_0 = 0}$ en fonction de la fréquence
(2w= 2mm, , $h_1 = h_2 = 0.1$ mm, $h_3 = 5.8$mm)

5.8. Temps de calcul

Le temps de calcul est l'un des critères les plus importants pour juger de l'efficacité d'un programme de calcul.

Dans le but d'étudier les paramètres qui peuvent l'influencer, nous avons tracé sur les figures 5.74 et 5.75 son évolution vis à vis du nombre de fonctions de base (Nbf) et du nombre de termes de Fourier Ntf respectivement pour un coupleur microstrip/slotline et un résonateur microstrip sur un substrat anisotrope Epsilam 10.

Nous constatons à travers les courbes des figures 5.74a et 5.74b que les temps de calcul augmentent exponentiellement en fonction du nombre de termes de Fourier et du nombre de fonctions de bases.

Ceci a été confirmé par un lissage à l'aide de fonctions exponentielles. La même remarque peut être faite à propos des résonateurs (figures 5.75a et 5.75b).

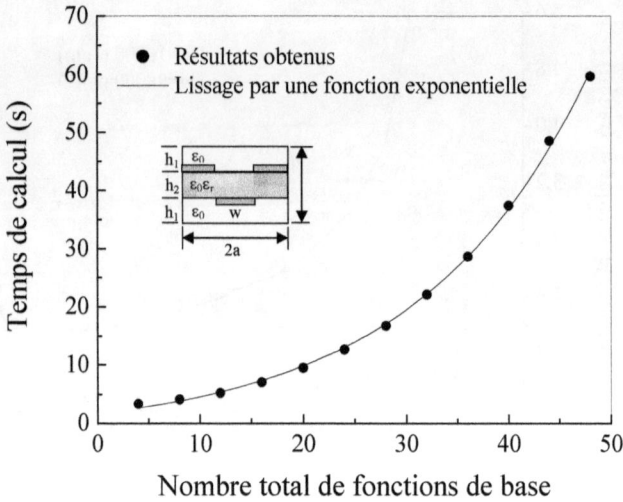

Figure. 5.74a Variation du temps de calcul vis à vis du nombre total de fonctions de base pour un coupleur bilatéral microstrip/slotline (2a=20mm, b=10 mm, h_1 = 4,5 mm, h_2=1mm, w = 1 mm, s = 2 mm, Ntf=200, f = 10 GHz)

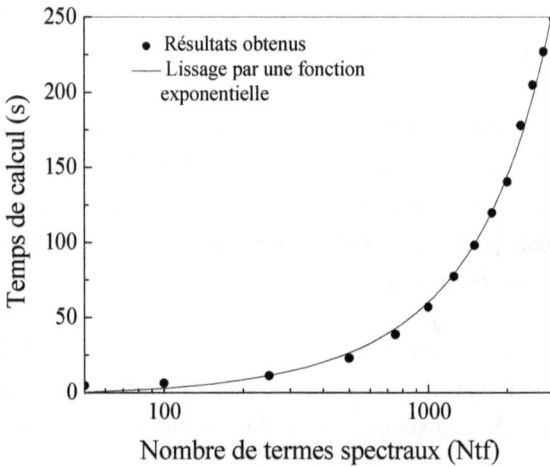

Figure. 5.74b Variation du temps de calcul vis à vis du nombre de termes de Fourier pour un coupleur bilatéral microstrip/slotline (2a = 20 mm, b=10 mm, h_1 = 4,5 mm, h_2 = 1 mm, w= 1 mm, s = 2 mm, Nbf = 20, f=10GHz)

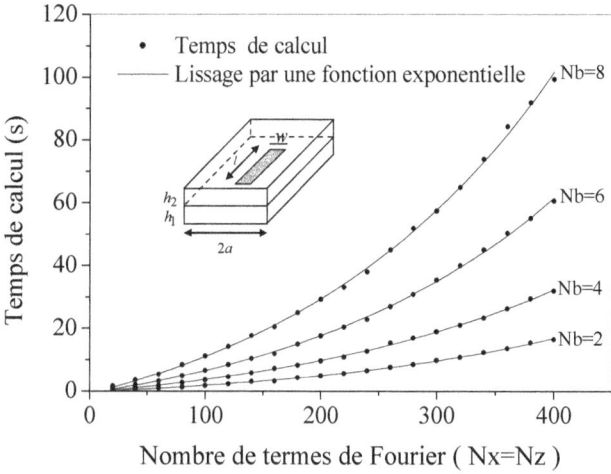

Figure. 5.75a Variation du temps de calcul vis a vis du nombre de termes spectraux pour un résonateur microstrip (2a= 155 mm, h_1=12.7mm, h_2=88.9mm, w= 20 mm, l=100mm)

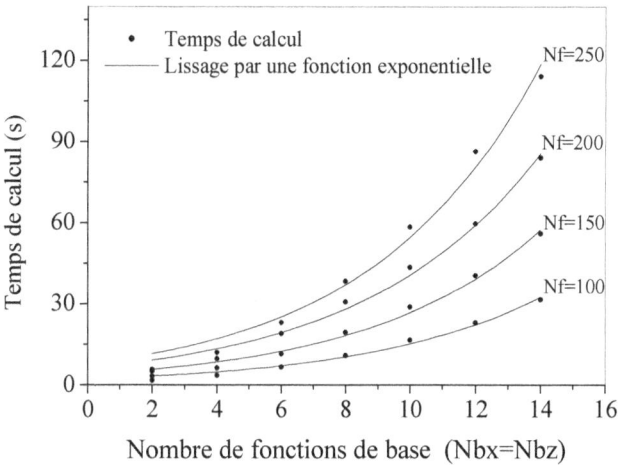

Figure. 5.75b Variation du temps de calcul vis a vis du nombre de fonctions de bases.(2a= 155 mm, h_1= 12.7 mm, h_2= 88.9 mm, w=20mm, l=100mm)

Les temps de calcul obtenus ont été jugés très acceptables. Notons néanmoins que la taille de la matrice $[C(\omega,\beta)]$ dont découle l'équation caractéristique pour le calcul des fréquences de résonance ou de la constante de propagation influe considérablement sur le temps de calcul.

La matrice $[C(\omega,\beta)]$ étant donnée par les équations (3.53) et (D.25) pour les coupleurs bilatéraux microstrip/slotline pour les résonateurs respectivement, le choix d'une matrice de grande taille et d'un nombre de termes spectraux (Nf) élevé influerait négativement sur le temps de calcul même si cela améliore la précision. D'où la nécessité de faire un compromis entre la capacité mémoire, la précision et le temps d'exécution.

5.9. Conclusion

Dans ce chapitre, nous avons démontré l'efficacité de notre approche et validé les différentes relations que nous avons développées dans les chapitres précédents. Cette validation a été faite par comparaison avec des résultats publiés par différents auteurs ainsi que par l'outil de simulation Neuromodeler [52] qui exploite la technique des réseaux de neurones.

Conclusion générale

La conception des circuits planaires miniaturisés est devenu le souci permanent des concepteurs des circuits hyperfréquences en raison des contraintes de plus en plus importantes en termes de temps de réponse et d'espace. Ces exigences ne peuvent cependant être levées sans une connaissance approfondie du comportement de telles structures. L'élément de base de leur réalisation est le substrat, puisque c'est en grande partie de lui que dépendent les performances des circuits micro-électroniques.

Dans ce cadre, la nature anisotrope doit absolument être intégrée dans le processus de modélisation des circuits qui utilisent ce type de substrats. Pour cela, le concepteur a besoin de modèles qui lui permettent de comprendre et maîtriser le comportement des phénomènes physiques ; ces modèles sont générés à partir des équations de *Maxwell* (équations aux dérivées partielles) qui décrivent le comportement électromagnétique des structures en hautes fréquences, tout en prenant en considération l'influence de l'anisotropie. Le fil conducteur qui a guidé nos recherches est le développement et la mise au point de modèles qui permettent une caractérisation fiable de ces structures.

Dans nos travaux, nous avons séparé les divers phénomènes qui interviennent de façon simultanée dans le circuit afin de les étudier et de faire ressortir le degré d'influence de chacun. Parmi ces phénomènes, nous avons retenu :

- La dispersion
- L'influence du blindage
- La possibilité pour le circuit d'être fermé ou ouvert
- L'influence des paramètres géométriques
- L'influence des métallisations
- La prise en compte de la supraconductivité en cas de besoin

Ainsi, un bon fonctionnement de ces circuits dans la fonction établie exige la parfaite connaissance des caractéristiques de ces dispositifs soit en régime quasi-statique ou en régime dispersif. Pour cela, il est impératif de connaître le comportement que suivent, par exemple, la permittivité effective et l'impédance caractéristique du circuit à analyser.

Dans ce travail, nous avons présenté une méthode efficace pour l'analyse de l'influence de l'anisotropie dans les circuits planaires micro-ondes multicouches en mode hybride. Pour parvenir à cet objectif, nous avons choisi la méthode d'approche dans le domaine spectral (*M.A.D.S*) qui est basée sur l'écriture des champs en mode hybride et des conditions de continuité aux interfaces aboutissant à des systèmes généralement traités par la méthode de *Galerkin*. Cette méthode présente de nombreux avantages par rapport aux méthodes conventionnelles qui travaillent dans le domaine spatial, et qui peuvent se résumer comme suit :

1. Meilleure efficacité et plus grande souplesse du fait que nous manipulons des équations algébriques simples dans le domaine spectral au lieu d'équations intégrales couplées dans le domaine spatial qui nécessitent des temps de traitement plus longs.

2. L'utilisation des fonctions de *Green* qui présentent des formes simples dans le domaine de *Fourier* contrairement au domaine spatial où leur forme est parfois impossible à identifier.

3. La précision qui peut être systématiquement améliorée en augmentant la taille de la matrice associée au système d'équations linéaires.

L'approche originale développée dans cet ouvrage a été largement validée par la comparaison des résultats numériques obtenus à ceux disponibles dans les revues spécialisées des micro-ondes. La nouvelle approche proposée a consisté à généraliser la technique dite " *immittance approach* " aux structures de transmission planaires réalisées sur des substrats anisotropes biaxiaux.

L'adaptation de la M.A.D.S à notre problème nous a permis de modéliser les circuits passifs anisotropes en configuration multicouche. Notons qu'il n'y a eu, à aucune étape de notre étude, d'aspect limitatif en ce qui concerne la valeur des éléments des tenseurs de la permittivité et de la perméabilité ; cet aspect nous a permis de présenter un travail détaillé et complet, pouvant s'appliquer sans restriction particulière à différentes structures multicouches. De plus, les différentes sources de comparaison ont montré que le travail que nous avons accompli peut avantageusement se comparer, du point de vue flexibilité et précision, aux modèles qui ont déjà fait leurs preuves pour certains substrats parmi les plus utilisés (substrats dits standards tels que le saphir, le nitrure de bore, etc.). Il y a lieu de penser également que les modèles développés sans hypothèse de limitation peuvent prédire de manière efficace le comportement de ces structures quelque soit la forme de leurs tenseurs.

Enfin, nous espérons que ce modeste travail servira de base à de futures recherches qui prennent en considération certains paramètres perturbateurs qui n'ont pas été prises en compte et qui risquent d'influencer la propagation telles les discontinuités ou les circuits à multi-niveaux de métallisations.

Références bibliographiques

[1]   T.C. Edwards, *Foundations for Microstrip Circuit Design*, Wiley, 1981.

[2]   K. C. Gupta, R. Garg, P. Bhartia, *Microstrip lines and slotlines*, Artech House, 2nd Ed, 1996.

[3]   M.C.E. Yagoub, M.L. Tounsi, T.P. Vuong, "EM methods for full-wave characterization of microwave integrated circuits," *IEEE Canadian Conf. on Electrical and Computer Engineering* (CCECE 2007), Vancouver, BC, Canada, April 22-26, 2007.

[4]   M.C.E. Yagoub and M.L. Tounsi, "EM Methods for MIC Modeling and Design: An overview", *Progress In Electromagnetics Research Symp. (PIERS) Online Journal,* Vol. 3, No. 1, 67-71, 2007

[5]   T. Itoh, *Numerical techniques for microwave and millimetre-wave passive structures*, Wiley-Interscience Publication, 1989.

[6]   B. Bhat, S.K. Koul, "Unified approach to solve a class of strip and microstrip-like transmission lines," *IEEE Trans. Microwave Theory Tech.*, Vol. 30, No. 5, pp. 679–686, 1982.

[7]   E. Yamashita, R. Mittra, "Variational method for the analysis of microstrip lines," *IEEE Trans. Microwave Theory Tech.*, Vol. 16, No. 4, pp. 251–256, 1968.

[8]   M.L. Tounsi, H. Halheit, M.C.E. Yagoub, A. Khodja, " Analysis of shielded planar circuits by a mixed variational-spectral method.", *IEEE Int. Symposium on Circuits and Systems*, vol. I, pp. 65-68, May 25-28, 2003.

[9]   M.L. Tounsi, A. Khodja, B. Haraoubia, "Enhancing performances of multilayered directional couplers on anisotropic substrates.", *IEEE Int. Conf. on Electronics, Circuits and Systems*, Sharjah, United Arab Emirates, pp. 966-969, Dec. 14-17, 2003.

[10]   M.L. Tounsi, H. Halheit, "Efficient analysis of multilayered broadside edge-coupled transmission lines for MIC applications," *Microcoll Int. Conf.*, September 10-11, Budapest, Hungary, 2003.

[11]   H. Zscheile, F.J. Schmuckles, W. Heinrich, "Finite-difference formulation accounting for field singularities", *IEEE Trans. Microwave Theory Tech,* Vol. 54, pp. 2000– 2010, May 2006.

[12] M.N.O. Sadiku, "Finite difference solution of electrodynamic problems," *Int. Jour. Elect. Engr. Educ.,* Vol. 28, No. 4, pp. 107–122, 1991.

[13] W.K. Gwarek, "Analysis of an arbitrarily-shaped planar circuit—a time domain approach," *IEEE Trans. Microwave Theory Tech.,* Vol. 33, No. 10, pp. 1067–1072, 1985.

[14] X. Zhang, J. Fang, K.K. Mei, "Calculations of dispersive characteristics of microstrips by the time-domain finite difference method," *IEEE Trans. Microwave Theory Tech.,* Vol. 36, pp 261-267, Feb. 1988.

[15] R.F. Harrington, "Matrix methods for field problems," *Proc. IEEE,* Vol. 55, No. 2, pp.136–149, 1967.

[16] M.M. Ney, "Method of moments as applied to electromagnetics problems," *IEEE Trans. Microwave Theory Tech,* Vol. 33, No. 10, pp.972–980. 1985.

[17] A.T. Adams, "An introduction to the method of moments," *Syracuse Univ. Report,* TR-73-217, Vol. 1, 1974.

[18] C.S. Desai, J.F. Abel, *Introduction to the Finite Element Method: A Numerical Approach for Engineering Analysis,* Van Nostrand Reinhold, New York, 1972.

[19] *Ansoft HFSS,* Ansoft Corporation, Pittsburgh, PA 15219, USA.

[20] C. Lu, B. Shanker, "Solving boundary value problems using the generalized (partition of unity) finite element method," *IEEE Antennas and Propag. Society Int. Symp.,* Vol. 1B, pp. 125-128, 3-8 July 2005.

[21] W.J.R. Hoefer, "The transmission-line matrix method-theory and applications," *IEEE Trans. Microwave Theory Tech.,* Vol. 33, pp. 882–893, Oct. 1985.

[22] C. Christopoulos, *The Transmission-Line Modeling Method (TLM),* IEEE Press, New York, 1995.

[23] A.C.L. Cabeceira *et al.,* "A time-domain modeling for EM wave propagation in bi-isotropic media based on the TLM method," *IEEE Trans. Microwave Theory Tech.,* Vol. 54, Part 2, pp. 2780-2789, June 2006.

[24] R. Pregla, W. Pascher, "The method of lines," in T. Itoh (ed.), *Numerical Techniques for Microwave and Millimeter-wave passive structures,* John Wiley, New York, 1989, pp. 381–446.

[25] A. Dreher, T. Rother, "New aspects of the method of lines," *IEEE Micro. Guided Wave Lett.,* Vol. 11, pp. 408–410, 1995.

[26] R. Pregla, L, Vietzorreck, "Combination of the source method with absorbing boundary conditions in the method of lines," *IEEE Microwave and Guided Wave Letters.,* Vol. 5, No. 7, pp. 227–229, 1995.

[27] K. Wu, X. Jiang, "The use of absorbing boundary conditions in the method of lines," *IEEE Micro. Guided Wave Lett.,* Vol. 6, No. 5, pp. 212–214, 1996.

[28] M.L. Tounsi, A. Khodja, B. Haraoubia, "Full-Wave analysis of arbitrarily multilayered planar structures by the method of lines", *IEEE Int. Conf. on Electronics, Circuits and Systems*, Dubrovnik, Croatia, pp. 1131-1134, Sept. 15-18, 2002.

[29] S.B. Cohn: "Slotilne on a dielectric substrate", *IEEE Trans. Microwave Theory Tech.*, Oct. 1969.

[30] M.L. Tounsi, B. Haraoubia, "Analyse et conception des résonateurs microruban en régime dispersif," *2ème Conf. Méditerranéenne sur l'Electronique et l'Automatique*, Marrakech, Maroc, pp. 343-346, Sept. 17-19, 1998.

[31] T. Itoh, R. Mittra, "Spectral-domain approach for calculating the dispersion characteristic of microstrip line," *IEEE Trans. Microwave Theory Tech.*, Vol. 21, pp. 498–499, 1973.

[32] H. Mang, X. Xiaowen, "Closed-form solutions for analysis of cylindrically conformal microstrip antennas with arbitrary radii", *IEEE Trans. on Antennas and Propag.,* Vol. 53, Part 2, pp. 518-525, Jan. 2005.

[33] D. Mirshekar-Syahkal, *Spectral Domain Method for Microwave Integrated Circuits*, Research Studies Press Ltd., Somerset, England, 1990.

[34] M.L. Tounsi, B. Haraoubia, "Modélisation d'une discontinuité de type 'circuit ouvert ' dans les structures microruban en régime dispersif,", *Journées Tunisiennes d'Electrotechnique et d'Automatique*, Nabeul, Tunisie, vol. 2, pp. 291-296, 6-7 Nov, 1998.

[35] M.L. Tounsi, B. Haraoubia, "Analyse en mode hybride des pertes diélectriques dans les circuits planaires microondes.", *Colloque sur l'Optique Hertzienne et Diélectriques*, Le Mans, France, pp. 301-304, 3-5 Septembre, 2001.

[36] M.L. Tounsi, B. Haraoubia, "Analysis of a shielded microstrip line with finite metallization thickness by the spectral domain approach," *IEEE/ ISRP Int. Symp. on Radio propagation,* Qingdao, China, pp. 130-133, Aug. 12-16, 1997.

[37] M.L. Tounsi, A. Khodja, A. Djeha, "High-Frequency characterization of coupled planar structures for microwave integrated circuits," *Algerian Conf. on Microelectronics*, pp. 357-360, Oct. 13-15, 2002, Algiers, Algeria.

[38] M.L. Tounsi, B. Haraoubia, "Analyse de la dispersion dans les lignes planaires couplées.", *Conf. Maghrébine en Génie Electrique.* Constantine, Algérie, pp. 187-189, 4-6 Déc., 1999.

[39] M.L. Tounsi, B. Haraoubia, "Millimeter-wave analysis of directional couplers.", *IEEE International Symposium on Circuits And Systems*, (*ISCAS-2000),* Geneva, Switzerland, vol. IV, pp. 561-564, 28-31 May, 2000.

[40] M.L. Tounsi, M.C.E. Yagoub, B. Haraoubia, " Hybrid analysis of shielding effect in planar microwave circuits.", *IEEE Int. Symp. on Circuits And Systems*, Sydney, Australia, vol. I, pp. 133-136, 6-8 May, 2001.

[41] A.H. Zaabab, Q.J. Zhang, M.S. Nakhla, "A neural network modeling approach to circuit optimization and statistical design," *IEEE Trans. Microwave Theory Tech.*, 43, 1349-1358, 1995.

[42] R.L. Mahajan, "Design and optimization through physical/neural network models," *IEEE MTT-S Int. Microwave Symp. Workshop on Appl. of ANN to Microwave Design, Denver,* CO, 1997, pp. 1-16.

[43] Y. Harkouss, J. Rousset, H. Chehade, E. Ngoya, D. Barataud, J.P. Teyssier, "Modeling microwave devices and circuits for telecommunications system design," *Proc. IEEE Int. Conf. Neural Networks,* 1998, 128-133.

[44] M. Vai, S. Prasad, "Neural networks in microwave circuit design - beyond black box models," *Int J. RF and Microwave CAE*, vol. 9, pp. 187-197, 1999.

[45] P.M. Watson, C. Cho, K.C. Gupta, "Electromagnetic-artificial neural network model for synthesis of physical dimensions for multilayer asymmetric coupled transmission structures," *Int. J. RF Microwave CAE*, 9, 175-186, 1999.

[46] Ding, X., J. Xu, M.C.E. Yagoub, Q.J. Zhang, "A combined state space formulation/equivalent circuit and neural network technique for modeling of embedded passives in multilayer printed circuits," *Applied Computational Electromagnetics Society J.*, Vol. 18, N°2, pp. 89-97, 2003.

[47] V.K. Devabhaktuni, M.C.E. Yagoub, Y. Fang, J.J. Xu, Q.J. Zhang, "Neural networks for microwave modeling: model development issues and nonlinear techniques," *Int. J. RF Microwave CAE*, 11, 4-21, 2001.

[48] J.W. Bandler *et al.*, "Space mapping technique for electromagnetic optimization," *IEEE Trans. Microwave Theory Tech.*, Vol. 42, pp. 2536–2544, Dec. 1994.

[49] J.E. Rayas-Sanchez, "EM-Based optimization of microwave circuits using artificial neural networks: the state-of-the-art," *IEEE Trans. Microwave Theory Tech.*, Vol. 52, pp. 420–435, Jan. 2004.

[50] E.B. Rahouyi, J. Hinojosa, J. Garrigos, "Neuro-fuzzy modeling techniques for microwave components"; *IEEE Microwave and Wireless Components Letters*, Vol. 16, pp. 72-74, Feb. 2006.

[51] Q.J. Zhang, K.C. Gupta, *Neural Networks for RF and Microwave Design*, Artech House, 2000.

[52] NeuroModeler v. 1.2, 2000, Q.J. Zhang, Carleton University, Ottawa, Canada.

[53] M.L. Tounsi, A. Khodja, M.C.E. Yagoub, "Efficient analysis of multilayered broadside edge-coupled anisotropic structures for microwave applications", *IEEE Int. Symp. on Circuits and Systems*, Vancouver, BC, Canada, vol. IV, pp. 229-232, May 23-26, 2004.

[54] R.P. Owens, J.E. Aitken, T.C. Edwards, "Quasi-static characteristics of microstrip on anisotropic sapphire substrate," *IEEE Trans. on Microwave Theory Tech.*, vol. 24, pp. 499-505, Aug. 1976,

[55] C.M. Krowne, "Microstrip transmission lines on pyrolytic boron nitride," *Electronic Letters.*, vol. 12, pp. 642-643, Nov. 1976.

[56] N.G. Alexopoulos, C.M. Krowne, "Characteristics of single and coupled microstrip on anisotropic substrates," *IEEE Trans. Microwave Theory Tech.*, vol. 26, pp.387-393, June 1978.

[57] M.L. Tounsi, A. Khodja, B. Haraoubia, "Enhancing performances of multilayered directional couplers on anisotropic substrates," *IEEE Int. Conf. on Electronics, Circuits and Systems*, Sharjah, UAE, pp. 966-969, Dec. 14-17, 2003.

[58] Donald L. Lee, "Electromagnetic Principles of integrated circuits", *John Wiley,* New York, 1987.

[59] N.J. Damaskos, R.B. Mack, A.L. Maffett, W. Parmon, P.L.E. Uslenghi, "The inverse problem for biaxial materials," *IEEE Trans. Microwave Theory Tech.*, vol. 32, pp. 400–405, Apr. 1984.

[60] R. Crampagne, M. Ahmadpanah, J.L. Guiraud, "A simple method for determining the Green's function for a large class of MIC lines having multilayered dielectric structures," *IEEE Trans. Microwave Theory Tech.*, vol. 26, pp. 82-87, Feb. 1978.

[61] R. Collin, *Field theory of guided waves*, 2nd Ed, IEEE Press, McGraw-Hill, 1991.

[62] M.L. Tounsi, A. Khodja and M.C.E. Yagoub, " Efficient Analysis of Multilayered Broadside Edge-Coupled Anisotropic Structures for Microwave Applications", *IEEE International Symposium on Circuits and Systems,* vol. IV, pp. 229-232, May 23-26, 2004, Vancouver, British Columbia, CANADA.

[63] J.E. Dalley, "A stripline directional coupler utilizing a non-homogeneous dielectric medium," *IEEE Trans. Microwave Theory Tech.*, vol. 17, pp. 706–712, Sept. 1969.

[64] S.K. Koul, B. Bhat, "Generalized analysis of microstrip like transmission lines and coplanar strips with anisotropic substrates for MIC, electro-optic modulator and SAW applications," *IEEE Trans. Microwave Theory Tech*, vol. 31, pp. 1051-1059, Dec. 1983.

[65] T. Itoh, "Spectral domain immitance approach for dispersion characteristics of generalized printed transmission lines," *IEEE Trans. Microwave Theory Tech.*, vol. 28, July 1980.

[66] M.L. Tounsi, R. Touhami and M.C.E. Yagoub, "Generic spectral immittance approach for fast design of multilayered bilateral structures including anisotropic media,", *IEEE Microwave and Wireless Components Letters*, vol. 17, Issue 6, June 2007, pp. 409-411.

[67] T.Q. Ho *et al*, "Microstrip resonators on anisotropic substrates," *IEEE Trans. Microwave Theory Tech.*, vol. 41, pp. 762-765, April 1992.

[68] M.L. Tounsi, R. Touhami, A. Khodja, M.C.E. Yagoub, "Analysis of the mixed coupling in bilateral microwave circuits including anisotropy for MICs and MMICs applications", *Progress In Electromagnetics Research Journal*, vol. 62, pp. 281–315, 2006.

[69] D.M. Pozar, *Microwave engineering*, 2nd edition, John Wiley & sons, 1998.

[70] B. Bhat, D.K. Koul, *Analysis, design, and application of finlines*, Artech House, 1987.

[71] M.L. Tounsi, R. Touhami, M.C.E. Yagoub, "Dynamic analysis of multilayered anisotropic finline and microstrip resonators", *Journal of Microwave and Optoelectronics*, vol. 5, N° 2, pp. 88-100, Dec. 2006

[72] E. Caal, "Current distribution in strip line", *Acta. Tech.*, Budapest, vol. 38, pp. 513-522, June 1980.

[73] E.J. Denlinger, "Losses of microstrip lines", *IEEE Trans. Microwave Theory Tech*, vol. 28, pp. 513-522, June 1980.

[74] H. Meissner, R. Ochsenfield, *Naturwiss* 21, 787, 1933.

[75] P. Hartmann, *Handbook of Applied Superconductivity*, IoP, 1998, pp 43-54.

[76] Zweiacker, *Applications des supraconducteurs*, Ecole Polytechnique Fédérale de Lausanne. 1993.

[77] F. London, H. London, *Proc. Roy. Soc. A 149*, 71, 1935.

[78] J. Bardeen, L.N. Cooper, J.R. Scrieffer, *Phys. Rev.*, 108, 1175, 1957.

[79] J. M. Pond, C M. Krowne, W.L. Carter "On the application of complex resistive boundary conditions to model transmission lines consisting of very thin superconductor". *IEEE Trans. Microwave Theory Tech.*, vol. 37, pp. 181-190, Jan.1989.

[80] A.I. Amora, R. Ghali, "Full wave analysis of HTS superconducting microstrip transmission lines using spectral-domain immittance approach", *Proceedings of the 30th National Radio Science Conference*, Cairo, Egypt, March 19-21,1996, pp. 1-8.

[81] M.L. Tounsi, R. Touhami, M.C.E. Yagoub, "Coupling dispersion characteristics of thick-strip multilayered circuits using the spectral domain approach," *WSEAS Transactions on Circuits and Systems*, Issue 1, Vol. 6, Jan. 2007, pp. 55-61

[82] M.L. Tounsi, R. Touhami and M.C.E. Yagoub, "Dynamic analysis of multilayered microwave circuits including metallization effects," *International Journal of Modelling and Simulation*, vol. 28, Issue 4, 2008.

[83] C. Nguyen, "Broadside-coupled coplanar waveguides and their end-coupled band-pass filter applications" *IEEE Trans. Microwave theory techniques*, vol. 40, pp.2181-2189, Dec. 1992.

[84] M.L. Tounsi, R. Touhami, M.C.E. Yagoub," Fullwave analysis of bilateral microwave structures on multilayered uniaxially anisotropic substrate," *WSEAS Transactions on Electronics*, vol. 1, N°4, Oct. 2004, pp. 621-626.

[85] T. Lenadan, "Contribution à la conception et à la réalisation de modules hyperfréquences multifonctions. Apport d'une solution d'intégration par combinaison de filières technologiques hybrides," *Thèse de Doctorat*, Université de Brest, Brest, France, Février 2000.

[86] Y. Chen, B. Beker, "Analysis of bilateral coplanar waveguides printed on anisotropic substrates for Use in monolithic MICs", *IEEE Trans. Microwave Theory Tech.*, vol. 41, N° 9, Sept. 1993, pp. 1489-1493.

[87] C. Nguyen, "Dispersion Characteristics of the Broadside-Coupled Coplanar Waveguide," *IEEE Trans. Microwave Theory Tech.*, vol. 41, N° 9, Sept. 1993, pp. 1630-1633.

[88] M.L. Tounsi, R. Touhami and M.C.E. Yagoub, " Analyse en mode hybride des coupleurs coplanaires anisotropes à deux niveaux de métallisation en configuration multicouche", *IEEE Canadian Journal in Electrical and Computing Engineering*, vol. 32, Issue 2, pp. 103-111.

[89] L. Thourel, *Dispositifs à ferrites pour micro-ondes,* Paris, Masson, 1969

[90] G. Forterre, "Les matériaux ferrites et leurs applications en hyperfréquence," *L'Onde Electrique,* vol. 71, no. 1, pp. 37-47, Janvier-Février 1991.

[91] L.R. Whicker, D.M. Bolle, "Annotated literature survey of microwave ferrite control components and materials for 1968-1974," *IEEE Trans. Microwave Theory Tech,* vol. 23,no. 11, pp. 908-918, Nov. 1975.

[92] R.F. Soohoo, "Microwave ferrite materials and devices," *IEEE Trans. Magn.,* vol. 4, No. 2, pp. 118-133, June 1968.

[93] E. Schloemann, "Advance in ferrite microwave materials and devices," *Journal of Magnetism and Magnetic Materials,* vol. 209, pp. 15-20, 2000.

[94] A.I. Braginski, D.C. Buck, "Polycrystalline Ferrite Films for Microwave Applications," *IEEE Trans. Magn.,* vol. 5, no. 4, pp. 924-928, Dec. 1969.

[95] H.L. Glass, "Ferrite Films for Microwave and Millimeter-Wave Devices," *Proceedings of the IEE*E, vol. 76, pp. 151-158, Feb. 1988.

[96] I. Wane, "Étude, réalisation et caractérisation de couches de ferrites destinées à des dispositifs intégrés micro-ondes non réciproques," *Thèse de Doctorat,* Université de Limoges, France, 2000.

[97] G.F. Dionne, D.E. Oates, D.H. Temme, J.A. Weiss, "Ferrite-superconductor devices for advanced microwave applications," *IEEE Trans. Microwave Theory Tech.,* vol. 44, no. 7, pp. 1361-1368, July 1996.

[98] M.C. Decréton, E.F. Loute, A.S. Vander Vorst, F.E. Gardiol, "Computer optimization of E-plane resonance isolators," *IEEE Trans. Microwave Theory Tech.,* vol. MTT 19, no. 3, pp. 322-331, March 1971.

[99] E.E. Riches, P. Brennan, P.M. Brigginshaw, S.M. Deeley, "Microstripline ferrite devices using surface field effects for microwave integrated circuits," *IEEE Trans. Magn.,* vol. 6, No. 3, pp. 670-673, Sept. 1970.

[100] M. E. Hines, "Reciprocal and nonreciprocal modes of propagation in ferrite stripline and microstrip devices," *IEEE Trans. Microwave Theory Tech.*, vol. 19, pp. 442-451, May 1971.

[101] B.S. Yildirim, E.B. El-Sharawy, "finite-difference time-domain analysis of microwave ferrite devices," *IEEE MTT-S Microwave Symp.*, vol. 2, pp. 1113-1116, 1997.

[102] B. Bayard, D. Vincent, C.R. Simovski, G. Noyel, "electromagnetic study of o ferrite coplanar isolator suitable for integration," *IEEE Trans. Microwave Theory Tech.*, vol. 51, pp. 1809-1814, July 2003.

[103] C. Melon, Contribution à la modélisation des ferrites par la méthode des différences finies en régime transitoire : applications à l'étude des dispositifs micro-ondes à ferrite, *Thèse de doctorat*, Université de Limoges, France, 1996.

[104] J.B. Yim, *Etude de la faisabilité d'une structure multicouche pour application aux antennes à polarisation circulaire*, Stage de D.E.A. d'électronique des hautes fréquences et optoélectronique, Université de Limoges, 1999.

[105] P. Röschmann, "YIG filters," *Philips Tech. Rev.*, vol. 32 , pp. 322-327, 1971.

[106] G. L. Matthei, "Magnetically tunable band-stop filters," *IEEE Trans. Microwave Theory Tech.,* vol. 13, pp. 203-212, 1965.

[107] M.R. Daniel, J.D. Adam, "Magnetostatic wave notch filter*," IEEE MTT Symposium*, pp. 1401-1402, 1992.

[108] P. Xun et *al.*, "Research on spectral domain immittance approach", *Int journal of Infrared and Millmeter Waves, Vol. 11, N° 8, 1990, pp. 995-1010.*

[110] T.Q. Ho, B. Beker "Frequency-dependent characteristics of shielded broadside microstrip lines on anisotropic substrates," *IEEE Trans. Microwave Theory Tech.*, vol. 39, pp. 1021-1025, June 1991.

[111] Z. Cai, J. Bornemann, "Full-wave analysis of multiple lossy microstrip lines on multilayered bi-anisotropic substrates and imperfect ground metallization", *IEEE Int. Microwave Symp. Dig. 1993*, pp. 927-930.

[112] K. Radhakrishnan, W.C. Chew, ''Full-Wave analysis of multiconductor transmission lines on anisotropic inhomogeneous

substrates," *IEEE Trans. Microwave Theory Tech.*, vol. 47, pp. 1764-1770, Sept. 1999.

[113] D. Mirshekar-Syahkal, J.B. Davies, "Accurate analysis of coupled strip-finline structure for phase constant, characteristic impedance, dielectric and conductor losses," *IEEE Trans. on Microwave Theory and Tech.*, vol. 30, No 6, pp. 906-910, June 1982.

[114] J.T. Kuo, E. Shih, "Wideband bandpass filter design with three-line microstrip structures," *IEE Proc. Microw. Antennas Propag.*, Vol. 149, No. 5/6, 243–247, Oct./Dec. 2002.

[115] A. Nakatani, N.G. Alexopoulos, "A generalized algorithm for structures on anisotropic substrates," presented at *IEEE MTT-S Int. Microwave Symp.*, St. Louis, June 1985.

[116] S.K. Koul, B. Bhat "Propagation Parameters of Coupled Microstrip-like Transmission Lines for Millimeter-Wave Applications," *IEEE Trans. Microwave Theory Tech.*, vol. 29, pp. 1364-1369, Dec 1981.

[117] F. Bouttout *et al*, "Uniaxially anisotropic substrate effects on resonance of rectangular microstrip patch antenna", *Electronics Letters*, vol. 35, No. 4, Feb. 1999

[118] R.M. Nelson. D.A. Rogers, A.G. D'Assuncao, "Resonant frequency of a rectangular microstrip patch on several uniaxial substrates", *IEEE Transactions Antennas Propag.*, vol 38, pp. 973-981, July 1990.

[119] T.Q. Ho, B. Beker, Y. Chi Shih, Y. Chen, "Microstrip resonators on anisotropic substrates", *IEEE Trans. on Microwave Theory Tech.*, vol.41, no.4, April 1992.

[120] T. Itoh, W. Menzel, "A full-wave analysis method for open microstrip structures", *IEEE Trans. Antennas Propagat.*, vol. 29, pp. 63-67, Jan. 1981.

[121] R.M. Nelson. D.A. Rogers, A.G. D'Assuncao, "Resonant frequency of a rectangular microstrip patch on several uniaxial substrates", *IEEE Transactions Antennas Propag.*, vol 38, pp. 973-981, July 1990.

[122] J.S. Hornsby, "Full-wave analysis of microstrip resonator and open-circuit end effect," *Inst. Elec. Eng. Proc.*, vol. 129, pt. H, pp. 338-341, Dec. 1982.

[123] A. K. Agrawal, B. Bhat, "Resonant characteristics and End Effects of a Slot Resonator in Unilateral Fin Line", *Proc. IEEE*, vol. 72, no. 10, Oct. 1984.

[124] B. Bhat, D.K, Koul, *Analysis, design, and application of finlines Norwood*, Artech House, 1987.

[125] Y. Chen, B. Beker, "Analysis of complementary unilateral slot and strip resonators printed on anisotropic substrates", *IEEE Trans. Microwave Theory and Tech.*, vol.43, July 1995.

[126] H.C.C. Fernandes, M.C.D. Silva, "Dynamic TTL method applied to the fin-line resonators", *Journal of microwaves and optoelectronics*, vol. 2, no 3, July 2001.

[127] N. Daoud, S. Tedjini, E. Pic, D. Rauly, "Effets des métallisations réelles dans les lignes GaAs pour les circuits microondes monolithiques". *Revue physique appliquée*, T.24, Mars 1988.

[128] D.E. Cooper, "Picosecond opto-electronique measurements of microstrip dispersion, *Appl. Phys. Lett.*, vol 47, pp. 33-35, 1985.

[129] H. Abiri-Jahromi, Analyse dynamique des lignes microniques par la méthode spectrale, *Thèse Docteur-ingenieur*, Grenoble, France, 1984.

[130] H. Guckel, P.A. Brennan, I. Palocz, "A parallel plate wave guide approach to micro-miniatorized planar trasmission lines for integrated circuits" *IEEE Trans. Microwave Theory Tech.*, vol. 15, pp. 468-476, 1967.

[131] H. Hasegawa, M. Furukawa, H. Yanai " Properties of microstrip line on Si-SiO$_2$ system,*" IEEE Trans. Microwave Theory Tech.*, vol. 19, pp. 869-881, 1971.

[132] J. Chilo, "Les interconnexions dans les circuits intégrés logiques rapide : outils de modélisation et d'analyse temporelle", *Thèse de Doctorat d'état*, Grenoble, France, 1983.

[133] G. Gentili, G. Macchiarella, Quasi-static analysis of shielded planar transmission lines with finite metalization thickness by a mixed spectral-space domain method", *IEEE Trans. Microwave Theory Tech.*, vol. 42, Feb. 1994.

[134] M.L. Tounsi, and M.C.E. Yagoub, "Hybrid-mode analysis of high-Tc thick superconducting microwave circuits on multilayered anisotropic layers", *Journal of Electromagnetic Waves and Applications*, Brill Academic Publishers NL , Vol. 22, no 17/18, pp. 2497–2510, 2008..

[135] H.C.C. Fernandes, G.A. De Brito Lima, W.P. Pereira, "Superconductivity in generic microstrip line with multilayer semiconductor substrate," *Proc. of SBT/IEEE Telecom. Symp*, vol. 2, *1998*, Sao Paulo, Brazil, pp. 419-423.

[136] N. Anatoli *et al*, "SDA full-wave analysis of boxed multistrip superconducting lines of finite thickness embedded in a layered lossy medium," *IEEE Trans. Microwave Theory Tech.* vol. 51, pp. 74-81, Jan. 2003

[137] L.H. Lee, S.M. Ali "Analysis of superconducting transmission-line Structures for passive microwave device applications". *IEEE Trans. Applied Superconductivity*, vol. 3, no.l, pp. 2782-2787, March 1993.

[138] K. Radhakrishnan, W.C. Chew, ''Full-Wave Analysis of Multiconductor Transmission Lines on Anisotropic Inhomogeneous Substrates,'' *IEEE Trans. Microwave Theory Tech.,* vol. 47, pp. 1764 –1770, Sept.1999.

[139] D. Mirshekar-Syahkal, J. Brian Davies, ''Accurate analysis of coupled strip-finline structure for phase constant, characteristic impedance, dielectric and conductor losses,'' *IEEE Trans. Microwave Theory Tech.,* vol. 30, pp. 906-910, June 1982.

[140] T. Itoh, "Spectral domain approach for calculating the dispersion characteristics of generalized printed transmission lines," *IEEE Trans. Microwave Theory Tech.,* vol. 28, pp. 733-736, July 1980.

[141] T.Q . Ho, B. Becker, "Analysis of bilateral fin-lines on anisotropic substrates," *IEEE Trans. Microwave Theory Tech.,* vol. 40, pp. 405-409, Feb. 1992.

[142] P.V. Ramakrishna, D. Chadha "Coupled mode analysis of finlines on anisotropic substrates," pp. 1399-1400, Aug. 1989.

[143] T. Itoh, A.S. Hebert, "A generalized spectral domain analysis for coupled suspended microstriplines with tuning septums," *IEEE Trans. Microwave Theory Tech.,* vol. 26, pp. 820-826, Oct. 1978.

[144] A.K. Sharma, W.J.R. Hoefer, "Propagation in coupled unilateral and bilateral finlines" *IEEE Trans. Microwave Theory Tech.*, vol.31, pp. 498-502, June 1983.

[145] Y. Chen, B. Beker, "Analysis of bilateral coplanar waveguides printed on anisotropic substrates for use in monolithic MICs," *IEEE Trans. Microwave Theory Tech.*, vol. 41, Sept. 1993.

[146] A.K. Sharma, W. Hoefer, Jr., "Propagation in coupled unilateral and Bilateral finlines," *IEEE Trans. Microwave Theory Tech.*, vol. 31, June 1983

[147] M.L. Tounsi, and M.C.E. Yagoub, "Efficient characterization of multilayered microwave wireless circuits on gyrotropic dielectric media including magnetized ferrites", *Microwave and Optical Technology Letters*, Ed. Wiley, Volume 53, Issue 5, pages 978–982, 2011

[148] J.D. Adam, "Analog signal processing with microwave magnetics", *IEEE Trans, Microwave Theory and Tech.*, vol. 76, pp. 159-170, Feb. 1988.

[149] M. Tsutsumi, T. Takeda, "Magnetostatic wave resonators of microstrip type," *IEEE, MTT-S Symp,* pp. 149-152, June 1989.

[150] C.M. Krowne, "Electromagnetic Distributions Demonstrating Asymmetry Using a Spectral-Domain Dyadic Green's Function for Ferrite Microstrip Guided-Wave Structures", *IEEE Trans. Microwave Theory and Tech.,* vol 53, pp.1345-1361, April 2005.

[151] M. Tsutsumi, T. Asahara," Microstrip lines using yttrium iron garnet film", *IEEE Trans. Microwave Theory Tech.,* vol 38, pp.1461-1467, Oct. 1990.

Annexe A

Notions de murs électriques et de murs magnétiques

Un mur électrique est un plan conducteur parfait de conductivité σ infinie. La composante tangentielle du champ électrique est nulle sur un mur électrique.

En effet, si elle ne l'était pas, cela reviendrait à dire que l'excitation par ce champ d'un courant $\vec{J}_c$ volumique infini $\left(\vec{J}_c = \sigma\vec{E}\right)$ donnerait lieu à une dissipation d'une énergie $\left(\vec{J}_c.\vec{E}\right)$ infinie, ce qui est physiquement à rejeter.

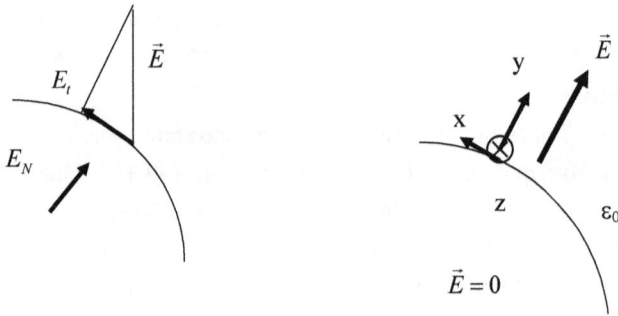

Fig.A.1 : Représentation du champ électrique.

Par contre, rien ne s'oppose à ce que nous ayons une composante normale. Il existe une densité de charges ρ_s permettant d'annuler le champ $\vec{E}$ à l'intérieur du conducteur, définie par :

$$\rho_s = \varepsilon_0 E_N \tag{A.1}$$

Nous pouvons à partir du champ $\vec{E}$, déduire le champ magnétique $\vec{H}$ d'après:

$$\overrightarrow{rot}\vec{E} = -j\omega\mu\vec{H} \tag{A.2}$$

Par continuité, $B_{1N}=B_{2N}$, la composante normale de l'induction, donc du champ magnétique est nulle. Cette propriété se déduit formellement de la précédente.

Considérons des axes locaux, *ox* et *oz* tangents au conducteur et un axe *oy* qui lui est perpendiculaire ; nous aurons alors :

$$-j\omega\mu H_y = \frac{\partial E_z}{\partial x} - \frac{\partial E_x}{\partial y} = 0 \tag{A.3}$$

car :

$$E_x = E_z = 0 \tag{A.4}$$

La dérivée normale du champ magnétique tangent est donc nulle $\dfrac{\partial \vec{H}_T}{\partial y} = \vec{0}$ et donc:

$$\frac{\partial H_z}{\partial y} = \frac{\partial H_x}{\partial y} = 0 \; .$$

Puisque les deux dernières propriétés se déduisent de $\vec{E}_T = \vec{0}$, il vient pour un mur électrique:

$$\vec{E}_T = \vec{0} \leftrightarrow \frac{\partial \vec{H}_T}{\partial n} = \vec{H}_n = \vec{0} \tag{A.5}$$

Pour un mur magnétique, qui tout comme le mur électrique, est un intermédiaire de calcul sans existence physique, la propriété duale donne :

$$\vec{H}_T = \vec{0} \leftrightarrow \frac{\partial \vec{E}_T}{\partial n} = \vec{E}_n = \vec{0} \tag{A.6}$$

Annexe B

Expressions des composantes tangentielles du champ EM en fonction des composantes normales

Les équations de Maxwell s'expriment dans un milieu diélectrique anisotrope en régime sinusoïdal par les équations suivantes :

$$\vec{\nabla} \wedge \vec{E} = -j\omega\overline{\mu}\vec{H} \tag{B.1a}$$

$$\vec{\nabla} \wedge \vec{H} = j\omega\overline{\varepsilon}\vec{E} \tag{B.1b}$$

$$\vec{\nabla}.\vec{D} = 0 \tag{B.1c}$$

$$\vec{\nabla}.\vec{B} = 0 \tag{B.1d}$$

avec : $\vec{B} = \overline{\mu}\vec{H}$ et $\vec{D} = \overline{\varepsilon}\vec{E}$. Sachant que $\overline{\varepsilon}$ et $\overline{\mu}$ sont des tenseurs diagonaux d'ordre 2.

La décomposition des équations de Maxwell-Faraday (B.1a) et Maxwell-Ampère (B.1b) donne respectivement:

$$\frac{\partial E_z}{\partial y} + j\beta E_y = -j\omega\mu_x H_x \tag{B.2a}$$

$$-\frac{\partial E_z}{\partial x} - j\beta E_x = -j\omega\mu_y H_y \tag{B.2b}$$

$$\frac{\partial E_y}{\partial x} - \frac{\partial E_x}{\partial y} = -j\omega\mu_z H_z \tag{B.2c}$$

$$\frac{\partial H_z}{\partial y} + j\beta H_y = j\omega\varepsilon_x E_x \tag{B.3a}$$

$$-\frac{\partial H_z}{\partial x} - j\beta H_x = j\omega\varepsilon_y E_y \tag{B.3b}$$

$$\frac{\partial H_y}{\partial x} - \frac{\partial H_x}{\partial y} = j\omega\varepsilon_z E_z \tag{B.3c}$$

De l'équation (B.2b), nous avons:

$$H_y = \frac{\beta}{\omega\mu_y} E_x - \frac{j}{\omega\mu_y} \frac{\partial E_z}{\partial x} \qquad \text{(B.4)}$$

En portant ensuite l'équation (B.4) dans (B.3a), il vient :

$$E_x = -j\frac{\omega\,\mu_y}{k_{c21}^{\,2}} \frac{\partial H_z}{\partial y} - j\frac{\beta}{k_{c21}^{\,2}} \frac{\partial E_z}{\partial x} \quad \text{avec } k_{c21}^{\,2} = \omega^2\mu_{22}\varepsilon_{11} - \beta^2 \qquad \text{(B.5)}$$

De la même façon, l'équation (B.3b) permet d'écrire :

$$H_x = -\frac{\omega\varepsilon_y}{\beta} E_y + \frac{j}{\beta} \frac{\partial H_z}{\partial x} \qquad \text{(B.6)}$$

dont la substitution dans (B.2a), donne :

$$E_y = -j\frac{\beta}{k_{c12}^2} \frac{\partial E_z}{\partial y} + j\frac{\omega\mu_x}{k_{c12}^2} \frac{\partial H_z}{\partial x} \quad \text{avec} \quad k_{c12}^2 = \omega^2\mu_x\varepsilon_y - \beta^2 \qquad \text{(B.7)}$$

ce qui donne pour les composantes H_x et H_y, d'après les relations (B.2a) et (B.2b) respectivement :

$$H_x = \frac{j}{\omega\mu_x}(1 + \frac{\beta^2}{k_{c12}^2}) \frac{\partial E_z}{\partial y} - j\frac{\beta}{k_{c12}^2} \frac{\partial H_z}{\partial x} \qquad \text{(B.8a)}$$

$$H_y = -\frac{j}{\omega\mu_y}(1 + \frac{\beta^2}{k_{c21}^2}) \frac{\partial E_z}{\partial x} - j\frac{\beta}{k_{c21}^2} \frac{\partial H_z}{\partial y} \qquad \text{(B.8b)}$$

Pour simplifier la résolution de ces équations aux dérivées partielles, nous utilisons la transformation de Fourier de façon à se ramener à des équations à une seule variable en y. Ceci conduit aux relations suivantes :

$$\tilde{E}_x = -\frac{\alpha_n\beta}{k_{c21}^2} \tilde{E}_z - j\frac{\omega\mu_y}{k_{c21}^2} \frac{\partial \tilde{H}_z}{\partial y} \qquad \text{(B.9a)}$$

$$\tilde{E}_y = -j\frac{\beta}{k_{c12}^2} \frac{\partial \tilde{E}_z}{\partial y} + \alpha_n \frac{\omega\mu_y}{k_{c12}^2} \tilde{H}_z \qquad \text{(B.9b)}$$

$$\tilde{H}_x = \frac{j}{\omega\mu_x}(1+\frac{\beta^2}{k_{c12}^2})\frac{\partial\tilde{E}_z}{\partial y} - \frac{\alpha_n\beta}{k_{c12}^2}\tilde{H}_z \tag{B.9c}$$

$$\tilde{H}_y = -\frac{\alpha_n}{\omega\mu_y}(1+\frac{\beta^2}{k_{c21}^2})\tilde{E}_z - \frac{j\beta}{k_{c21}^2}\frac{\partial\tilde{H}_z}{\partial y} \tag{B.9d}$$

B.1 Expressions de $\dfrac{\partial\tilde{E}_y}{\partial y}$ et $\dfrac{\partial\tilde{H}_y}{\partial y}$ en fonction de $\tilde{E}_z$ et $\tilde{H}_z$

L'équation (B.2c) s'écrit dans le domaine spectral sous la forme :

$$-j\alpha_n\tilde{E}_y - \frac{\partial\tilde{E}_x}{\partial y} = -j\omega\mu_z\tilde{H}_z$$

En remplaçant $\tilde{E}_x$ et $\tilde{E}_y$ par leurs expressions d'après (B.9a) et (B.9b) respectivement, nous obtenons:

$$-j\frac{\beta}{k_{c21}^2}\frac{\partial^2\tilde{H}_z}{\partial y^2} = \frac{\alpha_n\beta^2}{\omega\mu_{22}}(\frac{1}{k_{c21}^2}-\frac{1}{k_{c12}^2})\frac{\partial\tilde{E}_z}{\partial y} + j\frac{\beta}{\mu_y}(\mu_z - \frac{\alpha_n^2\mu_{11}}{k_{c12}^2})\tilde{H}_z \tag{B.10}$$

En dérivant l'équation (B.9d) par rapport à y, il vient:

$$\frac{\partial\tilde{H}_y}{\partial y} = -\frac{\alpha_n}{\omega\mu_y}(1+\frac{\beta^2}{k_{c21}^2})\frac{\partial\tilde{E}_z}{\partial y} - \frac{j\beta}{k_{c21}^2}\frac{\partial^2\tilde{H}_z}{\partial y^2}$$

Ce qui implique d'après l'équation (B.10):

$$\frac{\partial\tilde{H}_y}{\partial y} = -\frac{\alpha_n}{\omega\mu_y}(1+\frac{\beta^2}{k_{c21}^2})\frac{\partial\tilde{E}_z}{\partial y} + j\frac{\beta}{\mu_y}(\mu_z - \frac{\alpha_n^2\mu_x}{k_{c12}^2})\tilde{H}_z \tag{B.11}$$

D'autre part, l'équation (B.3c) s'écrit dans le domaine spectral sous la forme :

$$-j\alpha_n\tilde{H}_y - \frac{\partial\tilde{H}_x}{\partial y} = j\omega\varepsilon_z\tilde{E}_z$$

En remplaçant ensuite $\tilde{H}_x, \tilde{H}_y$ par leurs expressions d'après (B.9c) et (B.9d) respectivement, il vient :

$$-\frac{j}{\omega\mu_x}(1+\frac{\beta^2}{k_{c12}^2})\frac{\partial^2 \tilde{E}_z}{\partial y^2} = \alpha_n\beta(\frac{1}{k_{c21}^2}-\frac{1}{k_{c12}^2})\frac{\partial \tilde{H}_z}{\partial y} + j(\omega\varepsilon_z - \frac{\alpha_n^2}{\omega\mu_y}(1+\frac{\beta^2}{k_{c21}^2}))\tilde{E}_z$$

$$(B.12)$$

Après avoir dérivé l'équation (B.9b) par rapport à y, nous aurons :

$$\frac{\partial \tilde{E}_y}{\partial y} = -j\frac{\beta}{k_{c12}^2}\frac{\partial^2 \tilde{E}_z}{\partial y^2} + \alpha_n\frac{\omega\mu_x}{k_{c12}^2}\frac{\partial \tilde{H}_z}{\partial y}$$

Ce qui implique d'après l'équation (B.12):

$$\frac{\partial \tilde{E}_y}{\partial y} = \frac{\alpha_n}{\omega\varepsilon_y}(\frac{\beta^2}{k_{c21}^2}+1)\frac{\partial \tilde{H}_z}{\partial y} + j\frac{\beta}{\varepsilon_y}(\varepsilon_z - \alpha_n^2\frac{\varepsilon_x}{k_{c21}^2})\tilde{E}_z \qquad (B.13)$$

B.2. Expressions de $\tilde{E}_z$ en fonction de $\tilde{E}_y$ et $\tilde{H}_y$

En combinant les équations (B.9d) et (B.13), nous obtenons :

$$\tilde{E}_z = -j\beta\frac{\varepsilon_y}{(\varepsilon_z\beta^2 + \varepsilon_x\alpha_n^2)}\frac{\partial \tilde{E}_y}{\partial y} - \alpha_n\frac{\omega\mu_y\varepsilon_x}{(\varepsilon_z\beta^2 + \varepsilon_x\alpha_n^2)}\tilde{H}_y \qquad (B.14)$$

D'où nous déduisons d'après l'équation (B.9d) :

$$\frac{\partial H_z}{\partial y} = \alpha_n\frac{\omega\varepsilon_x\varepsilon_y}{(\alpha_n^2\varepsilon_x + \beta^2\varepsilon_z)}\frac{\partial \tilde{E}_y}{\partial y} + j\beta\frac{(\varepsilon_z k_{c21}^2 - \varepsilon_x\alpha_n^2)}{(\alpha_n^2\varepsilon_x + \beta^2\varepsilon_z)}\tilde{H}_y \qquad (B.15)$$

B.3. Expressions de $\tilde{H}_z$, $\tilde{E}_x$ et $\tilde{H}_x$ en fonction de $\tilde{E}_y$ et $\tilde{H}_y$

En combinant les équations (B.9b) et (B.11), il vient:

$$\tilde{H}_z = -j\beta\frac{\mu_y}{(\alpha_n^2\mu_x + \beta^2\mu_z)}\frac{\partial \tilde{H}_y}{\partial y} + \alpha_n\frac{\omega\mu_x\varepsilon_y}{(\alpha_n^2\mu_x + \beta^2\mu_z)}\tilde{E}_y \qquad (B.16)$$

D'où nous tirons d'après les équations (B.9b) et (B.16) :

$$\frac{\partial \tilde{E}_z}{\partial y} = j\beta\frac{(\mu_z k_{c12}^2 - \alpha_n^2\mu_x)}{(\alpha_n^2\mu_x + \beta^2\mu_z)}\tilde{E}_y - \alpha_n\frac{\omega\mu_x\mu_y}{(\alpha_n^2\mu_x + \beta^2\mu_z)}\frac{\partial \tilde{H}_y}{\partial y} \qquad (B.17)$$

En substituant ensuite les équations (B.14) et (B.15) dans (B.9a), nous en déduisons :

$$\tilde{E}_x = -j\alpha_n \frac{\varepsilon_y}{(\alpha_n^2\varepsilon_x + \beta^2\varepsilon_z)}\frac{\partial\tilde{E}_y}{\partial y} + \beta\frac{\omega\mu_y\varepsilon_z}{(\alpha_n^2\varepsilon_{x1} + \beta^2\varepsilon_z)}\tilde{H}_y$$

De la même façon, en substituant les équations (B.16) et (B.17) dans (B.9c), nous obtenons :

$$\tilde{H}_x = -\beta\frac{\omega\mu_z\varepsilon_y}{(\alpha_n^2\mu_x + \beta^2\mu_z)}\tilde{E}_y - j\alpha_n\frac{\mu_y}{(\alpha_n^2\mu_x + \beta^2\mu_z)}\frac{\partial\tilde{H}_y}{\partial y}$$

Finalement, en récapitulant, nous obtenons les expressions suivantes des composantes tangentielles du champ EM en fonction de E_y et H_y:

$$\tilde{E}_x = -j\alpha_n \frac{\varepsilon_y}{(\alpha_n^2\varepsilon_x + \beta^2\varepsilon_z)}\frac{\partial\tilde{E}_y}{\partial y} + \beta\frac{\omega\mu_y\varepsilon_z}{(\alpha_n^2\varepsilon_x + \beta^2\varepsilon_z)}\tilde{H}_y \qquad \text{(B.9.a)}$$

$$\tilde{E}_z = -j\beta \frac{\varepsilon_y}{(\varepsilon_z\beta^2 + \varepsilon_x\alpha_n^2)}\frac{\partial\tilde{E}_y}{\partial y} - \alpha_n\frac{\omega\mu_y\varepsilon_x}{(\varepsilon_z\beta^2 + \varepsilon_x\alpha_n^2)}\tilde{H}_y \qquad \text{(B.9.b)}$$

$$\tilde{H}_x = -\beta \frac{\omega\mu_z\varepsilon_y}{(\alpha_n^2\mu_x + \beta^2\mu_z)}\tilde{E}_y - j\alpha_n\frac{\mu_y}{(\alpha_n^2\mu_x + \beta^2\mu_z)}\frac{\partial\tilde{H}_y}{\partial y} \qquad \text{(B.9.c)}$$

$$\tilde{H}_z = -j\beta \frac{\mu_y}{(\alpha_n^2\mu_x + \beta^2\mu_z)}\frac{\partial\tilde{H}_y}{\partial y} + \alpha_n\frac{\omega\mu_x\varepsilon_y}{(\alpha_n^2\mu_x + \beta^2\mu_z)}\tilde{E}_y \qquad \text{(B.9.d)}$$

Annexe C

Calcul des fonctions de Green dyadiques

Dans ce qui suit, les indices 'e' et 'h' sont relatifs aux modes LSM et LSE respectivement. Les expressions des paramètres γ_a et γ_b pour ces deux modes sont données par les équations (3.14)

C.1. Cas de la propagation par modes LSM

En se référant aux équations (3.19) et après avoir posé:

$$\overline{E}_{vi} = -j\frac{\varepsilon_{yi}(\alpha_n^2 + \beta^2)}{\rho(\alpha_n^2\varepsilon_{xi} + \beta^2\varepsilon_{zi})}, \qquad \overline{H}_{ui} = \frac{\omega\varepsilon_{yi}}{\rho} \quad \text{et} \quad \overline{H}_{vi} = \frac{\omega\alpha_n\beta\varepsilon_{yi}(\mu_{xi} - \mu_{zi})}{\rho(\alpha_n^2\mu_{xi} + \beta^2\mu_{zi})}$$

avec $\rho = \sqrt{\alpha_n^2 + \beta^2}$, où α_n et β représentent respectivement le paramètre de Fourier et la constante de phase, nous obtenons les composantes du champ EM dans un diélectrique anisotrope d'indice i :

$$\tilde{E}_{yi}(\alpha_n, y) = A_i^e sinh(\gamma_i^{e,a}(y - H_{i-1})) + B_i^e cosh(\gamma_i^{e,b}(y - H_{i-1})) \qquad (C.1a)$$

$$\tilde{E}_{vi}(\alpha_n, y) = \overline{E}_{vi}(A_i^e\gamma_i^{e,a} cosh(\gamma_i^a(y - H_{i-1})) + B_i^e\gamma_i^b sinh(\gamma_i^{e,b}(y - H_{i-1}))) \qquad (C.1b)$$

$$\tilde{H}_{ui}(\alpha_n, y) = \overline{H}_{ui}(A_i^e sinh(\gamma_i^{e,a}(y - H_{i-1})) + B_i^e cosh(\gamma_i^{e,b}(y - H_{i-1}))) \qquad (C.1c)$$

$$\tilde{H}_{vi}(\alpha_n, y) = H_{vi}(A_i^e sinh(\gamma_i^{e,a}(y - H_{i-1})) + B_i^e cosh(\gamma_i^{e,b}(y - H_{i-1}))) \qquad (C.1d)$$

D'autre part, l'application des relations de continuité (3.21- c et d) conduit aux relations suivantes :

$$\tilde{J}_v(\alpha_n) = \tilde{H}_{u(m+1)}(\alpha_n, H_m) - \tilde{H}_{um}(\alpha_n, H_m) \qquad (C.2a)$$

$$\tilde{J}_u(\alpha_n) = -\tilde{H}_{v(m+1)}(\alpha_n, H_m) + \tilde{H}_{vm}(\alpha_n, H_m) \qquad (C.2b)$$

C.1.1. Détermination du paramètre $\tilde{Y}_v^{LSM}$

L'admittance équivalente ramenée au plan de métallisation (à $y=H_m$) définie par (3.27), peut aussi s'écrire d'après (A.2a) sous la forme :

$$\tilde{Y}_v^{LSM} = \frac{\tilde{H}_{u(m+1)}(\alpha_n, H_m) - \tilde{H}_{um}(\alpha_n, H_m)}{\tilde{E}_{vm}(\alpha_n, H_m)} \tag{C.3a}$$

L'indice '*m*' désignant l'interface métallisée. Cette équation peut aussi s'écrire:

$$\tilde{Y}_v^{LSM} = \tilde{Y}_{vsup}^{LSM} - Y_{vinf}^{LSM} \tag{C.3b}$$

avec :

$$\tilde{Y}_{vsup}^{LSM} = \frac{\tilde{H}_{u(m+1)}(\alpha_n, H_m)}{\tilde{E}_{v(m+1)}(\alpha_n, H_m)} \quad \text{(C.3c)} \quad \text{et} \quad \tilde{Y}_{vinf}^{LSM} = \frac{\tilde{H}_{um}(\alpha_n, H_m)}{\tilde{E}_{vm}(\alpha_n, H_m)}$$

(C.3.d)

- **_Cas des couches situées au dessous du plan métallisé :_**

Dans la couche 1 : Les composantes du champ EM s'écrivent comme suit (selon (3.19)):

$$\tilde{E}_{y1}(\alpha_n, y) = A_1^e \sinh(\gamma_1^{e,a} y) + B_1^e \cosh(\gamma_1^{e,b} y) \tag{C.4a}$$

$$\tilde{E}_{v1}(\alpha_n, y) = \bar{E}_{v1}(A_1^e \gamma_1^{e,a} \cosh(\gamma_1^{e,a} y) + B_1^e \gamma_1^{e,b} \sinh(\gamma_1^{e,b} y)) \tag{C.4b}$$

$$\tilde{H}_{u1}(\alpha_n, y) = \bar{H}_{u1}(A_1^e \sinh(\gamma_1^{e,a} y) + B_1^e \cosh(\gamma_1^{e,b} y)) \tag{C.4c}$$

Sur la paroi métallique inférieure (à $y = 0$), nous avons:

$$\tilde{E}_{v1}(\alpha_n, 0) = 0 \quad \Rightarrow \quad A_1 = 0$$

D'où :

$$\tilde{E}_{v1}(\alpha_n, y) = B_1^e \bar{E}_{v1} \gamma_1^{e,b} \sinh(\gamma_1^{e,b} y) \tag{C.5a}$$

$$\tilde{H}_{u1}(\alpha_n, y) = B_1^e \bar{H}_{u1} \cosh(\gamma_1^{e,b} y) \tag{C.5b}$$

Nous en déduisons l'admittance équivalente ramenée au plan $y=H_1$ par :

$$\tilde{Y}_{v1}^{LSM} = \frac{\tilde{H}_{u1}}{\tilde{E}_{v1}} = \eta_{v1}^{LSM} \frac{\coth(\gamma_1^{e,b} H_1)}{\gamma_1^{e,b}} \tag{C.6a}$$

$$\text{avec} \qquad \eta_{v1}^{LSM} = \frac{\overline{H}_{u1}}{\overline{E}_{v1}} = \frac{j\omega\ (\varepsilon_{x1}\alpha_n^{\ 2} + \beta^2 \varepsilon_{z1})}{\alpha_n^{\ 2} + \beta^2} \qquad (C.6b)$$

Le rapport $\eta_{v1}^{LSM}/\gamma_1^{e,b}$ peut être interprété comme étant l'admittance d'onde de mode LSM, il joue le rôle d'admittance caractéristique dans le cas des lignes de transmission.

Dans la couche 2 : Les composantes du champ EM s'écrivent selon (3.19) comme suit :

$$\tilde{E}_{y2}(\alpha_n, y) = A_2^e\ sinh(\gamma_2^{e,a}(y - H_1)) + B_2^e\ cosh(\gamma_2^{e,b}(y - H_1)) \qquad (C.7a)$$

$$\tilde{E}_{v2}(\alpha_n, y) = \overline{E}_{v2}(\ A_2^e\gamma_2^{e,a}\ cosh(\gamma_2^{e,a}(y - H_1)) + B_2^e\gamma_2^{e,b}\ sinh(\gamma_2^{e,b}(y - H_1))) \qquad (C.7b)$$

$$\tilde{H}_{u2}(\alpha_n, y) = \overline{H}_{u2}(\ A_2^e\ sinh(\gamma_2^{e,a}(y - H_1)) + B_2^e\ cosh(\gamma_2^{e,b}(y - H_1))) \qquad (C.7c)$$

Or à $y = H_1$, la continuité des composantes tangentielles impose que :

$$\tilde{E}_{v1}(\alpha_n, H_1) = \tilde{E}_{v2}(\alpha_n, H_1) \qquad (C.8a)$$

$$\tilde{H}_{u1}(\alpha_n, H_1) = \tilde{H}_{u2}(\alpha_n, H_1) \qquad (C.8b)$$

ce qui implique d'une part que $\tilde{Y}_{v1}^{LSM}$ peut aussi s'écrire selon (C.6a) :

$$\tilde{Y}_{v1}^{LSM} = \frac{\tilde{H}_{u2}(\alpha_n, H_1)}{\tilde{E}_{v2}(\alpha_n, H_1)} \qquad (C.9a)$$

et que d'autre part, les équations (C.7b) et (C.7c) permettent d'écrire :

$$\frac{\tilde{H}_{u2}(\alpha_n, H_1)}{\tilde{E}_{v2}(\alpha_n, H_1)} = \eta_{v2}^{LSM}\ \frac{B_2}{A_2\gamma_2^{e,a}} \qquad \text{avec} \quad \eta_{v2}^{LSM} = \frac{\overline{H}_{u2}}{\overline{E}_{v2}} \qquad (C.9b)$$

d'où:

$$\frac{B_2^e}{A_2^e} = \tilde{Y}_{v1}^{LSM}\ \frac{\gamma_2^{e,a}}{\eta_{v2}^{LSM}} \qquad (C.9c)$$

Nous en déduisons alors l'admittance équivalente ramenée au plan y=H_2 :

$$\tilde{Y}_{v2}^{LSM} = \frac{\tilde{H}_{u2}(\alpha_n, H_2)}{\tilde{E}_{v2}(\alpha_n, H_2)} \qquad (C.10a)$$

par la formule:

$$\tilde{Y}_{v2}^{LSM} = \eta_{v2}^{LSM} \frac{sinh(\gamma_2^{e,a}h_2) + S_{v2}^{LSM} cosh(\gamma_2^{e,b}h_2)}{\gamma_2^{e,a} cosh(\gamma_2^{e,a}h_2) + \gamma_2^{e,b} S_{v2}^{LSM} sinh(\gamma_2^{e,b}h_2)} \text{ avec } S_{v2}^{LSM} = \frac{B_2^e}{A_2^e}$$

$$(C.11)$$

En généralisant à l'interface $y=H_i$, nous obtenons le processus de récurrence suivant relatif à $\tilde{Y}_{vi}^{LSM}$:

$$\tilde{Y}_{vi}^{LSM} = \eta_{vi}^{LSM} \frac{sinh(\gamma_i^{e,a}h_i) + S_{vi}^{LSM} cosh(\gamma_i^{e,b}h_i)}{\gamma_i^{e,a} cosh(\gamma_i^{e,a}h_i) + \gamma_i^{e,b} S_{vi}^{LSM} sinh(\gamma_i^{e,b}h_i)} \qquad (C.12)$$

avec :

$$S_{vi}^{LSM} = \frac{B_i^e}{A_i^e} = \tilde{Y}_{v(i-1)}^{LSM} \frac{\gamma_i^{e,a}}{\eta_{vi}^{LSM}} \qquad et \qquad \eta_{vi}^{LSM} = \frac{\bar{H}_{ui}}{\bar{E}_{vi}}$$

- **_Cas des couches situées au dessus du plan métallisé :_**

Par ailleurs, dans la *couche N*, les composantes du champ EM s'écrivent comme suit:

$$\tilde{E}_{yN}(\alpha_n, y) = A_N^e sinh(\gamma_N^{e,a}(H_N - y)) + B_N^e cosh(\gamma_N^{e,b}(H_N - y)) \qquad (C.13a)$$

$$\tilde{E}_{vN}(\alpha_n, y) = -\bar{E}_{vN}(A_N^e \gamma_N^{e,a} cosh(\gamma_N^{e,a}(H_N - y)) + B_N^e \gamma_N^{e,b} sinh(\gamma_N^{e,b}(H_N - y))) \qquad (C.13b)$$

$$\tilde{H}_{uN}(\alpha_n, y) = \bar{H}_{uN}(A_N^e sinh(\gamma_N^{e,a}(H_N - y)) + B_N^e cosh(\gamma_N^{e,b}(H_N - y))) (C.13c)$$

Sur la paroi métallique supérieure (à $y = H_N$), nous avons:

$$\tilde{E}_{vN}(\alpha_n, H_N) = 0 \quad \Rightarrow \quad A_N = 0$$

d'où :

$$\tilde{E}_{vN}(\alpha_n, y) = -B_N^e \bar{E}_{vN} \gamma_N^{e,b} \, sinh(\gamma_N^{e,b}(H_N - y)) \tag{C.14a}$$

$$\tilde{H}_{uN}(\alpha_n, y) = B_N^e \bar{H}_{uN} \, cosh(\gamma_N^{e,b}(H_N - y)) \tag{C.14b}$$

Nous en déduisons alors,

$$\tilde{Y}_{vN}^{LSM} = \frac{\tilde{H}_{uN}}{\tilde{E}_{vN}} = -\eta_{vN}^{LSM} \frac{coth(\gamma_N^{e,b} h_N)}{\gamma_N^{e,b}} \tag{C.15}$$

Dans la *couche (N-1),* les composantes du champ EM s'écrivent selon (4.19) comme suit:

$$\tilde{E}_{y(N-1)}(\alpha_n, y) = A_{N-1}^e \, sinh(\gamma_{N-1}^{e,a}(H_{N-1} - y)) + B_{N-1}^e \, cosh(\gamma_{N-1}^{e,b}(H_{N-1} - y)) \tag{C.16a}$$

$$\tilde{E}_{v(N-1)}(\alpha_n, y) = -\bar{E}_{v(N-1)}(A_{N-1}^e \gamma_{N-1}^{e,a} \, cosh(\gamma_{N-1}^{e,a}(H_{N-1} - y)) + B_{N-1}^e \gamma_{N-1}^{e,b} \, sinh(\gamma_{N-1}^{e,b}(H_{N-1} - y))) \tag{C.16b}$$

$$\tilde{H}_{u(N-1)}(\alpha_n, y) = \bar{H}_{u(N-1)}(A_{N-1}^e \, sinh(\gamma_{N-1}^{e,a}(H_{N-1} - y)) + B_{N-1}^e \, cosh(\gamma_{N-1}^{e,b}(H_{N-1} - y))) \tag{C.16c}$$

Les lois de continuité du champ EM imposent à l'interface $y = H_{N-1}$:

$$\tilde{E}_{v(N-1)}(\alpha_n, H_{N-1}) = \tilde{E}_{vN}(\alpha_n, H_{N-1}) \tag{C.17a}$$

$$\tilde{H}_{u(N-1)}(\alpha_n, H_{(N-1)}) = \tilde{H}_{uN}(\alpha_n, H_{N-1}) \tag{C.17b}$$

ceci implique d'une part que d'après (C.15):

$$\tilde{Y}_{vN}^{LSM} = \frac{\tilde{H}_{u(N-1)}(\alpha_n, H_{N-1})}{\tilde{E}_{v(N-1)}(\alpha_n, H_{N-1})} \tag{C.18a}$$

et que d'autre part compte tenu de (C.16b) et (C.16c), il vient :

$$\frac{\tilde{H}_{u(N-1)}(\alpha_n, H_{N-1})}{\tilde{E}_{v(N-1)}(\alpha_n, H_{N-1})} = -\eta_{v(N-1)}^{LSM} \frac{B_{N-1}^e}{A_{N-1}^e \gamma_{N-1}^{e,a}} \tag{C.18b}$$

d'où :

$$\frac{B^e_{N-1}}{A^e_{N-1}} = -\tilde{Y}^{LSM}_{vN} \frac{\gamma^{e,a}_{N-1}}{\eta^{LSM}_{v(N-1)}} \tag{C.19}$$

Nous en déduisons alors l'admittance équivalente ramenée au plan $y=H_{N-1}$:

$$\tilde{Y}^{LSM}_{v(N-1)} = \eta^{LSM}_{v(N-1)} \frac{sinh(\gamma^{e,a}_{N-1}h_{N-1}) + S^{LSM}_{v(N-1)} cosh(\gamma^{e,b}_{N-1}h_{N-1})}{\gamma^{e,a}_{N-1} cosh(\gamma^{e,a}_{N-1}h_{N-1}) + \gamma^{e,b}_{N-1}S^{LSM}_{v(N-1)} sinh(\gamma^{e,b}_{N-1}h_{N-1})} \tag{C.20}$$

avec $\quad S^{LSM}_{v(N-1)} = -\tilde{Y}^{LSM}_{vN} \dfrac{\gamma^{e,a}_{N-1}}{\eta^{LSM}_{v(N-1)}}$

En généralisant à l'interface $y=H_{i+1}$, nous obtenons le processus de récurrence suivant relatif à $\tilde{Y}^{LSM}_{vi}$:

$$\tilde{Y}^{LSM}_{vi} = -\eta^{LSM}_{v(i+1)} \frac{sinh(\gamma^{e,a}_{i+1}h_{i+1}) + S^{LSM}_{v(i+1)} cosh(\gamma^{e,b}_{i+1}h_{i+1})}{\gamma^{e,a}_{i+1} cosh(\gamma^{e,a}_{i+1}h_{i+1}) + \gamma^{e,b}_{i+1}S^{LSM}_{v(i+1)} sinh(\gamma^{e,b}_{i+1}h_{i+1})} \tag{C.21}$$

avec : $\qquad\qquad S^{LSM}_{vi} = -\tilde{Y}^{LSM}_{v(i+1)} \dfrac{\gamma^{e,a}_i}{\eta^{LSM}_{vi}}$

Finalement, le paramètre $\tilde{Y}^{LSM}_v$ se calcule à partir de l'équation (C.3b) en exécutant les processus itératifs (C.12) et (C.21) respectivement de ($i = 2$ à m) et de ($i = m+1$ à N) pour calculer $\tilde{Y}^{LSM}_{vinf}$ et $\tilde{Y}^{LSM}_{vsup}$ avant de les sommer.

C.1.2. Calcul du paramètre $\tilde{Y}^{LSM}_{uv}$

Le paramètre *admittance conjointe* $\tilde{Y}^{LSM}_{uv}$ qui tient compte de l'anisotropie biaxiale des couches diélectriques s'écrit selon (3.23) par:

$$\tilde{Y}^{LSM}_{uv} = \frac{\tilde{J}_u}{\tilde{E}_{vm}(\alpha_n, H_m)} = \frac{\tilde{H}_{vm}(\alpha_n, H_m) - \tilde{H}_{v(m+1)}(\alpha_n, H_m)}{\tilde{E}_{vm}(\alpha_n, H_m)} \tag{C.22}$$

qu'il est possible de réécrire sous la forme alternative suivante:

$$\tilde{Y}_{uv}^{LSM} = \tilde{Y}_{uv\,sup}^{LSM} - \tilde{Y}_{uv\,inf}^{LSM} \tag{C.23}$$

avec :

$$\tilde{Y}_{uv\,sup}^{LSM} = -\frac{\tilde{H}_{v(m+1)}(\alpha_n, H_m)}{\tilde{E}_{v(m+1)}(\alpha_n, H_m)} \qquad et \qquad \tilde{Y}_{uv\,inf}^{LSM} = \frac{\tilde{H}_{vm}(\alpha_n, H_m)}{\tilde{E}_{vm}(\alpha_n, H_m)}$$

Le procédé de calcul du *paramètre admittance conjointe* $\tilde{Y}_{uv}^{LSM}$ est similaire à celui de $\tilde{Y}_{v}^{LSM}$.

Nous obtenons ainsi le processus itératif suivant relatif aux couches situées au-dessous du plan métallisé:

$$\tilde{Y}_{uvi}^{LSM} = \eta_{uvi}^{LSM}\, \frac{sinh(\gamma_i^{e,a}h_i) + S_{uvi}^{LSM}\, cosh(\gamma_i^{e,b}h_i)}{\gamma_i^{e,a}\, cosh(\gamma_i^{e,a}h_i) + \gamma_i^{e,b}S_{uvi}^{LSM}\, sinh(\gamma_i^{e,b}h_i)} \tag{C.24}$$

avec la condition initiale :

$$\tilde{Y}_{uv1}^{LSM} = \eta_{uv1}^{LSM}\, \frac{coth(\gamma_1^{e,b}h_1)}{\gamma_1^{e,b}} \qquad avec$$

$$\eta_{uv1}^{LSM} = \frac{\overline{H}_{v1}}{\overline{E}_{v1}} = \eta_{v1}^{LSM}\, \frac{\alpha_n\beta(\mu_{x1} - \mu_{z1})}{\alpha_n^2 \mu_{xi} + \beta^2 \mu_{zi}}$$

D'autre part, pour les couches situées au-dessus du plan métallisé nous avons:

$$\tilde{Y}_{uvi}^{LSM} = -\eta_{uv(i+1)}^{LSM}\, \frac{sinh(\gamma_{i+1}^{e,a}h_{i+1}) + S_{uv(i+1)}^{LSM}\, cosh(\gamma_{i+1}^{e,b}h_{i+1})}{\gamma_{i+1}^{e,a}\, cosh(\gamma_{i+1}^{e,a}h_{i+1}) + \gamma_{i+1}^{e,b}S_{uv(i+1)}^{LSM}\, sinh(\gamma_{i+1}^{e,b}h_{i+1})} \tag{C.25}$$

sachant que :

$$S_{uvi}^{LSM} = -\tilde{Y}_{uv(i+1)}^{LSM}\, \frac{\gamma_i^{e,a}}{\eta_{uvi}^{LSM}}$$

avec la condition initiale :

$$\tilde{Y}_{uvN}^{LSM} = -\eta_{uvN}^{LSM}\, \frac{coth(\gamma_N^{e,b}h_N)}{\gamma_N^{e,b}}$$

Finalement, le paramètre $\tilde{Y}_{uv}^{LSM}$ se calcule à partir de l'équation (C.23) en exécutant les processus itératifs (C.24) et (C.25) respectivement de *(i=2 à m)* et de *(i=m+1 à N)* pour calculer $\tilde{Y}_{uv\,inf}^{LSM}$ et $\tilde{Y}_{uv\,sup}^{LSM}$ avant de les sommer.

C.2. Cas de la propagation par modes LSE

C.2.1. Détermination de $\tilde{Y}_v^{LSE}$

En se référant aux équations (3.18) et après avoir posé :

$$\overline{E}_{ui} = -\frac{\omega\mu_{yi}}{\rho} \quad , \quad \overline{E}_{vi} = \frac{\omega\mu_{yi}\alpha_n\beta(\varepsilon_{zi}-\varepsilon_{xi})}{\rho(\alpha_n^2\varepsilon_{xi}+\beta^2\varepsilon_{zi})} \quad , \overline{H}_{vi} = j\frac{\mu_{yi}(\alpha_n^2+\beta^2)}{\rho(\alpha_n^2\mu_{xi}+\beta^2\mu_{zi})}$$

Nous y obtenons alors les composantes du champ EM pour les modes LSE selon:

$$\tilde{H}_{yi}(\alpha_n,y) = A_i^h\,sinh(\gamma_i^{h,a}(y-H_{i-1})) + B_i^h\,cosh(\gamma_i^{h,b}(y-H_{i-1})) \qquad (C.26a)$$

$$\tilde{H}_{vi}(\alpha_n,y) = \overline{H}_{vi}(A_i^h\gamma_i^{h,a}\,cosh(\gamma_i^{h,a}(y-H_{i-1})) + B_i^h\gamma_i^{h,b}\,sinh(\gamma_i^{h,b}(y-H_{i-1})))$$
$$(C.26b)$$

$$\tilde{E}_{ui}(\alpha_n,y) = \overline{E}_{ui}(A_i^h\,sinh(\gamma_i^{h,a}(y-H_{i-1})) + B_i^h\,cosh(\gamma_i^{h,b}(y-H_{i-1}))) \quad (C.26c)$$

$$\tilde{E}_{vi}(\alpha_n,y) = \overline{E}_{vi}(A_i^h\,sinh(\gamma_i^{h,a}(y-H_{i-1})) + B_i^h\,cosh(\gamma_i^{h,b}(y-H_{i-1}))) \quad (C.26d)$$

Nous définissons l'admittance équivalente ramenée au plan de métallisation *(y=H_m)* par :

$$\tilde{Y}_u^{LSE} = \frac{\tilde{J}_u}{\tilde{E}_u} \qquad (C.27)$$

qui peut aussi s'écrire selon (C.2b) sous la forme :

$$\tilde{Y}_u^{LSE} = \frac{-\tilde{H}_{v(m+1)}(\alpha_n,H_m) + \tilde{H}_{vm}(\alpha_n,H_m)}{\tilde{E}_{u(m+1)}(\alpha_n,H_m)} \qquad (C.28)$$

ou encore :

$$\tilde{Y}_u^{LSE} = -\tilde{Y}_{u\,sup}^{LSE} + \tilde{Y}_{u\,inf}^{LSE} \tag{C.29}$$

avec :

$$\tilde{Y}_{u\,sup}^{LSE} = \frac{\tilde{H}_{v(m+1)}(\alpha_n, H_m)}{\tilde{E}_{u(m+1)}(\alpha_n, H_m)} \qquad \text{et} \qquad \tilde{Y}_{u\,inf}^{LSE} = \frac{\tilde{H}_{vm}(\alpha_n, H_m)}{\tilde{E}_{um}(\alpha_n, H_m)}$$

- ***Cas des couches situées au dessous du plan métallisé :***

Dans la *couche 1 :* Les composantes du champ EM s'écrivent comme suit :

$$\tilde{H}_{y1}(\alpha_n, y) = A_1^h \sinh(\gamma_1^{h,a} y) + B_1^h \cosh(\gamma_1^{h,b} y) \tag{C.30a}$$

$$\tilde{H}_{v1}(\alpha_n, y) = \overline{H}_{v1}(A_1^h \gamma_1^{h,a} \cosh(\gamma_1^a y) + B_1^h \gamma_1^{h,b} \sinh(\gamma_1^{h,b} y)) \tag{C.30b}$$

$$\tilde{E}_{u1}(\alpha_n, y) = \overline{E}_{u1}(A_1^h \sinh(\gamma_1^{h,a} y) + B_1^h \cosh(\gamma_1^{h,b} y)) \tag{C.30c}$$

Sur la paroi métallique inférieure (à $y = 0$), nous avons:

$$\tilde{E}_{u1}(\alpha_n, 0) = 0 \quad \Rightarrow \quad B_1 = 0$$

d'où :

$$\tilde{H}_{v1}(\alpha_n, y) = A_1^h \overline{H}_{v1} \gamma_1^{h,a} \cosh(\gamma_1^{h,a} y) \tag{C.31a}$$

$$\tilde{E}_{u1}(\alpha_n, y) = A_1^h \overline{E}_{u1} \sinh(\gamma_1^{h,a} y) \tag{C.31b}$$

Nous en déduisons alors l'admittance équivalente ramenée au plan $y{=}H_1$ par :

$$\tilde{Y}_{u1}^{LSE} = \eta_{u1}^{LSE} \gamma_1^{e,a} \coth(\gamma_1^{e,a} H_1) \text{ avec } \quad \eta_{u1}^{LSE} = \frac{\overline{H}_{v1}}{\overline{E}_{u1}} = \frac{j(\alpha_n^2 + \beta^2)}{\omega(\alpha_n^2 \mu_{x1} + \beta^2 \mu_{z1})} \tag{C.32}$$

Dans la *couche 2 :* Les composantes du champ EM sont données par :

$$\tilde{H}_{y2}(\alpha_n, y) = A_2^h \sinh(\gamma_2^{h,a}(y - H_1)) + B_2^h \cosh(\gamma_2^{h,b}(y - H_1)) \tag{C.33a}$$

$$\tilde{H}_{v2}(\alpha_n, y) = \overline{H}_{v2}(A_2^h \gamma_2^a \cosh(\gamma_2^{h,a}(y - H_1)) + B_2^h \gamma_2^{h,b} \sinh(\gamma_2^{h,b}(y - H_1)))$$
$$\tag{C.33b}$$

$$\tilde{E}_{u2}(\alpha_n, y) = \overline{E}_{u2}(A_2^h \sinh(\gamma_2^{h,a}(y - H_1)) + B_2^h \cosh(\gamma_2^{h,b}(y - H_1))) \tag{C.33c}$$

Les lois de continuité des composantes tangentielles à $y=H_1$ imposent que :

$$\tilde{E}_{u1}(\alpha_n, H_1) = \tilde{E}_{u2}(\alpha_n, H_1) \qquad \text{(C.34a)}$$

$$\tilde{H}_{v1}(\alpha_n, H_1) = \tilde{H}_{v2}(\alpha_n, H_1) \qquad \text{(C.34b)}$$

ce qui implique, selon (C.32), d'une part que :

$$\tilde{Y}_{u1}^{LSE} = \frac{\tilde{H}_{v2}(\alpha_n, H_1)}{\tilde{E}_{u2}(\alpha_n, H_1)} \qquad \text{(C.35a)}$$

et d'autre part que :

$$\tilde{Y}_{u2}^{LSE} = \frac{\tilde{H}_{v2}(\alpha_n, H_1)}{\tilde{E}_{u2}(\alpha_n, H_1)} = \eta_{u2}^{LSE} \frac{A_2^h \gamma_2^{h,a}}{B_2^h} \qquad \text{(C.36)}$$

d'où le rapport :

$$\frac{A_2^h}{B_2^h} = \frac{\tilde{Y}_{u1}^{LSE}}{\gamma_2^{h,a} \eta_{u2}^{LSE}}$$

Nous en déduisons alors l'admittance équivalente ramenée au plan $y=H_2$:

$$\tilde{Y}_{u2}^{LSE} = \eta_{u2}^{LSE} \frac{\gamma_2^{h,a} S_{u2}^{LSE} \cosh(\gamma_2^{h,a} h_2) + \gamma_2^{b} \sinh(\gamma_2^{h,b} h_2)}{S_{u2}^{LSE} \sinh(\gamma_2^{h,a} h_2) + \cosh(\gamma_2^{h,b} h_2)} \quad \text{avec}$$

$$S_{u2}^{LSE} = \frac{A_2^h}{B_2^h} = \frac{\tilde{Y}_{u1}^{LSE}}{\gamma_2^{h,a} \eta_{u2}^{LSE}} \qquad \text{(C.37)}$$

En généralisant à l'interface $y=H_i$, nous obtenons le processus de récurrence suivant relatif à $\tilde{Y}_{ui}^{LSE}$:

$$\tilde{Y}_{ui}^{LSE} = \eta_{ui}^{LSE} \frac{\gamma_i^{h,a} S_{ui}^{LSE} \cosh(\gamma_i^{h,a} h_i) + \gamma_i^{h,b} \sinh(\gamma_i^{h,b} h_i)}{S_{ui}^{LSE} \sinh(\gamma_i^{h,a} h_i) + \cosh(\gamma_i^{h,b} h_i)} \qquad \text{(C.38)}$$

sachant que :

$$S_{ui}^{LSE} = \frac{\tilde{Y}_{u(i-1)}^{LSE}}{\gamma_i^{h,a} \eta_{ui}^{LSE}} \qquad \text{et} \qquad \eta_{ui}^{LSE} = \frac{\bar{H}_{vi}}{\bar{E}_{ui}} = \frac{j(\alpha_n^2 + \beta^2)}{\omega(\alpha_n^2 \mu_{xi} + \beta^2 \mu_{zi})}$$

- **_Cas des couches situées au dessus du plan métallisé :_**

Dans la *couche N :* les composantes du champ EM s'écrivent selon (3.18) comme suit :

$$\tilde{H}_{yN}(\alpha_n,y) = A_N^h \sinh(\gamma_N^{h,a}(H_N - y)) + B_N^h \cosh(\gamma_N^{h,b}(H_N - y)) \qquad (C.39a)$$

$$\tilde{H}_{vN}(\alpha_n,y) = -\overline{H}_{vN}(A_N^h \gamma_N^{h,a} \cosh(\gamma_N^{h,a}(H_N - y)) + B_N^h \gamma_N^{h,b} \sinh(\gamma_N^{h,b}(H_N - y))) \qquad (C.39b)$$

$$\tilde{E}_{uN}(\alpha_n,y) = \overline{E}_{uN}(A_N^h \sinh(\gamma_N^{h,a}(H_N - y)) + B_N^h \cosh(\gamma_N^{h,b}(H_N - y))) \quad (C.39c)$$

Sur la paroi métallique supérieure (à $y = H_N$), nous avons:

$$\tilde{E}_{uN}(\alpha_n,H_N) = 0 \quad \Rightarrow \quad B_N = 0$$

d'où :

$$\tilde{H}_{vN}(\alpha_n,y) = -A_N^h \overline{H}_{vN} \gamma_N^{h,a} \cosh(\gamma_N^{h,a}(H_N - y)) \qquad (C.40a)$$

$$\tilde{E}_{uN}(\alpha_n,y) = A_N^h \overline{E}_{uN} \sinh(\gamma_N^{h,a}(H_N - y)) \qquad (C.40b)$$

D'où :

$$\tilde{Y}_{uN}^{LSE} = -\eta_{uN}^{LSE} \gamma_N^{h,a} \coth(\gamma_N^{h,a} h_N) \qquad (C.41a)$$

avec $\qquad \eta_{uN}^{LSE} = \dfrac{\overline{H}_{vN}}{\overline{E}_{uN}} = \dfrac{j(\alpha_n^2 + \beta^2)}{\omega(\alpha_n^2 \mu_{xN} + \beta^2 \mu_{zN})} \qquad (C.41b)$

Dans la *couche (N-1) :* les composantes du champ EM s'écrivent selon (3.18) comme suit :

$$\tilde{H}_{y(N-1)}(\alpha_n,y) = A_{N-1}^h \sinh(\gamma_{N-1}^{h,a}(H_{N-1} - y)) + B_{N-1}^h \cosh(\gamma_{N-1}^{h,b}(H_{N-1} - y)) \qquad (C.42a)$$

$$\tilde{H}_{v(N-1)}(\alpha_n,y) = -\overline{H}_{v(N-1)}(A_{N-1}^h \gamma_{N-1}^{h,a} \cosh(\gamma_{N-1}^{h,a}(H_{N-1} - y)) + B_{N-1}^h \gamma_{N-1}^{h,b} \sinh(\gamma_{N-1}^{h,b}(H_{N-1} - y))) \qquad (C.42b)$$

$$\tilde{E}_{u(N-1)}(\alpha_n,y) = \overline{E}_{u(N-1)}(A_{N-1}^h \sinh(\gamma_{N-1}^{h,a}(H_{N-1} - y)) + B_{N-1}^h \cosh(\gamma_{N-1}^{h,b}(H_{N-1} - y))) \qquad (C.42c)$$

Les relations de continuité des champs à $y = H_{N-1}$ permettent d'écrire :

$$\tilde{E}_{u(N-1)}(\alpha_n, H_{N-1}) = \tilde{E}_{uN}(\alpha_n, H_{N-1}) \tag{C.43a}$$

$$\tilde{H}_{v(N-1)}(\alpha_n, H_{(N-1)}) = \tilde{H}_{vN}(\alpha_n, H_{N-1}) \tag{C.43b}$$

cela implique d'une part, d'après (C.41) et (C.43- a et b) que:

$$\tilde{Y}_{uN}^{LSE} = \frac{\tilde{H}_{v(N-1)}(\alpha_n, H_{N-1})}{\tilde{E}_{u(N-1)}(\alpha_n, H_{N-1})} \tag{C.44a}$$

et d'autre part que:

$$\frac{\tilde{H}_{v(N-1)}(\alpha_n, H_{N-1})}{\tilde{E}_{u(N-1)}(\alpha_n, H_{N-1})} = -\eta_{u(N-1)}^{LSE} \frac{A_{N-1}^h \gamma_{N-1}^{h,a}}{B_{N-1}^h} \tag{C.44b}$$

d'où le rapport :

$$\frac{A_{N-1}}{B_{N-1}} = -\frac{\tilde{Y}_{uN}^{LSE}}{\gamma_{N-1}^{h,a} \eta_{u(N-1)}^{LSE}} \tag{C.45}$$

Nous en déduisons alors l'admittance équivalente ramenée au plan y=H$_{N-1}$:

$$\tilde{Y}_{u(N-1)}^{LSE} = -\eta_{u(N-1)}^{LSE} \frac{\gamma_{N-1}^{h,a} S_{u(N-1)}^{LSE} \cosh(\gamma_{N-1}^{h,a} h_{N-1}) + \gamma_{N-1}^{h,b} \sinh(\gamma_{N-1}^{h,b} h_{N-1})}{S_{u(N-1)}^{LSE} \sinh(\gamma_{N-1}^{h,a} h_{N-1}) + \cosh(\gamma_{N-1}^{h,b} h_{N-1})} \tag{C.46}$$

sachant que : $\qquad S_{u(N-1)}^{LSE} = \frac{A_{N-1}^h}{B_{N-1}^h} = \frac{\tilde{Y}_{uN}^{LSE}}{\gamma_{N-1}^{h,a} \eta_{u(N-1)}^{LSE}}$

En généralisant à l'interface H_{i+1}, nous obtenons le processus de récurrence suivant relatif à $\tilde{Y}_{ui}^{LSE}$:

$$\tilde{Y}_{ui}^{LSE} = -\eta_{u(i+1)}^{LSE} \frac{\gamma_{i+1}^{h,a} S_{u(i+1)}^{LSE} \cosh(\gamma_{i+1}^{h,a} h_{i+1}) + \gamma_{i+1}^{h,b} \sinh(\gamma_{i+1}^{h,b} h_{i+1})}{S_{u(i+1)}^{LSE} \sinh(\gamma_{i+1}^{h,a} h_{i+1}) + \cosh(\gamma_{,i+1}^{h,b} h_{i+1})} \tag{C.47}$$

avec :

$$S_{ui}^{LSE} = -\frac{\tilde{Y}_{u(i+1)}^{LSE}}{\gamma_i^{h,a} \eta_{ui}^{LSE}} \qquad \text{et} \qquad \eta_{ui}^{LSE} = \frac{\overline{H}_{vi}}{\overline{E}_{ui}}$$

Finalement, le paramètre $\tilde{Y}_u^{LSE}$ se calcule à partir de l'équation (C.29) en exécutant les processus itératifs (C.38) et (C.47) de $i = 2$ à m et de $i = m+1$ à N pour calculer $\tilde{Y}_{u\,inf}^{LSE}$ et $\tilde{Y}_{uv\,sup}^{LSE}$ respectivement avant de les sommer.

C.2.2. Détermination du paramètre $\tilde{Y}_{uv}^{LSE}$

Le procédé de calcul de l'admittance conjointe pour les modes LSE $\tilde{Y}_{uv}^{LSE}$ se calcule de façon similaire à celui de $\tilde{Y}_u^{LSE}$ qui s'écrit selon (3.23):

$$\tilde{Y}_{uv}^{LSE} = \frac{\tilde{H}_{vm}(\alpha_n, H_m) - \tilde{H}_{v(m+1)}(\alpha_n, H_m)}{\tilde{E}_{vm}(\alpha_n, H_m)} \qquad (C.48)$$

que nous pouvons réécrire sous la forme alternative suivante:

$$\tilde{Y}_{uv}^{LSE} = \tilde{Y}_{uv\,inf}^{LSE} - \tilde{Y}_{uv\,sup}^{LSE} \qquad (C.49)$$

Ainsi le processus itératif relatif aux couches situées au-dessous du plan métallisé est donné par :

$$\tilde{Y}_{uvi}^{LSE} = \eta_{uvi}^{LSM} \frac{\gamma_m^{h,b} \sinh(\gamma_i^b h_i) + \gamma_i^{h,a} S_{uvi}^{LSE} \cosh(\gamma_i^{h,a} h_i)}{\cosh(\gamma_i^{h,b} h_i) + S_{uvi}^{LSE} \sinh(\gamma_i^{h,a} h_i)} \qquad (C.50)$$

tels que :

$$S_{uvi}^{LSE} = \frac{A_i}{B_i} = \frac{\tilde{Y}_{uv(i-1)}^{LSE}}{\gamma_i^{h,a} \eta_{uvi}^{LSE}} \qquad \text{et} \qquad \eta_{uvi}^{LSE} = \frac{\overline{H}_{vi}}{\overline{E}_{vi}} = \eta_{ui}^{LSE} \frac{(\alpha_n^2 \varepsilon_{xi} + \beta^2 \varepsilon_{zi})}{\alpha_n \beta(\varepsilon_{xi} - \varepsilon_{zi})}$$

avec la condition initiale :

$$\tilde{Y}_{u1}^{LSE} = \eta_{u1}^{LSE} \coth(\gamma_1^{h,a} h_1)$$

D'autre part, pour les couches situées au-dessus du plan métallisé, nous avons :

$$\tilde{Y}_{uvi}^{LSE} = \eta_{uv(i+1)}^{LSM} \frac{\gamma_{i+1}^{h,b} sinh(\gamma_{i+1}^{b} h_{i+1}) + \gamma_{i+1}^{h,a} S_{uv(i+1)}^{LSE} cosh(\gamma_{i+1}^{h,a} h_{i+1})}{cosh(\gamma_{i+1}^{h,b} h_{i+1}) + S_{uv(i+1)}^{LSE} sinh(\gamma_{i+1}^{h,a} h_{i+1})} \qquad (C.51)$$

sachant que:

$$S_{uvi}^{LSE} = -\frac{\tilde{Y}_{uv(i+1)}^{LSE}}{\gamma_{i+1}^{h,a} \eta_{uvi}^{LSE}}$$

avec la condition initiale :

$$\tilde{Y}_{uvN}^{LSE} = \eta_{uvN}^{LSE} coth(\gamma_{N}^{h,a} h_{N})$$

Finalement, le paramètre $\tilde{Y}_{uv}^{LSE}$ se calcule à partir de l'équation (C.49) en exécutant les processus itératifs (C.50) et (C.51) de *(i = 2 à m)* et de *(i=m+1 à N)* pour calculer $\tilde{Y}_{uvinf}^{LSE}$ et $\tilde{Y}_{uvsup}^{LSE}$ respectivement avant de les sommer.

Annexe D

Détermination des formes admittance et hybride des foncions de Green et résolution par la méthode de Galerkin

D.1. Forme impédance G des fonctions de Green

Cette forme a déjà été développée au chapitre 3, nous la reprenons ici pour plus de commodités.

$$
\begin{pmatrix}
\tilde{E}_{xm1}(\alpha_n, H_{m1}) \\
\tilde{E}_{zm1}(\alpha_n, H_{m1}) \\
\tilde{E}_{xm2}(\alpha_n, H_{m2}) \\
\tilde{E}_{zm2}(\alpha_n, H_{m2})
\end{pmatrix}
=
\begin{bmatrix}
G_{11} & G_{12} & G_{13} & G_{14} \\
G_{21} & G_{22} & G_{23} & G_{24} \\
G_{31} & G_{32} & G_{33} & G_{34} \\
G_{41} & G_{42} & G_{43} & G_{44}
\end{bmatrix}
\begin{pmatrix}
\tilde{J}_{xm1}(\alpha_n) \\
\tilde{J}_{zm1}(\alpha_n) \\
\tilde{J}_{xm2}(\alpha_n) \\
\tilde{J}_{zm2}(\alpha_n)
\end{pmatrix}
\qquad \text{(D.1)}
$$

Dans ce qui suit, les indices *'e'* et *'h'* désigneront les modes *LSM* et *LSE* respectivement.

D.2. Détermination de la forme admittance Y des fonctions de Green

Pour la détermination de la matrice admittance de Green [Y] dans le repère cartésien (x, y, z), il est nécessaire de déterminer d'abord cette matrice [y] dans le repère d'Itoh (u, y, v) représentée par le système suivant :

$$
\begin{pmatrix}
\tilde{J}_{um1}(\alpha_n) \\
\tilde{J}_{vm1}(\alpha_n) \\
\tilde{J}_{um2}(\alpha_n) \\
\tilde{J}_{vm2}(\alpha_n)
\end{pmatrix}
=
\begin{bmatrix}
y_{11} & y_{12} & y_{13} & y_{14} \\
y_{21} & y_{22} & y_{23} & y_{24} \\
y_{31} & y_{32} & y_{33} & y_{34} \\
y_{41} & y_{42} & y_{43} & y_{44}
\end{bmatrix}
\begin{pmatrix}
\tilde{E}_{um1}(\alpha_n, H_{m1}) \\
\tilde{E}_{vm1}(\alpha_n, H_{m1}) \\
\tilde{E}_{um2}(\alpha_n, H_{m2}) \\
\tilde{E}_{vm2}(\alpha_n, H_{m2})
\end{pmatrix}
\qquad \text{(D.2)}
$$

Pour cela, il suffit d'inverser la matrice [Z] représentée par le système suivant :

$$
\begin{pmatrix}
\tilde{E}_{um1}(\alpha_n, H_{m1}) \\
\tilde{E}_{vm1}(\alpha_n, H_{m1}) \\
\tilde{E}_{um2}(\alpha_n, H_{m2}) \\
\tilde{E}_{vm2}(\alpha_n, H_{m2})
\end{pmatrix}
=
\begin{bmatrix}
Z_{11}^h & 0 & Z_{12}^h & 0 \\
0 & Z_{11}^e & 0 & Z_{12}^e \\
Z_{21}^h & 0 & Z_{22}^h & 0 \\
0 & Z_{21}^e & 0 & Z_{22}^e
\end{bmatrix}
\begin{pmatrix}
\tilde{J}_{um1}(\alpha_n) \\
\tilde{J}_{vm1}(\alpha_n) \\
\tilde{J}_{um2}(\alpha_n) \\
\tilde{J}_{vm2}(\alpha_n)
\end{pmatrix}
\qquad \text{(D.3)}
$$

ce qui donne:

$$y = \frac{1}{Det\,Z} \begin{pmatrix} z_{11} & 0 & z_{13} & 0 \\ 0 & z_{22} & 0 & z_{24} \\ z_{31} & 0 & z_{33} & 0 \\ 0 & z_{42} & 0 & z_{44} \end{pmatrix}^{*T} \tag{D.4}$$

où l'indice * désigne la matrice des cofacteurs obtenus en multipliant les mineurs z_{ij} par $(-1)^{i+j}$. L'indice T désigne la transposée.

Les mineurs de la matrice [Z] sont obtenus par calcul des déterminants des sous-matrices obtenues en éliminant la $i^{ème}$ ligne et la $j^{ème}$ colonne, soient:

$$z_{11} = Z_{11}^e Z_{22}^h Z_{22}^e - Z_{12}^e Z_{21}^e Z_{22}^h \qquad z_{13} = Z_{12}^e Z_{21}^e Z_{21}^h - Z_{11}^e Z_{21}^h Z_{22}^e$$

$$z_{22} = Z_{11}^h Z_{22}^h Z_{22}^e - Z_{12}^h Z_{21}^h Z_{22}^e \qquad z_{24} = Z_{12}^h Z_{21}^e Z_{21}^h - Z_{11}^h Z_{21}^e Z_{21}^h$$

$$z_{31} = Z_{12}^h Z_{21}^e Z_{12}^e - Z_{12}^h Z_{11}^e Z_{22}^e \qquad z_{33} = Z_{11}^h Z_{11}^e Z_{22}^e - Z_{11}^h Z_{21}^e Z_{12}^e$$

$$z_{42} = Z_{12}^h Z_{21}^h Z_{12}^e - Z_{12}^e Z_{11}^h Z_{22}^h \qquad z_{44} = Z_{11}^h Z_{11}^e Z_{22}^h - Z_{11}^e Z_{21}^h Z_{12}^h$$

L'équation (D.4) devient alors :

$$y = \frac{1}{Det\,Z} \begin{pmatrix} -z_{11} & 0 & -z_{31} & 0 \\ 0 & -z_{22} & 0 & -z_{42} \\ -z_{13} & 0 & -z_{33} & 0 \\ 0 & -z_{24} & 0 & -z_{44} \end{pmatrix} \tag{D.5}$$

D'où, nous identifions les éléments de la matrice y dans le repère *(v,y,u)*:

$$\begin{aligned} y_{11} &= -z_{11}/Det\,Z & y_{12} &= 0 & y_{13} &= -z_{31}/Det\,Z & y_{14} &= 0 \\ y_{21} &= 0 & y_{22} &= -z_{22}/Det\,Z & y_{23} &= 0 & y_{24} &= -z_{42}/Det\,Z \\ y_{31} &= -z_{13}/Det\,Z & y_{32} &= 0 & y_{33} &= -z_{33}/Det\,Z & y_{34} &= 0 \\ y_{41} &= 0 & y_{42} &= -z_{24}/Det\,Z & y_{43} &= 0 & y_{44} &= -z_{44}/Det\,Z \end{aligned}$$

En revenant au repère initial (x, y, z) via (3.17), nous obtenons la matrice admittance de Green Y dont les éléments sont identifiés comme suit :

$$Y_{11} = y_{11} \cos^2\theta + y_{22} \sin^2\theta \qquad Y_{12} = [y_{22} - y_{11}] \sin\theta\cos\theta$$

$$Y_{13} = y_{13} \cos^2\theta + y_{24} \sin^2\theta \qquad Y_{14} = [y_{24} - y_{13}] \sin\theta\cos\theta$$

$$Y_{21} = Y_{12} \qquad Y_{22} = y_{22} \cos^2\theta + y_{11} \sin^2\theta \qquad Y_{23} = Y_{14} \qquad Y_{24} = y_{24} \cos^2\theta + y_{13} \sin^2\theta$$

$$Y_{31} = y_{31} \cos^2\theta + y_{42} \sin^2\theta \qquad Y_{32} = [y_{42} - y_{31}] \sin\theta\cos\theta$$

$$Y_{33} = y_{33} \cos^2\theta + y_{44} \sin^2\theta \qquad Y_{34} = [y_{44} - y_{33}] \sin\theta\cos\theta$$

$$Y_{41} = Y_{32} \qquad Y_{42} = y_{42} \cos^2\theta + y_{31} \sin^2\theta \qquad Y_{43} = Y_{34} \qquad Y_{44} = y_{44} \cos^2\theta + y_{33} \sin^2\theta$$

Ce qui nous donne le système suivant :

$$\begin{pmatrix} \tilde{J}_{xm1}(\alpha_n) \\ \tilde{J}_{zm1}(\alpha_n) \\ \tilde{J}_{xm2}(\alpha_n) \\ \tilde{J}_{zm2}(\alpha_n) \end{pmatrix} = \begin{bmatrix} Y_{11} & Y_{12} & Y_{13} & Y_{14} \\ Y_{21} & Y_{22} & Y_{23} & Y_{24} \\ Y_{31} & Y_{32} & Y_{33} & Y_{34} \\ Y_{41} & Y_{42} & Y_{43} & Y_{44} \end{bmatrix} \begin{pmatrix} \tilde{E}_{xm1}(\alpha_n, H_{m1}) \\ \tilde{E}_{zm1}(\alpha_n, H_{m1}) \\ \tilde{E}_{xm2}(\alpha_n, H_{m2}) \\ \tilde{E}_{zm2}(\alpha_n, H_{m2}) \end{pmatrix} \qquad (D.6)$$

D.3. Détermination de la forme hybride H des fonctions de Green

La détermination de l'autre forme alternative de la matrice de Green à savoir la matrice hybride [H] se fera en exprimant ses éléments en fonction de ceux de la matrice impédance [Z]. Dans le repère d'Itoh (u, y, v), la matrice hybride appelée [h] est représentée par le système suivant:

$$\begin{pmatrix} \tilde{E}_{um1}(\alpha_n, H_{m1}) \\ \tilde{E}_{vm1}(\alpha_n, H_{m1}) \\ \tilde{J}_{um2}(\alpha_n) \\ \tilde{J}_{vm2}(\alpha_n) \end{pmatrix} = \begin{bmatrix} h_{11} & h_{12} & h_{13} & h_{14} \\ h_{21} & h_{22} & h_{23} & h_{24} \\ h_{31} & h_{32} & h_{33} & h_{34} \\ h_{41} & h_{42} & h_{43} & h_{44} \end{bmatrix} \begin{pmatrix} \tilde{J}_{um1}(\alpha_n) \\ \tilde{J}_{vm1}(\alpha_n) \\ \tilde{E}_{um2}(\alpha_n, H_{m2}) \\ \tilde{E}_{vm2}(\alpha_n, H_{m2}) \end{pmatrix} \qquad (D.7)$$

Le système (D.3) relatif à [Z] peut être décomposé en quatre équations tels que:

$$\tilde{E}_{um1} = Z_{11}^h \tilde{J}_{um1} + Z_{12}^h \tilde{J}_{um2} \qquad \text{(D.8a)}$$

$$\tilde{E}_{vm1} = Z_{11}^e \tilde{J}_{vm1} + Z_{12}^e \tilde{J}_{vm2} \qquad \text{(D.8b)}$$

$$\tilde{E}_{um2} = Z_{21}^h \tilde{J}_{um1} + Z_{22}^h \tilde{J}_{um2} \qquad \text{(D.8c)}$$

$$\tilde{E}_{vm2} = Z_{21}^e \tilde{J}_{vm1} + Z_{22}^e \tilde{J}_{vm2} \qquad \text{(D.8d)}$$

De l'équation (D.8c), nous avons:

$$\tilde{J}_{um2} = \frac{1}{Z_{22}^h} \tilde{E}_{um2} - \frac{Z_{21}^h}{Z_{22}^h} \tilde{J}_{um1} \qquad \text{(D.9)}$$

En remplaçant (D.9) dans (D.8.a), il vient:

$$\tilde{E}_{um1} = \tilde{J}_{um1} + \frac{Z_{12}^h}{Z_{22}^h} \tilde{E}_{um2} - \frac{Z_{12}^h Z_{21}^h}{Z_{22}^h} \tilde{J}_{um1} = \frac{\left(Z_{11}^h Z_{22}^h - Z_{12}^h Z_{21}^h\right)}{Z_{22}^h} \tilde{J}_{um1} + \frac{Z_{12}^h}{Z_{22}^h} \tilde{E}_{um2} \text{(D.10)}$$

$\tilde{J}_{vm2}$ est extrait de la même façon de l'équation (D.8d) :

$$\tilde{J}_{vm2} = \frac{1}{Z_{22}^e} \tilde{E}_{vm2} - \frac{Z_{21}^e}{Z_{22}^e} \tilde{J}_{vm1} \qquad \text{(D.11)}$$

En remplaçant (D.11) dans (D.8b), nous obtenons:

$$\tilde{E}_{vm1} = \tilde{J}_{vm1} + \frac{Z_{12}^e}{Z_{22}^e} \tilde{E}_{vm2} - \frac{Z_{12}^e Z_{21}^e}{Z_{22}^e} \tilde{J}_{vm1} = \frac{\left(Z_{11}^e Z_{22}^e - Z_{12}^e Z_{21}^e\right)}{Z_{22}^e} \tilde{J}_{vm1} + \frac{Z_{12}^e}{Z_{22}^e} \tilde{E}_{vm2} \quad \text{(D.12)}$$

L'ensemble des équations obtenues (D.9), (D.10), (D.11) et (D.12) permet d'obtenir le système d'équations (D.7) tels que:

$$\tilde{E}_{um1} = \frac{\left(Z_{11}^h Z_{22}^h - Z_{12}^h Z_{21}^h\right)}{Z_{22}^h} \tilde{J}_{um1} + \frac{Z_{12}^h}{Z_{22}^h} \tilde{E}_{um2} \qquad \text{(D.13a)}$$

$$\tilde{E}_{vm1} = \frac{\left(Z_{11}^e Z_{22}^e - Z_{12}^e Z_{21}^e\right)}{Z_{22}^e} \tilde{J}_{vm1} + \frac{Z_{12}^e}{Z_{22}^e} \tilde{E}_{vm2} \qquad \text{(D.13b)}$$

$$\tilde{J}_{um2} = \frac{1}{Z_{22}^h}\tilde{E}_{um2} - \frac{Z_{21}^h}{Z_{22}^h}\tilde{J}_{um1} \tag{D.13c}$$

$$\tilde{J}_{vm2} = \frac{1}{Z_{22}^e}\tilde{E}_{vm2} - \frac{Z_{21}^e}{Z_{22}^e}\tilde{J}_{vm1} \tag{D.13d}$$

Ce qui donne finalement pour la matrice $[h]$:

$$[h] = \begin{bmatrix} \dfrac{\left(Z_{11}^h Z_{22}^h - Z_{12}^h Z_{21}^h\right)}{Z_{22}^h} & 0 & \dfrac{Z_{12}^h}{Z_{22}^h} & 0 \\[4ex] 0 & \dfrac{\left(Z_{11}^e Z_{22}^e - Z_{12}^e Z_{21}^e\right)}{Z_{22}^e} & 0 & \dfrac{Z_{12}^e}{Z_{22}^e} \\[4ex] -\dfrac{Z_{21}^h}{Z_{22}^h} & 0 & \dfrac{1}{Z_{22}^h} & 0 \\[4ex] 0 & -\dfrac{Z_{21}^e}{Z_{22}^e} & 0 & \dfrac{1}{Z_{22}^e} \end{bmatrix}$$

Nous revenons ensuite au repère initial (x, y, z) via (3.17), d'où les éléments de la matrice hybride de Green $[H]$ qui sont identifiés par:

$$H_{11} = \frac{\left(Z_{11}^h Z_{22}^h - Z_{12}^h Z_{21}^h\right)}{Z_{22}^h}\cos^2\theta + \frac{\left(Z_{11}^e Z_{22}^e - Z_{12}^e Z_{21}^e\right)}{Z_{22}^e}\sin^2\theta$$

$$H_{13} = \left(Z_{12}^h/Z_{22}^h\right)\cos^2\theta + \left(Z_{12}^e/Z_{22}^e\right)\sin^2\theta$$

$$H_{14} = \left[Z_{12}^e/Z_{22}^e - Z_{12}^h/Z_{22}^h\right]\sin\theta\cos\theta$$

$$H_{21} = H_{12} \qquad H_{22} = \frac{\left(Z_{11}^e Z_{22}^e - Z_{12}^e Z_{21}^e\right)}{Z_{22}^e}\cos^2\theta + \frac{\left(Z_{11}^h Z_{22}^h - Z_{12}^h Z_{21}^h\right)}{Z_{22}^h}\sin^2\theta$$

$$H_{23} = H_{14} \qquad H_{24} = \left(Z_{12}^e/Z_{22}^e\right)\cos^2\theta + \left(Z_{12}^h/Z_{22}^h\right)\sin^2\theta$$

$$H_{31} = -\left(Z_{21}^h/Z_{22}^h\right)\cos^2\theta - \left(Z_{21}^e/Z_{22}^e\right)\sin^2\theta$$

$$H_{32} = \left[Z_{21}^h / Z_{22}^h - Z_{21}^e / Z_{22}^e \right] sin\theta \, cos\theta$$

$$H_{33} = \left(1/Z_{22}^h \right) cos^2 \theta + \left(1/Z_{22}^e \right) sin^2 \theta$$

$$H_{34} = \left[1/Z_{22}^e - 1/Z_{22}^h \right] sin\theta \, cos\theta \qquad H_{41} = H_{32}$$

$$H_{42} = -\left(Z_{21}^e / Z_{22}^e \right) cos^2 \theta - \left(Z_{21}^h / Z_{22}^h \right) sin^2 \theta$$

$$H_{43} = H_{34} \qquad H_{44} = \left(1/Z_{22}^e \right) cos^2 \theta + \left(1/Z_{22}^h \right) sin^2 \theta$$

Ce qui donne le système suivant:

$$\begin{pmatrix} \tilde{E}_{xm1}(\alpha_n, H_{m1}) \\ \tilde{E}_{zm1}(\alpha_n, H_{m1}) \\ \tilde{J}_{xm2}(\alpha_n) \\ \tilde{J}_{zm2}(\alpha_n) \end{pmatrix} = \begin{bmatrix} H_{11} & H_{12} & H_{13} & H_{14} \\ H_{21} & H_{22} & H_{23} & H_{24} \\ H_{31} & H_{32} & H_{33} & H_{34} \\ H_{41} & H_{42} & H_{43} & H_{44} \end{bmatrix} \begin{pmatrix} \tilde{J}_{xm1}(\alpha_n) \\ \tilde{J}_{zm1}(\alpha_n) \\ \tilde{E}_{xm2}(\alpha_n, H_{m2}) \\ \tilde{E}_{zm2}(\alpha_n, H_{m2}) \end{pmatrix} \qquad (D.14)$$

D.4. Résolution par la méthode de Galerkin

D.4.1. Cas de la forme impédance Z

Pour résoudre le système (D.1), nous commençons par décomposer les densités de courant sur les métallisations M_1 ($\tilde{J}_{xm1}(\alpha_n)$, $\tilde{J}_{zm1}(\alpha_n)$) et M_2 ($\tilde{J}_{xm2}(\alpha_n)$ et $\tilde{J}_{zm2}(\alpha_n)$) selon les fonctions de base appropriées :

$$\tilde{J}_{xm1}(\alpha_n) = \sum_{p=1}^{P} a_p \, \tilde{J}_{xp}(\alpha_n) \qquad (D.15a)$$

$$\tilde{J}_{zm1}(\alpha_n) = \sum_{q=1}^{Q} b_q \, \tilde{J}_{zq}(\alpha_n) \qquad (D.15b)$$

$$\tilde{J}_{xm2}(\alpha_n) = \sum_{r=1}^{R} c_r \, \tilde{J}_{xr}(\alpha_n) \qquad (D.15c)$$

$$\tilde{J}_{zm2}(\alpha_n) = \sum_{s=1}^{S} d_s \, \tilde{J}_{zs}(\alpha_n) \qquad (D.15d)$$

Les coefficients a_p, b_q, c_r, d_s étant des suites de coefficients scalaires complexes inconnus à déterminer. En remplaçant les expressions (D.15) dans le système d'équation (D.1), il vient:

$$\tilde{E}_{xm1}(\alpha_n, H_{m1}) = G_{11}(\alpha_n)\sum_{p=1}^{P} a_p \tilde{J}_{xp}(\alpha_n) + G_{12}(\alpha_n)\sum_{q=1}^{Q} b_q \tilde{J}_{zq}(\alpha_n)$$
$$+ G_{13}(\alpha_n)\sum_{r=1}^{R} c_r \tilde{J}_{xr}(\alpha_n) + G_{14}(\alpha_n)\sum_{s=1}^{S} d_s \tilde{J}_{zs}(\alpha_n) \qquad \text{(D.16a)}$$

$$\tilde{E}_{zm1}(\alpha_n, H_{m1}) = G_{21}(\alpha_n)\sum_{p=1}^{P} a_p \tilde{J}_{xp}(\alpha_n) + G_{22}(\alpha_n)\sum_{q=1}^{Q} b_q \tilde{J}_{zq}(\alpha_n)$$
$$+ G_{23}(\alpha_n)\sum_{r=1}^{R} c_r \tilde{J}_{xr}(\alpha_n) + G_{24}(\alpha_n)\sum_{s=1}^{S} d_s \tilde{J}_{zs}(\alpha_n) \qquad \text{(D.16b)}$$

$$\tilde{E}_{xm2}(\alpha_n, H_{m2}) = G_{31}(\alpha_n)\sum_{p=1}^{P} a_p \tilde{J}_{xp}(\alpha_n) + G_{32}(\alpha_n)\sum_{q=1}^{Q} b_q \tilde{J}_{zq}(\alpha_n)$$
$$+ G_{33}(\alpha_n)\sum_{r=1}^{R} c_r \tilde{J}_{xr}(\alpha_n) + G_{34}(\alpha_n)\sum_{s=1}^{S} d_s \tilde{J}_{zs}(\alpha_n) \qquad \text{(D.16c)}$$

$$\tilde{E}_{zm2}(\alpha_n, H_{m2}) = G_{41}(\alpha_n)\sum_{p=1}^{P} a_p \tilde{J}_{xp}(\alpha_n) + G_{42}(\alpha_n)\sum_{q=1}^{Q} b_q \tilde{J}_{zq}(\alpha_n)$$
$$+ G_{43}(\alpha_n)\sum_{r=1}^{R} c_r \tilde{J}_{xr}(\alpha_n) + G_{44}(\alpha_n)\sum_{s=1}^{S} d_s \tilde{J}_{zs}(\alpha_n) \qquad \text{(D.16d)}$$

L'étape suivante consiste à prendre le produit scalaire des équations (D.16) à l'aide des fonctions tests $\tilde{J}_{xp'}(\alpha_n)$, $\tilde{J}_{zq'}(\alpha_n)$, $\tilde{J}_{xr'}(\alpha_n)$ et $\tilde{J}_{zs'}(\alpha_n)$ (choisies égales aux fonctions de base), ce qui donne :

$$\langle \tilde{E}_{xm1}, \tilde{J}_{xp'} \rangle = \left\langle \left[\begin{array}{l} a_p \sum_{p=1}^{P} G_{11}(\alpha_n)\tilde{J}_{xp}(\alpha_n) + b_q \sum_{q=1}^{Q} G_{12}(\alpha_n)\tilde{J}_{zq}(\alpha_n) + \\ c_r \sum_{r=1}^{R} G_{13}(\alpha_n)\tilde{J}_{xr}(\alpha_n) + d_s \sum_{s=1}^{S} G_{14}(\alpha_n)\tilde{J}_{zs}(\alpha_n) \end{array} \right], \tilde{J}_{xp'} \right\rangle (p'=1..P)$$

$$\text{(D.17a)}$$

$$\left\langle \tilde{E}_{zm1}, \tilde{J}_{zq'} \right\rangle = \left\langle \begin{bmatrix} a_p \sum_{p=1}^{P} G_{21}(\alpha_n) \tilde{J}_{xp}(\alpha_n) + b_q \sum_{q=1}^{Q} G_{22}(\alpha_n) \tilde{J}_{zq}(\alpha_n) + \\ c_r \sum_{r=1}^{R} G_{23}(\alpha_n) \tilde{J}_{xr}(\alpha_n) + d_s \sum_{s=1}^{S} G_{24}(\alpha_n) \tilde{J}_{zs}(\alpha_n) \end{bmatrix}, \tilde{J}_{zq'} \right\rangle \quad (q'=1..Q)$$

(D.17b)

$$\left\langle \tilde{E}_{xm2}, \tilde{J}_{xr'} \right\rangle = \left\langle \begin{bmatrix} a_p \sum_{p=1}^{P} G_{31}(\alpha_n) \tilde{J}_{xp}(\alpha_n) + b_q \sum_{q=1}^{Q} G_{32}(\alpha_n) \tilde{J}_{zq}(\alpha_n) + \\ c_r \sum_{r=1}^{R} G_{33}(\alpha_n) \tilde{J}_{xr}(\alpha_n) + d_s \sum_{s=1}^{S} G_{34}(\alpha_n) \tilde{J}_{zs}(\alpha_n) \end{bmatrix}, \tilde{J}_{xr'} \right\rangle \; (r'=1..R)$$

(D.17c)

$$\left\langle \tilde{E}_{zm2}, \tilde{J}_{zs'} \right\rangle = \left\langle \begin{bmatrix} a_p \sum_{p=1}^{P} G_{41}(\alpha_n) \tilde{J}_{xp}(\alpha_n) + b_q \sum_{q=1}^{Q} G_{42}(\alpha_n) \tilde{J}_{zq}(\alpha_n) + \\ c_r \sum_{r=1}^{R} G_{43}(\alpha_n) \tilde{J}_{xr}(\alpha_n) + d_s \sum_{s=1}^{S} G_{44}(\alpha_n) \tilde{J}_{zs}(\alpha_n) \end{bmatrix}, \tilde{J}_{zs'} \right\rangle \; (s'=1..S)$$

(D.17d)

En tenant compte de la complémentarité des conditions aux limites du champ et du courant sur l'interface métallisée, il vient :

$$\left\langle \tilde{E}_{xm1}, \tilde{J}_{xp'} \right\rangle = 0 \, , \, \left\langle \tilde{E}_{zm1}, \tilde{J}_{zq'} \right\rangle = 0 \, , \, \left\langle \tilde{E}_{xm2}, \tilde{J}_{xr'} \right\rangle = 0 \, , \, \left\langle \tilde{E}_{zm2}, \tilde{J}_{zs'} \right\rangle = 0$$

En utilisant ensuite l'identité de Parseval, nous obtenons finalement le système suivant :

$$\sum_{p=1}^{P} C_{xp,xp'}^{11}(\beta) a_p + \sum_{q=1}^{Q} C_{zq,xp'}^{12}(\beta) b_q + \sum_{r=1}^{R} C_{xr,xp'}^{1}(\alpha_n) c_r + \sum_{s=1}^{S} C_{zs,xp'}^{14}(\beta) d_s = 0$$

(D.18a)

$$\sum_{p=1}^{P} C_{xp,zq'}^{21}(\beta) a_p + \sum_{q=1}^{Q} C_{zq,zq'}^{22}(\beta) b_q + \sum_{r=1}^{R} C_{xr,zq'}^{23}(\alpha_n) c_r + \sum_{s=1}^{S} C_{zs,zq'}^{24}(\beta) d_s = 0$$

(D.18b)

$$\sum_{p=1}^{P} C_{xp,xr'}^{31}(\beta)a_p + \sum_{q=1}^{Q} C_{zq,xr'}^{32}(\beta)b_q + \sum_{r=1}^{R} C_{xr,xr'}^{33}(\alpha_n)c_r + \sum_{s=1}^{S} C_{zs,xr'}^{34}(\beta)d_s = 0$$

(D.18c)

$$\sum_{p=1}^{P} C_{xp,zs'}^{41}(\beta)a_p + \sum_{q=1}^{Q} C_{zq,zs'}^{42}(\beta)b_q + \sum_{r=1}^{R} C_{xr,zs'}^{43}(\alpha_n)c_r + \sum_{s=1}^{S} C_{zs,zs'}^{44}(\beta)d_s = 0$$

(D.18d)

Sachant que les composantes de la matrice [C] peuvent s'écrire sous la forme suivante :

$$C_{K,L}^{ij}(\omega,\beta) = \sum_{n} G_{ij}(\alpha_n,\beta)\tilde{J}_K \tilde{J}_L^* \qquad (i,j = 1..4)$$

(D.19)

K et L étant deux indices pouvant être remplacés respectivement par (xp, zq, xr, zs) et (xp', zq', xr', zs'), nous obtenons ainsi donc un système d'équations algébriques de $(P + Q + R + S)$ équations linéaires homogènes en fonctions des $(P + Q + R + S)$ coefficients inconnus a_p, b_q, c_r et d_s de la forme suivante :

$$\left[C(\omega,\beta) \right] \begin{bmatrix} a_p \\ b_q \\ c_r \\ d_s \end{bmatrix} = 0$$

(D.20)

Les solutions non triviales du système d'équations homogènes (D.20) fournissent à une fréquence donnée *f*, les constantes de propagation des modes guidés par la structure. Les solutions non triviales sont obtenues en annulant le déterminant de la matrice $[C(\omega,\beta)]$.

$$det\left[C(\omega,\beta) \right] = 0$$

(D.21)

L'équation (D.21) représente l'équation caractéristique du système. Sa résolution permet de calculer à une fréquence donnée la constante de phase β.

D.4.2. Cas de la forme admittance Y

La résolution du système d'équations (D.6) par la méthode de Galerkin est similaire à celle qui a été développée avec la matrice de Green Dyadique [G] sauf que dans ce cas, nous modélisons le champ électrique au lieu de la densité de courant.

Nous commençons par décomposer les champs sur les interfaces métallisées M_1 et M_2, $\tilde{E}_{xm1}(\alpha_n)$, $\tilde{E}_{zm1}(\alpha_n)$, $\tilde{E}_{xm2}(\alpha_n)$ et $\tilde{E}_{zm2}(\alpha_n)$ dans les fentes suivant les fonctions de base appropriées, soient :

$$\tilde{E}_{xm1}(\alpha_n) = \sum_{p=1}^{P} a_p \, \tilde{E}_{xp}(\alpha_n) \tag{D.22a}$$

$$\tilde{E}_{zm1}(\alpha_n) = \sum_{q=1}^{Q} b_q \, \tilde{E}_{zq}(\alpha_n) \tag{D.22b}$$

$$\tilde{E}_{xm2}(\alpha_n) = \sum_{r=1}^{R} c_r \, \tilde{E}_{xr}(\alpha_n) \tag{D.22c}$$

$$\tilde{E}_{zm2}(\alpha_n) = \sum_{s=1}^{S} d_s \, \tilde{E}_{zs}(\alpha_n) \tag{D.22d}$$

En suivant les mêmes étapes que précédemment, nous obtenons un système d équations algébriques identique à celui défini en (D.18) à cette différence près que les coefficients $C_{K,L}^{ij}(\omega,\beta)$ sont donnés par

$$C_{K,L}^{ij}(\omega,\beta) = \sum_n Y_{ij}(\alpha_n,\beta) \tilde{E}_K \tilde{E}_L^* \quad \text{où } i,j = (1...4). \tag{D.23}$$

K et L étant deux indices pouvant être remplacés respectivement par (xp, zq, xr, zs) et (xp', zq', xr', zs').

Les solutions non triviales du système (D.18) (avec (D.19) remplacé par (D.23)) fournissent à une fréquence donnée f, les constantes de phase en annulant le déterminant de la matrice $[C(\omega,\beta)]$.

D.4.3. Cas de la forme hybride H

Nous commençons par décomposer les densités de courant, $\tilde{J}_{xm1}(\alpha_n)$ et $\tilde{J}_{zm1}(\alpha_n)$ sur M_1, et le champ $\tilde{E}_{xm2}(\alpha_n), \tilde{E}_{zm2}(\alpha_n)$ sur M_2 suivant les fonctions de base appropriées :

$$\tilde{J}_{xm1}(\alpha_n) = \sum_{p=1}^{P} a_p \, \tilde{J}_{xp}(\alpha_n) \tag{D.24a}$$

$$\tilde{J}_{zm1}(\alpha_n) = \sum_{q=1}^{Q} b_q \, \tilde{J}_{zq}(\alpha_n) \tag{D.24b}$$

$$\tilde{E}_{xm2}(\alpha_n) = \sum_{r=1}^{R} c_r \, \tilde{E}_{xr}(\alpha_n) \tag{D.24c}$$

$$\tilde{E}_{zm2}(\alpha_n) = \sum_{s=1}^{S} d_s \, \tilde{E}_{zs}(\alpha_n) \tag{D.24d}$$

En suivant les mêmes étapes que précédemment, nous obtenons un système d'équations algébriques identique à celui défini en (D.18) à cette différence près que les coefficients $C_{K,L}^{ij}(\omega,\beta)$ sont cette fois donnés par

Pour les éléments $C_{xp,xp'}^{11}$, $C_{zq,xp'}^{12}$, $C_{xp,zq'}^{21}$, $C_{zq,zq'}^{22}$:

$$C_{K,L}^{ij}(\omega,\beta) = \sum_n H_{ij}(\alpha_n,\beta) \tilde{J}_K \tilde{J}_L^* \tag{D.25a}$$

Pour les éléments $C_{xr,xp'}^{13}, C_{zs,xp'}^{14}, C_{xr,zq'}^{23}, C_{zs,zq'}^{24}$:

$$C_{K,L}^{ij}(\omega,\beta) = \sum_n H_{ij}(\alpha_n,\beta) \tilde{E}_K \tilde{J}_L^* \tag{D.25b}$$

Pour les éléments $C_{xp,xr'}^{31}, C_{zq,xr'}^{32}, C_{xp,zs'}^{41}, C_{zq,zs'}^{42}$:

$$C_{K,L}^{ij}(\omega,\beta) = \sum_n H_{ij}(\alpha_n,\beta) \tilde{J}_K \tilde{E}_L^* \tag{D.25c}$$

Pour les éléments $C^{33}_{xr,xr'}$, $C^{34}_{zs,xr'}$, $C^{43}_{xr,zs'}$, $C^{44}_{zs,zs'}$:

$$C^{ij}_{K,L}(\omega,\beta) = \sum_n H_{ij}(\alpha_n,\beta)\tilde{E}_K\tilde{E}^*_L \qquad (D.25d)$$

K et L étant deux indices pouvant être remplacés respectivement par (xp,zq,xr,zs) et (xp',zq',xr',zs').

Nous obtenons un système d'équations algébrique de $(P+Q+R+S)$ équations linéaires homogènes en fonctions des $(P+Q+R+S)$ coefficients inconnus a_p, b_q, c_r et d_s de la forme suivante :

$$\left[C(\omega,\beta)\right]\begin{bmatrix} a_p \\ b_q \\ c_r \\ d_s \end{bmatrix} = 0 \qquad (D.26)$$

Les solutions non triviales du système (D.26) fournissent à une fréquence donnée f, les constantes de phase en annulant le déterminant de la matrice $[C(\omega,\beta)]$.

Annexe E

Expressions des composantes des champs et équations de propagation : cas de l'anisotropie non diagonale

E.1. Expressions des composantes des champs

Les équations de Maxwell s'écrivent dans un milieu anisotrope caractérisé par les tenseurs de perméabilité et de permittivité (4.4) comme suit:

$$\vec{\nabla} \wedge \vec{E} = -\frac{\partial \vec{B}}{\partial t}$$

$$\vec{\nabla} \wedge \vec{H} = \frac{\partial \vec{D}}{\partial t}$$

$$\vec{\nabla}.\vec{D} = 0$$

$$\vec{\nabla}.\vec{B} = 0$$

Ce qui donne en régime sinusoïdal,

$$\frac{\partial E_z}{\partial y} + j\beta E_y = -j\omega.[\mu H_x + j\kappa H_z] \tag{E.1a}$$

$$-\frac{\partial E_z}{\partial x} - j\beta E_x = -j\omega\mu_0 H_y \tag{E.1b}$$

$$\frac{\partial E_y}{\partial x} - \frac{\partial E_x}{\partial y} = -j\omega.[-j\kappa H_x + \mu H_z] \tag{E.1c}$$

$$\frac{\partial H_z}{\partial y} + j\beta H_y = j\omega.[\varepsilon E_x + j\varepsilon_a E_z] \tag{E.1d}$$

$$-\frac{\partial H_z}{\partial x} - j\beta H_x = j\omega.\varepsilon_y E_y \tag{E.1e}$$

$$\frac{\partial H_y}{\partial x} - \frac{\partial H_x}{\partial y} = j\omega.[-j\varepsilon_a E_x + \varepsilon E_z] \tag{E.1f}$$

$$\varepsilon\,\frac{\partial E_x}{\partial x} + j\varepsilon_a\frac{\partial E_z}{\partial x} + \varepsilon_y\frac{\partial E_y}{\partial y} - j\varepsilon_a\frac{\partial E_x}{\partial z} + \varepsilon\frac{\partial E_z}{\partial z} = 0 \quad \text{(E.1g)}$$

$$\mu\,\frac{\partial H_x}{\partial x} + j\kappa\frac{\partial H_z}{\partial x} + \mu_0\frac{\partial H_y}{\partial y} - j\varepsilon_a\frac{\partial H_x}{\partial z} + \mu\frac{\partial H_z}{\partial z} = 0 \quad \text{(E.1h)}$$

Ces expressions conduisent aux relations suivantes dans le domaine spectral:

$$\frac{\partial \tilde{E}_z}{\partial y} + j\beta\tilde{E}_y = -j\omega.[\,\mu\tilde{H}_x + j\kappa\tilde{H}_z\,] \quad \text{(E.2a)}$$

$$j\alpha_n\tilde{E}_z - j\beta\tilde{E}_x = -j\omega\mu_0\tilde{H}_y \quad \text{(E.2b)}$$

$$-j\alpha_n\tilde{E}_y - \frac{\partial \tilde{E}_x}{\partial y} = -j\omega.[\,-j\kappa\tilde{H}_x + \mu\tilde{H}_z\,] \quad \text{(E.2c)}$$

$$\frac{\partial \tilde{H}_z}{\partial y} + j\beta\tilde{H}_y = j\omega.[\,\varepsilon\,\tilde{E}_x + j\varepsilon_a\tilde{E}_z\,] \quad \text{(E.2d)}$$

$$j\alpha_n\tilde{H}_z - j\beta\tilde{H}_x = j\omega\varepsilon_y\tilde{E}_y \quad \text{(E.2e)}$$

$$-j\alpha_n\tilde{H}_y - \frac{\partial \tilde{H}_x}{\partial y} = j\omega.[\,-j\varepsilon_a\tilde{E}_x + \varepsilon\tilde{E}_z\,] \quad \text{(E.2f)}$$

$$-(\,j\alpha_n\varepsilon + \varepsilon_a\beta\,)\tilde{E}_x + (\,\varepsilon_a\alpha_n - j\beta\varepsilon\,)\tilde{E}_z + \varepsilon_y\frac{\partial \tilde{E}_y}{\partial y} = 0 \quad \text{(E.2g)}$$

$$-(\,j\alpha_n\mu + \kappa\beta\,)\tilde{H}_x + (\,\kappa\alpha_n - j\beta\mu\,)\tilde{H}_z + \mu_0\frac{\partial \tilde{H}_y}{\partial y} = 0 \quad \text{(E.2h)}$$

L'indice '~' désigne la transformée de Fourier selon x.

A partir de l'équation (E.2b) et (E.2g), nous obtenons :

$$\tilde{E}_x = -j\,\frac{\alpha_n\varepsilon_y}{\varepsilon(\beta^2 + \alpha_n^2)}\frac{\partial \tilde{E}_y}{\partial y} + j\,\frac{\omega\mu_0(\varepsilon_a\alpha_n - j\beta\varepsilon)}{\varepsilon(\beta^2 + \alpha_n^2)}\tilde{H}_y \quad \text{(E.3a)}$$

$$\tilde{E}_z = -j\,\frac{\beta\varepsilon_y}{\varepsilon(\beta^2 + \alpha_n^2)}\frac{\partial \tilde{E}_y}{\partial y} + j\,\frac{\omega\mu_0(\varepsilon_a\beta + j\alpha_n\varepsilon)}{\varepsilon(\beta^2 + \alpha_n^2)}\tilde{H}_y \quad \text{(E.3b)}$$

A partir de l'équation (E.2e) et (E.2h), il vient:

$$\tilde{H}_x = -j\frac{\mu_0\alpha_n}{\mu(\beta^2 + \alpha_n^{\ 2})}\frac{\partial \tilde{H}_y}{\partial y} - \omega\varepsilon_y\frac{(j\kappa\alpha_n + \beta\mu)}{\mu\varepsilon(\beta^2 + \alpha_n^{\ 2})}\tilde{E}_y \qquad (E.3c)$$

$$\tilde{H}_z = -j\frac{\mu_0\alpha_n}{\mu(\beta^2 + \alpha_n^{\ 2})}\frac{\partial \tilde{H}_y}{\partial y} + \omega\varepsilon_y\frac{(\alpha_n\mu - j\kappa\beta)}{\mu\varepsilon(\beta^2 + \alpha_n^{\ 2})}\tilde{E}_y \qquad (E.3d)$$

E.2. Equations de propagation des champs E_y et H_y

L'équation de Maxwell–Faraday permet d'écrire :

$$\vec{\nabla}\Lambda\vec{E} = -j\omega[\mu]\vec{H}$$

qu'il est possible de réécrire sous la forme :

$$[\mu]^{-1}\vec{\nabla}\Lambda\vec{E} = -j\omega\vec{H}$$

L'équation de Maxwell–Ampère donne alors :

$$\vec{\nabla}\Lambda\vec{H} = j\omega[\varepsilon]\vec{E} \qquad \text{ou encore :}$$

$$\vec{\nabla}\Lambda([\mu]^{-1}\vec{\nabla}\Lambda\vec{E}) - \omega^2[\varepsilon]\vec{E} = 0 \qquad (E.4)$$

Après avoir développé l'équation d'onde (E.4) et en posant $k_y = \dfrac{\partial}{\partial y}$, il vient :

$$\begin{bmatrix} [-\mu k_y^2 + (\frac{\beta^2}{\mu_0} - \omega^2\varepsilon)D] & [-(\kappa\beta + j\mu\alpha_n)k_y] & [jk_y^2 - (\frac{\beta\alpha_n}{\mu_0} + j\varepsilon_a\omega^2)D] \\ [(\kappa\beta - j\mu\alpha_n)k_y] & [\mu(\beta^2 + \alpha^2) - \omega^2\varepsilon_y D] & [-(j\beta\mu + \kappa\alpha_n)k_y] \\ [-jk_y^2 + (-\frac{\beta\alpha_n}{\mu_0} + j\varepsilon_a\omega^2)D] & [(-j\beta\mu + \kappa\alpha_n)k_y] & [-\mu k_y^2 + (\frac{\alpha_n^2}{\mu_0} - \omega^2\varepsilon)D] \end{bmatrix} \cdot \begin{bmatrix} \tilde{E}_x \\ \tilde{E}_y \\ \tilde{E}_z \end{bmatrix} = \begin{bmatrix} 0 \\ 0 \\ 0 \end{bmatrix}$$

avec $D = \mu^2 - k^2$

Pour éviter des solutions triviales du système matriciel, il faut que det[Q]=0, où la matrice [Q] prend la forme suivante:

$$[Q]=$$

$$\begin{bmatrix} [-\mu k_y^2 + (\dfrac{\beta^2}{\mu_0} - \omega^2\varepsilon)D] & [-(\kappa\beta + j\mu\alpha_n)k_y] & [j\kappa k_y^2 - (\dfrac{\beta\alpha_n}{\mu_0} + j\varepsilon_a\omega^2)D] \\ [(\kappa\beta - j\mu\alpha_n)k_y] & [\mu(\beta^2+\alpha^2) - \omega^2\varepsilon_y D] & [-(j\beta\mu + \kappa\alpha_n)k_y] \\ [-j\kappa k_y^2 + (-\dfrac{\beta\alpha_n}{\mu_0} + j\varepsilon_a\omega^2)D] & [(-j\beta\mu + \kappa\alpha_n)k_y] & [-\mu k_y^2 + (\dfrac{\alpha_n^2}{\mu_0} - \omega^2\varepsilon)D] \end{bmatrix}$$

L'annulation du déterminant de [Q] permet d'aboutir à une équation différentielle bicarrée qui constitue l'équation d'onde du champ $\vec{E}$:

$$B_1 k_y^4 + B_2 k_y^2 + B_3 = 0 \qquad \text{où nous définissons} \qquad k_y^m = \frac{\partial^m}{\partial y^m}$$

avec :

$$B_1 = -\omega^2\varepsilon_y D^2$$

$$B_2 = (\frac{\mu\,\varepsilon_y}{\mu_0} + \varepsilon)(\alpha_n^2 + \beta^2)\omega^2 D^2 - 2\varepsilon_y D^2\omega^4(\mu\varepsilon + \varepsilon_a \kappa)$$

$$B_3 = (\alpha_n^2 + \beta^2)\omega^2 D^2 [\omega^2\mu(\varepsilon^2 - \varepsilon_a^2) - \frac{\varepsilon\,\mu}{\mu_0}(\alpha_n^2 + \beta^2)] +$$
$$D^3\omega^4\varepsilon_y [\omega^2(\varepsilon_a^2 - \varepsilon^2) + \frac{\varepsilon}{\mu_0}(\alpha_n^2 + \beta^2)]$$

L'équation d'onde de E_y devient alors :

$$\frac{\partial^4 \tilde{E}_y}{\partial y^4} + f_1 \frac{\partial^2 \tilde{E}_y}{\partial y^2} + f_2 = 0 \qquad\qquad (E.5)$$

sachant que :

272

$$f_1 = \frac{B_2}{B_1} = -(\alpha_n^2 + \beta^2)(\frac{\varepsilon}{\varepsilon_y} + \frac{\mu}{\mu_0}) + 2\omega^2(\mu\varepsilon + \varepsilon_a\kappa) \tag{E.6a}$$

$$f_2 = -(\alpha_n^2 + \beta^2)\omega^2\left[\frac{\mu}{\varepsilon_y}(\varepsilon^2 - \varepsilon_a^2) + \frac{\varepsilon}{\mu_0}(\mu^2 - \kappa^2)\right] + \frac{\varepsilon}{\mu_0}\frac{\mu}{\varepsilon_y}(\alpha_n^2 + \beta^2)^2$$
$$+ (\mu^2 - \kappa^2)(\varepsilon^2 - \varepsilon_a^2)\omega^4 \tag{E.6b}$$

De la même façon, l'équation de propagation de $\tilde{H}_y$ est tirée à partir de l'équation de Maxwell– Ampère selon l'expression :

$$\vec{\nabla}\Lambda([\varepsilon]^{-1}\vec{\nabla}\Lambda\vec{H}) - \omega^2[\mu]\vec{H} = 0 \tag{E.7}$$

En procédant de la même façon que pour le champ E, ou par une simple identification entre $\varepsilon_a \Leftrightarrow \kappa; \mu_0 \Leftrightarrow \varepsilon_y; \mu \Leftrightarrow \varepsilon$, il vient alors :

$$\frac{\partial^4\tilde{H}_y}{\partial y^4} + d_1\frac{\partial^2\tilde{H}_y}{\partial y^2} + d_2 = 0 \tag{E.8}$$

Finalement, l'équation d'onde des composantes E_{yi} et H_{yi}, dans une couche diélectrique anisotrope d'indice i, se résume dans le domaine spectral par l'équation différentielle :

$$\frac{\partial^4(\tilde{E}_{yi}\ ou\ \tilde{H}_{yi})}{\partial y^4} + d_{1i}\frac{\partial^2(\tilde{E}_{yi}\ ou\ \tilde{H}_{yi})}{\partial y^2} + d_{2i} = 0 \tag{E.9}$$

sachant que les paramètres d_{1i} et d_{2i} sont donnés par les équations (E.6).

Annexe F

Mise en œuvre numérique de la M.A.D.S en mode hybride

Dans ce qui suit, nous présentons la mise en œuvre numérique de la méthode d'approche dans le domaine spectrale (M.A.D.S) pour la modélisation des circuits anisotropes analysés précédemment en configuration multicouche, parmi lesquels les coupleurs unilatéraux et bilatéraux, les résonateurs à rubans et à fentes et les circuits à ferrites.

F.1. Description du programme principal

Le programme de calcul conçu en langage MATLAB doit accomplir les tâches suivantes :

1. Saisie des dimensions ainsi que des paramètres électriques et magnétiques des circuits à analyser.
2. Appel de sous-programmes spécifiques dans le but de générer la matrice globale $C(\omega,\beta)$ et tracer le diagramme de dispersion.
3. Recherche des racines du déterminant en utilisant un algorithme numérique qui en calcule les zéros. Ces solutions correspondent aux constantes de propagation à une fréquence donnée
4. Calcul de la permittivité effective et de la longueur d'onde guidée
5. Affichage des résultats.

Le programme principal lit les données suivantes relatives au circuit à analyser :

- Type de circuit à analyser: unilatéral ou bilatéral (Nm = 1 ou 2 respectivement).
- Its : circuit 2D ou 3D (résonateur)
- La nature de la structure à étudier (à rubans ou à fentes) pour ensuite faire un choix de la forme alternative des fonctions de Green à adopter (impédance Z, admittance Y ou hybride H)
- Nc : nombre de couches diélectriques.

- $\left[\varepsilon_r(i)\right]$: le tenseur de permittivité relative de la couche (i), avec $i = 1,2,...,Nc$.
- $\left[\mu_r(i)\right]$: le tenseur de perméabilité relative de la couche (i), avec $i = 1,2,...,Nc$.
- $h\ (i)$: l'épaisseur de la couche (i), avec $i = 1,2,...,Nc$.
- Ntf : nombre de termes de Fourier.
- Nbf : nombre total de fonctions de base.
- $Ncsup$: nombre de couches au dessus des plans de métallisations
- $Nech$: nombre d'échantillons sur lequel est définie la constante de phase β.
- $Mode$: permet de choisir le type de mode propagé (pair ou impair).
- F : fréquence de travail.
- Largeurs des rubans w et des fentes s
- Largeur du plan de masse $2a$

Toutes ces données sont communes à tous les circuits analysés. D'autres paramètres spécifiques au circuit à étudier seront définis ultérieurement.

Notons que le nombre de termes de Fourier Ntf ainsi que la taille de la matrice globale $C(\beta)$ jouent un rôle très important dans la précision de calcul ainsi que dans le temps mis par le PC pour exécuter le programme.

Le paramètre de Fourier α_n est déterminé en examinant le comportement du champ électromagnétique vis à vis de la nature des murs de symétrie (électrique ou magnétique).

     1. Pour les modes pairs [E_z pair, H_z impair] :
     2. Pour les modes impairs [E_z impair, H_z pair] :

Le programme principal commence donc par lire les paramètres d'entrée du circuit, relatives à ses dimensions physiques et ses propriétés électriques et magnétiques. Il calcule ensuite les transformées de Fourier des fonctions de base, va générer les fonctions de Green dyadiques de la structure et évaluer les éléments de la matrice finale [C(ω,β)].

Chaque traitement fait appel à un sous-programme fonctionnel spécifique pour accomplir la tâche escomptée. Le programme va calculer ensuite le déterminant de la matrice $[C(\omega,\beta)]$ pour une valeur de β donnée à une fréquence donnée avant de rechercher les solutions non triviales du système (3.41) via le calcul des zéros du déterminant par la méthode de dichotomie. Les racines obtenues correspondent aux constantes de propagation de la structure. La précision de calcul de β est choisie par l'utilisateur.

Signalons que du fait des limites des moyens de calcul, le traitement numérique de l'équation: det $[C(\omega,\beta)]=0$ implique nécessairement la troncature des séries mises en jeu dans la matrice $[C(\omega,\beta)]$. Il est en effet impossible de considérer numériquement une infinité de termes pour le calcul de telles séries, de sorte que le problème ne soit plus tout à fait l'image parfaite du problème théorique. Nous obtenons donc des solutions approchées plutôt que des solutions exactes.

En effet, les séries que nous avons été amenés à considérer étaient décrites de façon exacte en considérant la contribution d'une infinité de termes de Fourier dans les éléments de la matrice $[C(\beta)]$. Si nous considérons un nombre limité de raies, les Ntf premiers termes par exemple, ceci revient à manipuler un "opérateur somme" approché. Sur le plan numérique, Ntf doit être le rang au delà duquel les termes des séries ont une contribution tout à fait négligeable (ou du moins inférieure à une certaine limite que l'on se donne) vis à vis de celle des Ntf premiers termes. La convergence est obtenue à ce prix.

De plus, dans la formulation du problème approché, nous constaterons que la représentation matricielle de $[C(\omega,\beta)]$ nécessite le choix d'une base complète (Nbf$\rightarrow\infty$) et aboutit théoriquement à une matrice de dimension infinie. Là encore, les exigences de la programmation nous obligent à considérer des matrices de dimension finie donc tronquées. De telle sorte que le vecteur solution $\begin{bmatrix} a_p...b_q \end{bmatrix}$ qui contient les coefficients qui pondèrent les fonctions de base J_{xp} et J_{zq} soit de dimension finie.

Une telle troncature exige bien sûr un choix optimal de fonctions de base qui réalise une bonne approximation de la solution β du problème.

F.2. Appel des sous-programmes pour le calcul du diagramme de dispersion

F.2.1. Blocs communs à tous les circuits

Dans le but de calculer la constante de propagation, le programme principal fait appel aux sous-programmes suivant:

    a. Sous-programme Fbase : Ce sous-programme permet de calculer les spectres des fonctions de base des courants Jx et Jz et les stocke ensuite dans des vecteurs de dimension Ntf.

    b. Sous-programme GREEN: Ce sous-programme permet de calculer les valeurs fonctions de Green et les stocke ensuite dans des vecteurs de dimension Ntf.

    c. Sous-programme MATF : Ce sous-programme permet de calculer les éléments de la matrice globale $C(\beta)$. Les paramètres d'entrée de ce sous-programme sont les éléments des fonctions de Green générés par le sous-programme précédent et les transformées de Fourier de fonctions de base $\tilde{J}_x$ et $\tilde{J}_z$. La taille de cette matrice est égal au nombre total de fonctions de base Nbf.

    d. Sous-programme DICHO: Ce sous-programme permet de calculer les constantes de phase à partir de la détermination des zéros du déterminant de la matrice $C(\omega,\beta)$ par la méthode de dichotomie.

F.2.2. Blocs spécifiques à certains types de circuits

F.2.2.1. Résonateurs

Les données supplémentaires suivantes sont saisies:

- *L* : la longueur du patch.
- *b* : la longueur du blindage.
- *Nx, Nz* : nombre de termes de Fourier suivant x et z respectivement.
- *Nbx, Nbz* : nombre de fonctions de base suivant x et z respectivement.
- *Nech* : nombre d'échantillons sur lequel est définie la fréquence.
- *[fmin , fmax]* : Intervalle de fréquences dans lequel seront calculées les fréquences de résonance

Dans ce cas, le programme de calcul est conçu pour calculer les fréquences de résonance à partir du calcul des zéros du déterminant de la matrice $C(\omega,\beta)$ ainsi que la longueur excédentaire pour les résonateurs à rubans (éqt 3.51) ou à fentes (éqt 3.52) sur substrat anisotrope en configuration multicouche. Le programme principal fait appel à des sous-programmes spécifiques dans le but de générer les éléments du système (3.53).

Ainsi, un sous-programme spécifique permet de calculer les fonctions de Green (forme admittance (3.31)) et les stocke ensuite dans des matrices de dimension (Nx* Nz) pour chaque valeur de β. Un autre sous-programme qui exploite la méthode de dichotomie calcule les fréquences de résonance à partir du calcul des zéros du déterminant de la matrice $C(\omega,\beta)$.

F.2.2.2. Influence de la supraconductivité

Afin de tenir compte de la supraconductivité des rubans, les données supplémentaires suivantes sont saisies:

- *t* : la valeur de l'épaisseur des rubans métalliques.
- *Tc* : température critique
- *T* : température de travail
- *segman* : conductivité à une température T=Tc
- λ_{L0} : longueur de pénétration de London à T=0° K

Le programme principal tient compte ensuite des modifications nécessaires pour la prise en compte de la supraconductivité des rubans via à un autre sous-programme qui permet de calculer les termes correctifs k_{11} et k_{22} (éqt 3.68) nécessaires pour le calcul des éléments de la matrice $C(\omega,\beta)$ (éqt 3.66) qui dépendent de la longueur de pénétration de London λ_L ainsi que l'épaisseur du supraconducteur.

F.2.3. Prise en compte de l'épaisseur des métallisations

Afin de tenir compte de l'influence de l'épaisseur des métallisations, les données supplémentaires suivantes sont saisies:

- segma : la valeur de la conductivité de ruban conducteur.
- t : la valeur de l'épaisseur des rubans métalliques.
- seg(i) : la valeur de la conductivité de la couche diélectrique d'indice i (i=1..Nc),

Le programme principal tient compte ici des modifications nécessaires pour la prise en compte de l'épaisseur des métallisations dans le calcul des fonctions de Green en calculant l'impédance de surface Z_s (éqt 3.71) qui dépend de la conductivité (ou supraconductivité) du ruban conducteur ainsi que l'épaisseur de ce dernier.

F.2.2.4. Circuits Bilatéraux

Dans le cas des circuits à 2 plans métallisés, les données suivantes sont demandées par le programme principal.

- N1 : nombre de couches au-dessous du premier plan de métallisation.
- N2 : nombre de couches au-dessous du deuxième plan de métallisation.
- Nm : permet de choisir le nombre de plans métallisés (1 ou 2).
- Nature1 : permet de choisir le type de métallisation sur le premier plan (microstrip, microstrip couplée, slotline ou coplanaire)
- Nature2 : permet de choisir le type de métallisation sur le deuxième plan

Dans le but de calculer la constante de propagation, le programme principal fait appel à certains sous-programmes qui ont pour but de l'assister à accomplir les traitements suivants :

1. Sous-programme TEST2 pour modéliser soit le courant sur les rubans ou bien le champ électrique sur les fentes selon la nature de la structure à étudier en relation avec le type de métallisation sur les deux interfaces métallisées.

2. Sous-programme GREEN2 pour calculer les fonctions de Green de taille 4*4 (éqt 3.98).

3. Appel du sous-programme MAT pour définir la forme alternative des fonctions de Green dont dépend la génération de la matrice $C(\omega,\beta)$ selon (3.98) pour la forme impédance, (D.6) pour la forme admittance ou bien encore (D.14) pour la forme hybride.

4. Appel au sous-programme MATC2 pour la génération de la matrice globale $C(\omega,\beta)$ selon (D.19), (D.23) ou (D.25) suivant que nous utilisons respectivement les formes Z, Y ou H pour la matrice de Green.

5. Appel du sous-programme DICHO pour calculer les constantes de phases β à l'aide de la méthode de Dichotomie.

Ainsi, le sous-programme GREEN2 calcule les valeurs des fonctions de Green et les stocke ensuite dans des vecteurs de dimension Ntf.

Un autre sous-programme MAT permet de choisir la nature de la matrice utilisée (impédance Z, admittance Y ou hybride H) pour la génération de la matrice $C(\beta)$ selon la nature du circuit analysé.

Le sous-programme "MATC2" permet ensuite de calculer les éléments de la matrice globale $C(\omega,\beta)$. Les paramètres d'entrées de ce sous-programme sont les éléments des fonctions de Green générés par le sous-programme précédent et les transformées de Fourier des fonctions de base $\tilde{J}_x$ et $\tilde{J}_z$. La taille de cette matrice est égal au nombre total de fonctions de base Nbf.

F.2.2.5. Circuits à ferrites

Dans le cas des circuits à ferrites, le programme principal lit d'autres données supplémentaires relatives à la structure à analyser:

1 M_{si} : aimantation à saturation de la couche à ferrite d'indice i.
2 H_{0i} : champ magnétique statique de la couche à ferrite d'indice i.

F.3. Organigramme global

L'organigramme global est donné par la figure F.1. Cet organigramme tient compte des explications données précédemment.

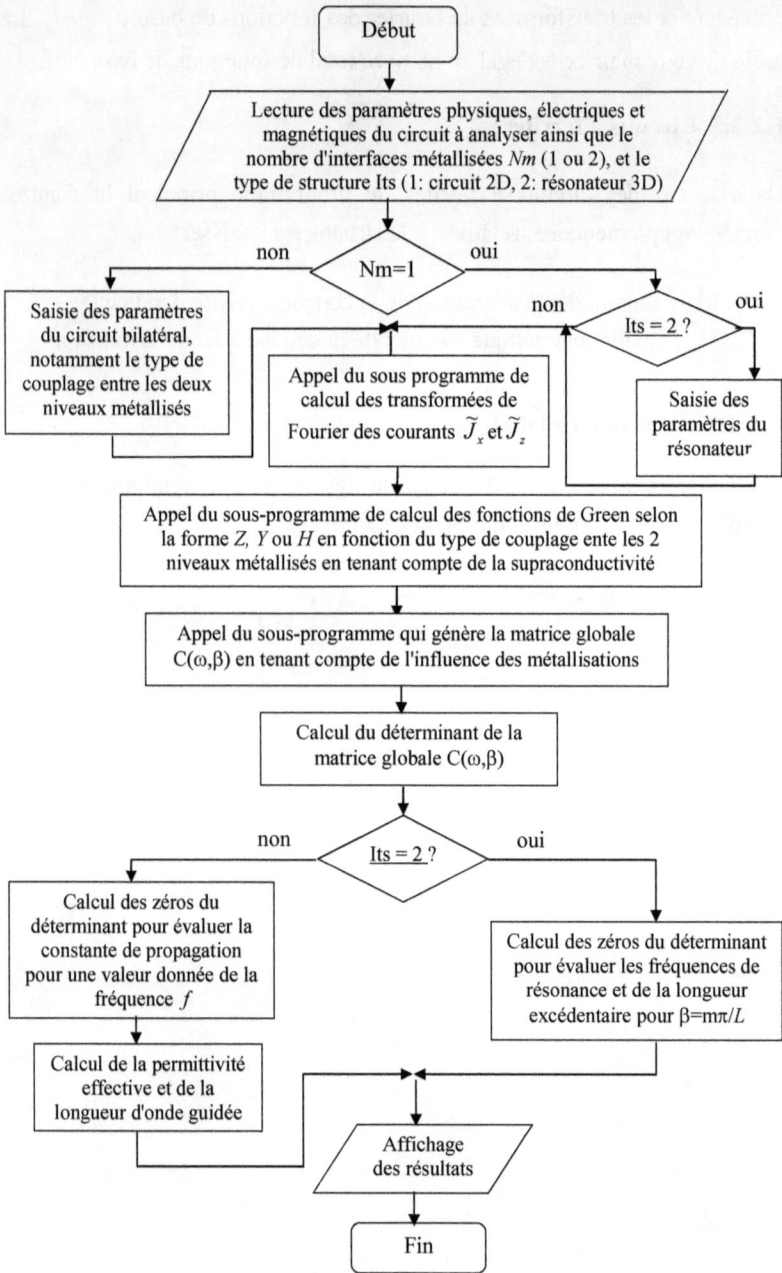

Figure F.1 Organigramme global de calcul des circuits anisotropes en configuration multicouche